大学生のための基礎シリーズ **2**

生物学入門
第3版

嶋田正和・上村慎治 編
増田　建・道上達男

東京化学同人

故 石川 統先生に本書を捧げる
先生は生物科学の教育について
終生変わらぬ情熱を私たちに
示してくださった

ま え が き

この教科書が主たる読者層とするのは，将来，医・理・農・薬などの生物系分野に進むことを志望して大学に入学したが，高校理科で選択4単位の『生物』を履修する機会をもたなかった学生たちである．受験科目として生物を選ばなかった学生という言い方もできよう．実際に，難関大学に合格者を輩出している受験校では，理科は物理と化学を選択するように指導している傾向があると聞く．

現行の学習指導要領（2013年度実施）で『生物』を履修しない生徒は，高校1〜2年で履修する『生物基礎』が生物学にふれる最後の機会となる．『○○基礎』として"基礎"を付された科目は"Science for All"（すべての高校生に平易な科学を広く教える）を目標としており，内容はとてもやさしい．一方で，『生物』はゆとり教育の反動もあって大学教養レベルに近づいている．

"21世紀は生命科学の時代"といわれ，生物学・生命科学の地平は急速に広がっている．生物系に関連した医・理・農・薬の諸学部に進むならば，彼らはいやがおうでも大学レベルの生物学・生命科学を学ばなければならない．そのため，『生物』を履修していない学生は入学して生物学の講義が始まると，大きなハードルに遭遇することになる．まったく知らない概念や専門用語が次々に押し寄せ，ゼロから理解しなければならない高度な内容の多さに愕然とするだろう．

そういう学生のために，"自習できる生物学・生命科学の大学入門書"をうたい文句に本書は編集された．初版刊行は2001年であり，次の2点を目指した．1）大学の言葉で高校生物の内容を語る．2）それによって，生物学教育に関して高校と大学をスムーズに連結する．この精神はその後の改訂版にも引継がれている．この第3版でも最新の学習指導要領（2018年告示）を考慮しつつ高校『生物』の高度化を反映し，また大きく現代化を進めて内容を刷新した．

第1版の編者として本書を主導された石川 統先生が2005年に逝去されたことはきわめて残念であるが，そのご遺志を継いで，本書が今後も生物教

育の発展に寄与し続けられればと願い，第3版では新たな編集・執筆体制で臨んだ．本書がこの20年間，非常に多くの大学で利用されてきたのも，第1版，第2版の編集・執筆にお関わりいただいた方々のおかげであり，お名前を次ページに掲げるとともにここに厚く御礼申し上げる．

　最後になったが，改訂にあたって粘り強く尽力された東京化学同人の編集部長　住田六連氏，編集部の井野未央子さん，池尾久美子さんに心より感謝したい．

　2019年6月

編者を代表して

嶋　田　正　和

第3版　編集・執筆者

嶋　田　正　和[*]　産業技術総合研究所深津 ERATO 研究推進主任,
　　　　　　　　　東京大学名誉教授, 理学博士

和　田　　　元　東京大学大学院総合文化研究科 教授, 理学博士

坪　井　貴　司　東京大学大学院総合文化研究科 教授, 博士(医学)

増　田　　　建[*]　東京大学大学院総合文化研究科 教授, 博士(理学)

道　上　達　男[*]　東京大学大学院総合文化研究科 教授, 博士(理学)

上　村　慎　治[*]　中央大学理工学部 教授, 理学博士

　　　　　　　　　　　　　　　　　　　　(＊編集者)

第1版・第2版　編集・執筆者

赤坂甲治・石川　統[*]・大森正之[*]・上村慎治
川口昭彦・西駕秀俊・嶋田正和[*]・塚谷裕一
藤島政博・和田　勝

　　　　　　　　　　　　　　　　　(＊編集者)

目　　　次

1. 生物界の共通性と多様性 ……………………………嶋 田 正 和…1
1・1　生物の共通性 ……………………………………………1
1・2　生物界の多様性 …………………………………………3
1・3　生物界の分類 ……………………………………………5

2. 生 体 物 質 ………………………………………和 田　　元…7
2・1　細胞を構成する元素と分子 ……………………………7
2・2　水──特殊な性質をもつ最もありふれた物質 ………8
2・3　アミノ酸とタンパク質 …………………………………10
2・4　ヌクレオチドと核酸 ……………………………………15
2・5　糖　　質 …………………………………………………19
2・6　脂　　質 …………………………………………………23

3. 細　　　胞 ……………………………………坪 井 貴 司…29
3・1　顕 微 鏡 …………………………………………………29
3・2　細胞の構造と機能 ………………………………………33
3・3　原核細胞の構造と機能 …………………………………34
3・4　真核細胞の構造と機能 …………………………………35
3・5　細 胞 骨 格 ………………………………………………47
3・6　細 胞 分 裂 ………………………………………………50

4. 代　　　謝 ……………………………………増 田　　建…56
4・1　代 謝 と は ………………………………………………56
4・2　酵　　素 …………………………………………………56
4・3　異　　化 …………………………………………………60
4・4　炭 素 同 化 ………………………………………………69
4・5　窒 素 同 化 ………………………………………………80

5. 遺伝情報とその発現 ………………………………道上達男…83

- 5・1　ゲノムと遺伝子……………………………………………83
- 5・2　遺伝子の分配………………………………………………85
- 5・3　遺伝子の複製………………………………………………89
- 5・4　遺伝子の転写と翻訳………………………………………93
- 5・5　遺伝子の発現調節…………………………………………98
- 5・6　変異と進化………………………………………………102
- 5・7　遺伝子操作………………………………………………105

6. 動物の基本体制と発生 ……………………………………112

- 6・1　動物の基本体制と分類 …………………………道上達男…112
- 6・2　生　　殖 …………………………………………上村慎治…114
- 6・3　配偶子の形成 ……………………………………………116
- 6・4　受　　精 …………………………………………………121
- 6・5　発生の概略 ………………………………………道上達男…124
- 6・6　発生のはじまり …………………………………………125
- 6・7　パターニング——体軸と三胚葉の形成………………126
- 6・8　形態形成——原腸形成と神経発生………………………128
- 6・9　誘導の連鎖 ………………………………………………132
- 6・10　ショウジョウバエの胚発生と遺伝子……………………133
- 6・11　体の完成——細胞分化と器官形成 ……………………136

7. 動物の反応と調節(1) 刺激の受容と反応 …………上村慎治…140

- 7・1　感覚と感覚受容器 ………………………………………142
- 7・2　神経とその働き …………………………………………151
- 7・3　神経系とその働き ………………………………………157
- 7・4　効果器 ……………………………………………………162

8. 動物の反応と調節(2) ホメオスタシスと免疫 ………上村慎治…167

- 8・1　内部環境と体液 …………………………………………167
- 8・2　呼吸とヘモグロビン ……………………………………170
- 8・3　内分泌系 …………………………………………………172
- 8・4　内部環境の調節 …………………………………………177
- 8・5　生体防御と免疫 …………………………………………184

9. 動物の行動 ·· 嶋田正和 ··· 193

9・1 動物の生得的行動——遺伝的にプログラムされた行動 ·············193
9・2 定位行動と長距離ナビゲーション ·······································195
9・3 動物のコミュニケーション——情報伝達 ·······························198
9・4 学習と記憶 ···200
9・5 試行錯誤, 洞察学習, 社会的な学習 ·····································206

10. 植物の基本体制と発生 ·························· 増田　建 ··· 210

10・1 植物の多様性と分類 ···210
10・2 植物の基本体制 ··211
10・3 植物の生殖と発生 ··216

11. 植物の環境応答 ································· 増田　建 ··· 220

11・1 環境に対する植物の反応 ··220
11・2 植物ホルモン ···223
11・3 花芽形成と光周性 ··228

12. 生　　態 ·· 嶋田正和 ··· 230

12・1 環境と生物の生活 ··230
12・2 個体群の成り立ちと個体数変動 ···230
12・3 生活史の特徴からみた個体群 ···232
12・4 縄張りと社会性 ··235
12・5 異種間の相互作用 ··238
12・6 生物群集と多様な種の共存 ···242
12・7 食物網と生態系 ··248

13. 進化と系統 ···································· 嶋田正和 ··· 258

13・1 生物の適応 ···258
13・2 適応をもたらす自然選択 ··259
13・3 種分化 ···263
13・4 中立説と分子進化 ··266
13・5 地質時代と生物界の変遷 ··270

参考書 ···273
索引 ···275

1 生物界の共通性と多様性

　地球上の生き物は，太陽の光が届かない高水圧の深海から酸素の希薄な成層圏まで，さらには冬は−60 °Cになる雪と氷に閉ざされた南極から日中40 °Cを超える日が3〜4カ月も続き乾燥し切った砂漠に至るまで，ありとあらゆる環境で生活している．なかには，地下1000 mの岩盤の中に生活している特殊な細菌もいる．それぞれの生き物は，生活している身の周りの環境にどれもうまく**適応**している．

　温暖湿潤な環境では適応している特徴はあまり目立たないが，乾燥地帯や越冬を余儀なくされる温帯から寒帯の生き物では，厳しい環境に耐性をもつ必要があるため，際立った特徴が目につく．たとえば，中米のリュウゼツランは葉の表面のクチクラを厚く発達させ，その内側の表皮細胞との間の間隙に水を貯めて，葉表面の細胞層の乾燥を防いでいる．

　温帯から寒帯に生息する動植物は，冬をやりすごす仕組みが必要となる．たとえば，日本固有種のヤマネは山林に棲み，樹上性で夜間に活動するリスに似たネズミ目の小動物である．外気温が約12 °C以下になると樹洞や地中で冬眠に入るが，冬眠中は餌を食べない．冬の間は秋季まで蓄えた体内の脂肪を消費し，外気温に合わせて日に何度か体温を短時間だけ上昇させながら，通常は低体温を維持し呼吸数や心拍数も低下させる．

　このように，生き物は多様な特徴を示しつつ，周囲のさまざまな環境に適応しながら生活している．――しかし，これら多様な生き物にも，その特徴的な性質を除くと，実は多くの共通した性質が備わっている．

 1・1　生物の共通性

　生物界にはさまざまな共通性がみられる．まず，生物であることの条件は何だろうか？　身近な生き物と石を比較してみるとすぐにわかるが，基本的な条件として，

① **自己境界性**（細胞膜で内外が隔てられている）
② **自己維持性**（膜を介した物質輸送，エネルギー代謝）
③ **自己複製性**（遺伝物質による次世代への情報継承）

の三つをすべてもつことである．35～37 億年前に誕生した最初の生命がもっていた性質を現在の私たちは知ることはできない．しかし，それ以降のどこかで出現した現生につながる始原祖先生物の特性を，いま地球にみられる生き物はみな受け継いでいる．これが生物界の共通性の由来となっている．つまり，さまざまな環境に適応した形質が多様に進化する一方で，いったん完成された重要な生体分子には進化的に強い保存作用の自然選択が働き，後代まで変化せずに共通の性質として伝わっているのである．

a. 生物は細胞から構成される　　生命は誕生してから長らく原核生物であったが，約 20 億年前には細胞内共生によってミトコンドリアと葉緑体を取込んだ単細胞の真核生物が登場した．さらに，約 10 億年前には分化した組織をもつ多細胞生物が登場した．単細胞であれ多細胞であれ，すべての生物は細胞から構成されており，細胞はすべて共通の構造をもつ細胞膜で外界と内側とを隔てている（自己境界性）．細胞膜の外側には，植物細胞ならばセルロースやリグニンからなる細胞壁をもち，動物細胞ならばさまざまな細胞外被（細胞外マトリックス）をもつ．

b. 細胞内の構成　　細胞内部は基本的な共通の構成要素から成り立っている．原核生物は，核様体，リボソームをもつ．鞭毛や線毛をもつものもある．真核生物は，核，小胞体，リボソーム，ペルオキシソーム，ミトコンドリア，リソソーム，ゴルジ体，細胞骨格をもつ．そして動物細胞ならば中心体，植物細胞ならば葉緑体，液胞がみられる（§3·3，§3·4 参照）．

c. 膜を介したエネルギーの出入りと体内環境の維持　　細胞を覆う膜（細胞膜）は完全に閉じた膜ではなく，必要な栄養分を外から取入れる．細胞膜はリン脂質の二重層からなる生体膜で，さまざまな機能をもつタンパク質が埋め込まれている．生体膜を構成する分子はゆるやかに寄り集まっており，流動する構造である（流動モザイクモデル）．細胞膜のタンパク質を介して外部から取込んだイオンや，食作用で取込んだ栄養分は，細胞内で代謝される．具体的には有機化合物に固定されていた化学エネルギーを取出し（異化），細胞内のエネルギー通貨である ATP（アデノシン三リン酸）を合成する．合成された ATP は細胞内のあちこちに運ばれ，そこで必要なエネルギーを提供し，生命活動を維持する（自己維持性，§4·3 参照）．

d. 遺伝物質としての DNA　　すべての生物の遺伝物質は DNA である．デオキシリボヌクレオチドが重合してつながった DNA 配列が染色体を構成し，ゲノム（生物がもつ染色体の 1 組分）が，親世代の細胞から子世代の細胞に同じ遺伝情報として受け継がれる（自己複製性，§5·3 参照）．

e. 生体物質の共通性　　始原生物である共通祖先がもっていた性質が，そのまま現生種すべてに引き継がれている形質もある．これらは初めに登場したときは

特別有利ではなかったと思われるが，競争や自然選択によって，現生生物では一つのタイプに固定されるようになったと思われる．その共通性の例をいくつかあげる．

1) 生体のタンパク質はすべて L 型アミノ酸からなる．鏡像異性体の D 型はタンパク質には取込まれず，遊離アミノ酸にわずかにみられるだけである（§2·3·1 参照）．
2) タンパク質に取込まれるアミノ酸はすべての生物で同じ 20 種類である．
3) DNA の塩基は A，T，G，C の 4 文字だけで，I（イノシン）などの塩基は遺伝物質には使われていない（§2·4·1 参照）．
4) 生物の遺伝物質である DNA のつくるらせん構造は特殊な事例を除き右巻き（5′→3′の方向で見て）である（§2·4·2 参照）．
5) リボソームでタンパク質を合成する際に，メッセンジャー RNA から翻訳するときのコドン（暗号）はすべてトリプレット（三つ組）である（§5·4·3 参照）．
6) 翻訳の開始コドン（表 5·1 参照）は AUG で，対応するアミノ酸は真核生物ではメチオニンである（原核生物ではホルミルメチオニン）．
7) 終止コドンも，UAA，UAG，UGA で共通である．
8) DNA 配列の複製 → mRNA への転写 → タンパク質への翻訳の一連の流れであるセントラルドグマはどの生物も共通している（§5·4 参照）．

1·2 生物界の多様性

　森林などさまざまな環境要素（水中，水辺，木の樹皮の内側や樹洞，木の茂み，草の茂み，落葉の下など）からなる生態系では，単純な生態系よりもずっと多様な種が生息しており，種の多様性と生態系の多様性は密接に関係している．多様な生き物はそれぞれ独自のニッチ（餌や棲み場所の利用パターン）を確立し，周囲の環境にうまく適応している（§12·5·1 参照）．

　a. 地域と種多様性　　温暖湿潤な三宅島の照葉樹林では，古い大木が台風などで根こそぎ倒れた空き地（ギャップ）に陽光を浴びて迅速に生育するギャップ特有の樹種がみられる．森林の樹種は均一に分布しているわけではなく，モザイク状の空間分布を示す（§12·6·3 参照）．

　熱帯雨林は地球上で最も生物の種多様性が高い環境の一つである．ペルーの熱帯雨林では 1 本のマメ科樹木から 40 種以上のアリが見つかり，これはブリテン諸島のアリ全種数とほぼ等しい．このように，地球上の全生物種数を仮に約 1000 万種と見積もれば，その半数の 500 万種は熱帯雨林に分布していると推定する専門家もいる．

熱帯雨林と同様に高い種多様性を示す生態系がサンゴ礁である．サンゴの骨格は固着性生物の足場を提供し，ウニ，ナマコ，巻貝や多くの魚類に絶好の隠れ場所を提供している．サンゴの細胞内には褐虫藻が共生しており，光合成して光合成産物を宿主に提供している．生物群集の三次元構造の基盤をサンゴが担うことで，そこに棲む生物の高い種多様性が維持されているのである．

一方，より寒冷な高緯度地域に成立している亜寒帯・寒帯の生態系は，1種当たりの生物量（バイオマス）は多いが面積当たりの種数が少ない傾向がみられる．たとえばシベリアの寒帯針葉樹林（タイガ）では，ごく少数種の樹木が見渡す限り延々と生えている．また寒帯域の沿岸は海藻類もコンブなど少数の種で占められ，魚類も個体数は非常に多いにもかかわらず，種数はわずかである．種多様性はどの分類群であろうと緯度が高くなるとともに低くなる傾向がある．

b．深海の熱水噴出孔の生物群集　深海熱水噴出孔（サーマルベント）付近には非常に多くの生物種が生息している．小笠原諸島や沖縄トラフ（南西諸島・琉球諸島の北側海域）に分布する海底火山では，地下のマグマの熱で熱水が湧き出る煙突状の熱水噴出孔（チムニー）が見つかっており，ここは多量の硫化水素，メタンなどを含む（図1・1a）．熱水噴出孔周辺は，水深1000～数千メートルの光がまったく届かない世界であるにもかかわらず，おびただしい数の生物種が生息する．化学合成細菌群（メタン生成菌，硫黄酸化菌など）による**バイオフィルム**（微生物により形成される構造体，菌膜ともよばれる）や，ハオリムシなどのチューブワーム，二枚貝，眼の退化したゴエモンコシオリエビなどの甲殻類など，驚くほど多い個体数からなる生物群集が存在している（図1・1b）．彼らのエネルギー源は，噴出孔の周辺に多量に生息する化学合成細菌のバイオフィルムである．深海底でこれらの細菌は，光合成で必要な水の代わりに硫化水素や硫黄，アンモニアなどを利用して，

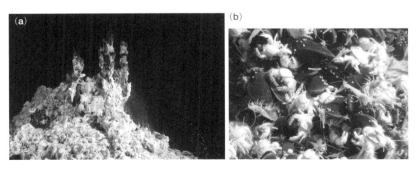

図1・1　深海熱水噴出孔(a)に集まる生物群集(b)　[海洋研究開発機構が所有する無人探査機「ハイパードルフィン」にて撮影．(a, b) © JAMSTEC]

化学合成時の反応エネルギーを使って有機物を合成することができる．化学合成細菌は，25〜27億年前にシアノバクテリアが光合成をし始める以前から出現しており，深海熱水噴出孔は原始の地球環境に近い場所として注目される．

1・3　生物界の分類

すべての生物は，現在の一般的な考えでは，原核生物，原生生物，菌類，植物，動物の五つの界に区分される．原生生物と他の界の境界には両方の特徴をもつ生物が存在するので，区別は明瞭ではない．たとえば緑藻や紅藻は，形式上は原生生物に含まれるが，宿主細胞がシアノバクテリアを取込んで細胞内共生としての葉緑体をもっているので，これらを植物界に含めることもある．以下に大まかな説明を述べる．

a. 原核生物　　原核生物は**細菌（バクテリア，真正細菌）とアーキア（古細菌）**に大きく分かれる．真正細菌は大腸菌やシアノバクテリア（光合成をする細菌．藍色細菌，ラン藻ともいう．ユレモ，ネンジュモなど）などである．アーキアは真核生物の特徴を一部もった原核生物で，メタン生成菌，好熱硫黄代謝細菌など100 ℃近い温泉や海底熱水噴出孔など特殊な環境で見つかった．

b. 原生生物　　単細胞の真核生物の総称ではあるが，一部群体をつくるものも含む．ゾウリムシ，アメーバなど動物性のものもいれば，ミドリムシ（ユーグレナ），渦鞭毛藻類などのように，鞭毛による運動性をもちつつ光合成を行う原生生物もいる（植物プランクトンとよばれることが多いが，植物ではない）．地衣類は，藻類が菌類に囲まれて共生している生物である．分類区分が未完成な生物をこの原生生物に入れる傾向があるので，今後の分類学の進歩が待たれる．

c. 菌類　　これは従属栄養を行う真核生物の一群で，カビ類，キノコ類，酵母類の総称である．粘菌類，細胞性粘菌，変形菌類も含む．

d. 植物　　光合成による独立栄養を基本とする多細胞生物の総称である．陸上植物は，水生のシャジクモ類から進化してきたと考えられ，コケ類，シダ類，裸子植物，被子植物に分けられる（§10・1参照）．

e. 動物　　動物は大きく四つの系統に分けられる（§6・1参照）．

1) 外胚葉と内胚葉だけからなる二胚葉の動物群：海綿動物，刺胞動物など
2) 真体腔をもたないもの：扁形動物（プラナリア），線形動物（線虫）
3) 原口が口になる**旧口動物（前口動物）**：環形動物（ミミズ，ゴカイ），軟体動物（イカ，タコ），節足動物（カニ，クモ，ムカデ，昆虫）
4) 原口が肛門になる**新口動物（後口動物）**：棘皮動物（ヒトデ，ナマコ，ウニ），原索動物（ナメクジウオ），脊椎動物（魚類，両生類，は虫類，鳥類，哺乳類）．

■ 3ドメイン説

　生物を原核生物の細菌と，真核生物の原生生物，菌類，植物，動物，あわせて五つの界（kingdom）に区分けすることが20世紀を通じて定説だった．しかし分子系統解析が発展して，遺伝子のDNA配列の違いを基に系統関係が見直されるようになると，この五界説は必ずしも妥当ではなくなりつつある．

　原核生物として一まとめに括られていた細菌のうち，古細菌（アーキアバクテリア）とよばれてきたグループは，1980年代から他の真正細菌とは三つの理由で明確に分けられることが多くなった．

　まず第一に，遺伝子（リボソーム遺伝子）のDNA配列で見ると系統的にかなり異なり，真正細菌と真核生物の中間の分岐よりも真核生物の枝に付く場合もある（下図）．第二に，細胞膜を構成する脂質の分子構造や化学的性質が異なる．

第三に，100℃近い温泉や海底の熱水噴出孔に生息する好熱菌，高塩濃度の環境に生息する高度好塩菌，メタン生成菌など，過酷な環境に生息する特徴がある．このため，C.R.ウーズは分子系統樹の上で従来の古細菌を真正細菌と古細菌に明確に区分し，古細菌は新たにアーキアと名付けた（1990年）．これにより，真正細菌（バクテリア），古細菌（アーキア），真核生物（ユーカリア）の三つの大系統の括り"3ドメイン（超界ともよぶ）"が学説として認識されたのである．ただし，次世代シーケンサーを駆使することで系統樹を迅速に作成できるようになったので，微生物の系統進化と生物多様性の研究は始まったばかりであり，3ドメイン説は現段階ではまだ学説の一つにすぎない．

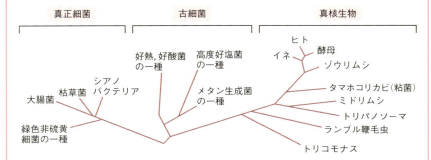

図　生物全体の分子系統樹と3ドメインの区分　[C.R. Woese, *Proc. Natl. Acad. Sci. USA*, **97**, 8392-8396(2000)（rRNA小サブユニットのDNA配列に基づく），S. Young et al., *Proc. Natl. Acad. Sci. USA*, **102**, 373-378(2005)（タンパク質スーパーファミリーの有無に基づく），F.D. Cicarelli et al., *Science*, **311**, 1283-1287(2006)（ゲノム中，共通の31遺伝子すべてに基づく）のデータを基に系統樹を作成]

2 生体物質

　地球上の多くの生物は見かけが異なり，さまざまな形の細胞からできあがっている．ところが，この多様な生物を構成している物質や生きるためのシステムは基本的には同じである．生物の形や細胞が異なって見えたり異なる働きをしているのは，同じシステムに特有の役割をするための特別な物質や要素が加わっているからである．

　この章では，現在，地球上に生息している生物がどのような物質から構成されているかについて，それらの分子の形と性質を基に説明する．分子の話，あるいは化学の話は難しいと思う人もいるかもしれない．しかし生命科学の理解には，分子の言葉を使うことが不可欠である．

2・1　細胞を構成する元素と分子

　地球上に生息している生物は，地球の表面（地殻）で生活している．図2・1は，地殻の元素組成とヒトの身体の元素組成を重量比で示したグラフである．ヒトを構

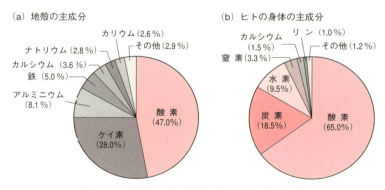

図2・1　地殻とヒトの身体の元素組成（重量％）

成する主要な元素は，炭素，水素，酸素，窒素であり，これら4種類の元素で全体の約96％が占められている．地殻にはケイ素が多く含まれるが，ヒトにはほとん

ど含まれず，代わりにヒトには炭素が多く含まれている．炭素は，きわめて多様な有機化合物をつくることができるため，生物にとって都合のよい元素である．このように地殻とヒトでは元素組成が大きく異なっている．

ほとんどの生物で水の含量は全体重の70％以上であり，高い例では90％を超えるものもある．生命は多種多様な化学反応によって営まれており，ほとんど全部が水を溶媒とする反応である．水がないところではこれらは進行しない．現存する生物をみても，種子や胞子のように水分含量が少ないものでは細胞内の化学反応はほとんど停止しており，いわば休眠状態にある．

生きた細胞から水分を除いた乾燥重量の大部分は有機化合物で占められている．細胞増殖を活発に行っている平均的な細胞では，タンパク質（約70％），脂質（約12％），核酸（約7％），糖質（約5％）などがおもな有機化合物である．細胞内にはこのような有機化合物を合成するための材料であるアミノ酸，脂肪酸，ヌクレオチド，単糖なども存在し，さらにさまざまな無機化合物やイオンも含まれる．

▌2・2　水 ── 特殊な性質をもつ最もありふれた物質

化学反応の溶媒としての基本的条件は，不活性で溶質と反応しないことである．しかし水分子は他の物質分子と相互作用し，また水分子同士でも相互作用が緊密である．これは分子量がほぼ同じメタン（CH_4）などとは大きく違うところである．それでは水がもつ特徴は何だろうか？　第一が分極であり，第二が水素結合である．

水分子（H_2O）は酸素1原子と水素2原子とが共有結合したものであり，分子全体としての電荷は0であるが，水分子の形（H−O−H）は直線ではなく104.5°の角度をもって結合している（図2・2a）．水素と酸素の間で共有している電子は酸素側に偏るので，水素が正電荷，酸素が負電荷を帯びることになる．このように同一分子内で電子分布が偏ることを**分極**するという．

水分子は分極しているので，複数の水分子間で電気的結合が起こる．水素の正電荷が関係しているので，この結合は**水素結合**とよばれる（図2・2a）．H−O−Hは直線ではないので，水分子間での水素結合による相互作用は立体的となり，1個の水分子は最大4個の他の水分子と水素結合を形成することができる．水素結合を切るために必要なエネルギーは17〜42 kJ/molと小さく，水素結合は簡単に切れたり再生したりする．ちなみにO−Hの共有結合を切るために必要なエネルギーは約460 kJ/molである．生命にとって重要なのは，水素結合が水分子同士の間で形成されるだけではなく，タンパク質や核酸などの高分子化合物においても分子内や分子間でも形成されることである．

2・2 水 — 特殊な性質をもつ最もありふれた物質

　水は酸素の水素化物であるが,周期表で酸素と同じ16族元素の水素化物（H_2S,H_2Se など）と比較すると,水だけが沸点も融点も極端に高い.これらのおもな原因は,水素結合である.氷の融点は 0 ℃,水の沸点は 100 ℃ であるため,地球の常温では水は液体として存在する.また,水の密度は 3.98 ℃ のときに最大である（図2・2b）.水深が 100 メートル前後の深い湖では,一番重い（密度の大きい）水が湖底に沈むため,湖底の水温は,湖の水面の温度とは無関係に約 4 ℃ に保たれ,魚などの生物にとって穏やかな環境となる.また,湖が凍るときは水面から凍り,氷は水よりも密度が小さい（氷の密度は 0.917 g/cm^3）ので水面に浮き,数十メートルの水深があれば,底まで凍ることはあまりない.

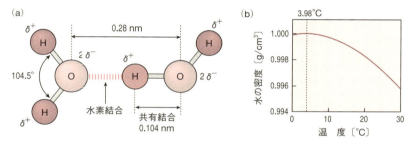

図 2・2　水分子とその水素結合(a)と水の密度(b)　1気圧のもと,純水は 3.98 ℃ で密度が最大となる.

　水の比熱容量（4.2 J/g）,水の蒸発熱（2260 J/g）,水の融解熱（335 J/g）などが同じような物質に比べて大きいのも,水素結合が原因である.これらの性質は,一定の熱を吸収したときの温度変化が小さいことを意味し,環境や体温を一定に保つために有効である.

　また,水素結合は水の表面張力（表面の面積をできるだけ小さくしようとする性質）を大きくしている.これは,表面の水分子が内部の水分子との水素結合によって内側に引っ張られるためである.表面張力といえばアメンボが水面を歩く光景を思い出すが,分子レベルで考えると,生命にとって非常に重要な意味をもっている.油（疎水性の物質）と水が接するところに働く表面張力は,生体高分子の形を決めている.水は表面張力を発揮して,親水性が低いもの（疎水性が高いもの）をなるべく同じところに集めようとする.疎水性が高いもの同士が集まると,互いに分子間力が働く程度にまで接近することになる.このようにして形成される相互作用を**疎水性相互作用**あるいは**疎水結合**とよぶ.疎水結合は水素結合よりさらに弱い結合であるが,タンパク質の立体構造（§2・3・3参照）や脂質のミセル形成（§2・6・1参照）など生命にとって重要な意味をもっている.

2・3 アミノ酸とタンパク質

タンパク質の英語 "protein" の語源は，ラテン語 "*proteios*"（第一の）であり，昔からタンパク質は生体を構成する成分のうち最も重要なものと考えられてきた．タンパク質を構成する元素は，炭素（50〜55％），水素（6〜8％），酸素（20〜23％），窒素（15〜18％）であり，硫黄（0〜4％）を含むものも多い．タンパク質は，酵素（生体反応の触媒），物質の輸送と貯蔵，運動，機械的支持，免疫，神経刺激の発生と伝達，成長と分化の制御などあらゆる生命現象に関与している．またある種のホルモン分子や成長因子などもタンパク質である．タンパク質の種類は非常に多く，生体内反応を触媒する酵素分子だけを考えても，その数は莫大である．

タンパク質の分子量は一般に大きく，構造も非常に複雑である．しかしタンパク質の材料となるアミノ酸は 20 種類に限られている．この 20 種類以外のアミノ酸がタンパク質に含まれることもあるが，これはタンパク質に取込まれた後でいろいろな化学反応によって修飾されたものである．

2・3・1 アミノ酸

アミノ酸は，アミノ基（$-NH_2$）とカルボキシ基（$-COOH$）の二つの官能基を同一分子内にもつ化合物の総称である．タンパク質は，この二つの官能基が同一の炭素原子（α 炭素，カルボキシ基の隣にある炭素原子）に結合した **α-アミノ酸**から構成されている．α 炭素にはアミノ基とカルボキシ基のほかに，水素原子と，それぞれのアミノ酸に固有の**側鎖**（$-R$）とよばれる原子団が結合している（図 2・3）．

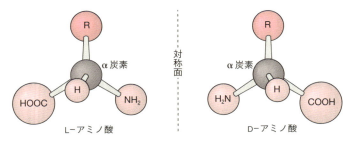

図 2・3　α-アミノ酸とその鏡像異性体

α 炭素は，グリシン（R=H）以外のアミノ酸では不斉炭素原子（一つの炭素原子に四つの異なる原子団が結合したもの）となるので，2 種類の異なる立体構造をとりうる（図 2・3）．この二つは実像と鏡像の関係にあり，どのように回転しても重なることはない．これらの立体異性体は**鏡像異性体**とよばれ物理化学的性質はほ

とんど同じであるが，光学的測定で区別できるので，**光学異性体**ともよばれる．一方をD型，他方をL型という．

現存する生物がつくるタンパク質はすべてL型のL-アミノ酸でできている．しかし，生物はD-アミノ酸をまったく利用しないわけではなく，たとえば抗生物質であるグラミシジンはD-フェニルアラニンを含む．また，生体にはタンパク質を構成する20種類のアミノ酸のほかにもさまざまなアミノ酸が存在する．それらのアミノ酸は，タンパク質と結合していない**遊離アミノ酸**やペプチドの状態で生体内に存在している．

タンパク質を構成している20種類のアミノ酸はそれぞれ異なる側鎖をもち（図2・4），その側鎖によってアミノ酸の性質が決まる．図2・4では疎水性-親水性，

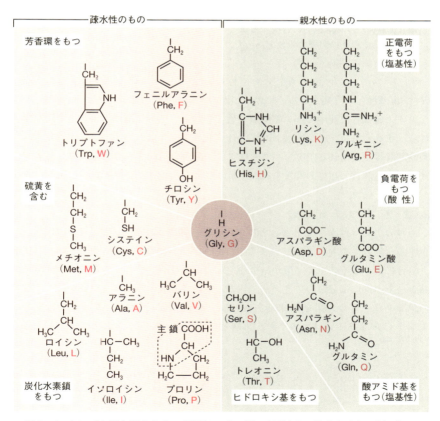

図2・4 タンパク質を構成する20種類のアミノ酸　側鎖（R）の構造を示す．（ ）内は三文字略号と一文字略号を示す．

■ 鏡像異性体と不斉合成

互いに鏡像異性体である二つの化合物では，それらの沸点，融点，密度などの物理的数値はほとんど同じとなる．したがって，これらを区別（分離）することは困難であるが，困ったことに生体にとっては，これらはまったく別の化合物なのである．医薬品，食品，香料などの場合，一方の鏡像異性体だけが必要でもう一方は不要であったり，あるいは一方だけが薬となり，もう一方は毒となる場合すらある．そのため，鏡像異性体のうち有用な物質だけを選択的に合成することが，医薬品や農薬の開発に重要であった．

かつては，人工的に一方だけを合成することは難しく，"生物（酵素）の力に頼らなくては片方だけをつくること（**不斉合成**）は不可能"と思われていた．2001年にノーベル化学賞を受賞した野依良治博士の業績を一言で言えば，必要な方だけを化学の力で合成することを可能にしたのである．これは，不斉な配位子をもつ金属錯体を触媒として，不斉の要素をもたない化合物に対して反応させることによって，一方を優先的に合成する方法である．

酸性–塩基性という観点を中心にいくつかのグループに分類した．

アミノ酸は水溶液中で弱い電解質の性質を示し，その電離は溶液の pH に影響される．すなわち，アミノ酸は周囲の pH 変化に応じて正にも負にも荷電するので，**両性電解質**とよばれる．タンパク質はアミノ酸から構成されているので，基本的には同様の電解質としての性質をもつ．

2・3・2 ペプチド結合

二つのアミノ酸がアミノ基とカルボキシ基の間で水1分子が除かれ（脱水），結合する（縮合）ことによってできる結合を**ペプチド結合**という（図2・5）．ペプチド結合により多くのアミノ酸が結合したものが**ポリペプチド**である．ポリペプチド鎖の一方の端には遊離のアミノ基，他方の端には遊離のカルボキシ基が残る．遊離のアミノ基をもつ末端を N 末端あるいはアミノ末端，遊離のカルボキシ基をもつ末端を C 末端あるいはカルボキシ末端という．このように，ポリペプチドには方

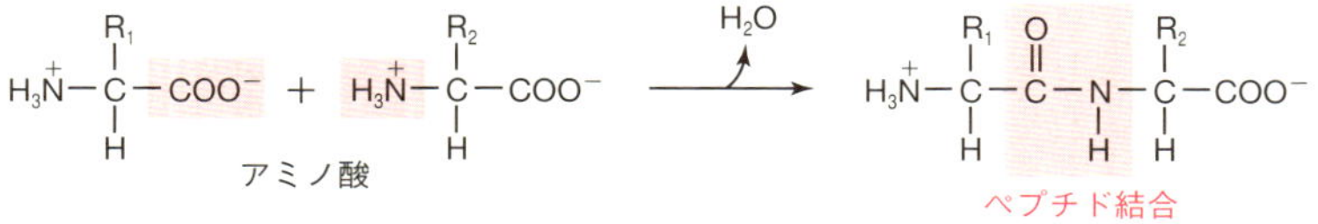

図2・5 ペプチド結合 二つのアミノ酸がカルボキシ基とアミノ基の間で脱水し，縮合してペプチド結合を形成する．

向性があり，通常，左にN末端，右にC末端をおいてアミノ酸配列を表示するのが慣例である．ポリペプチドを構成しているアミノ酸を**アミノ酸残基**とよぶ．

2・3・3 タンパク質の構造

タンパク質はそれぞれが固有の任務をもって生体内で働いている．このような特異性がタンパク質の重要な性質である．どのようにしてこの特異性が決まるのであろうか？

タンパク質はアミノ酸がペプチド結合でつながった鎖状分子だが，そのまま伸びたひものような状態では生理的機能は発揮できない．このひもが折りたたまれて，三次元的，空間的に特有な形をつくって初めて固有の働きをすることになる．タンパク質がもつ特異性はその立体構造が基礎となっている．タンパク質の構造には以下の四つがある．

a. 一次構造 タンパク質のアミノ酸配列を一次構造とよぶ（図2・6）．アミノ酸の側鎖は，通常は共有結合の形成に関与しない．ただしシステインは例外で，しばしば2個のシステイン残基が酸化されて**ジスルフィド結合**（S−S結合）を生じ，ペプチド鎖同士が共有結合している．

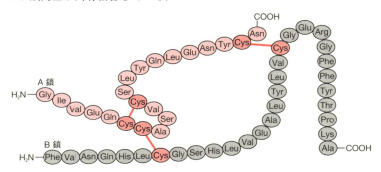

図2・6 タンパク質（ウシインスリン）の一次構造 ——はジスルフィド結合を示す．

b. 二次構造 ペプチド結合を形成するカルボニル基（>C=O）とイミノ基（>N−H）は水素結合を形成する可能性がある．この水素結合によって形成されるタンパク質の部分的な規則的繰返し構造を二次構造とよぶ．二次構造として代表的なものがαヘリックス（αらせん）とβシートである．

αヘリックスはポリペプチドが3.6残基で1回転するらせん構造をしている（図2・7a）．あるアミノ酸残基のイミノ基の水素原子とその三つ先のアミノ酸残基のカルボニル基の酸素原子が水素結合で結ばれる．そして，各アミノ酸残基の側鎖は

らせんの外側に突き出るように配置される．理論上タンパク質は左巻きらせんをつくることも可能であるが，天然に存在するαヘリックスは右巻きである．

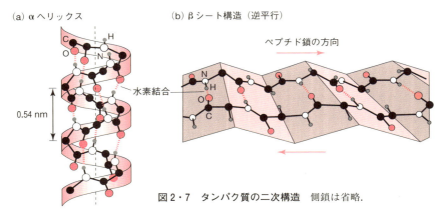

図2・7　タンパク質の二次構造　側鎖は省略．

βシートはポリペプチドが伸びた構造をしていて，1本のポリペプチド鎖の中で水素結合は存在せず，隣り合った鎖の間で水素結合が形成されるときに生じる，シート状の構造である（図2・7b）．隣り合うポリペプチド鎖が逆向きの場合を逆平行βシート，同じ向きで並んだ場合を平行βシートという．いずれの場合も，アミノ酸残基の側鎖はシートに垂直に，交互にシートの反対側に突き出すことになる．

タンパク質のなかで二次構造をつくりやすいかどうかは，構成アミノ酸の種類による．一般に側鎖が小さく，非解離性（荷電しない）のアミノ酸を多く含む部分がαヘリックスを形成しやすい．一方，安定なβシート構造をとるには，αヘリックスの場合よりも側鎖がさらに小さく，やはり非解離性のアミノ酸を多く含むタンパク質でなければならない．プロリンはα炭素が側鎖と分子内で環状構造をとるため（図2・4参照），ほかの残基と水素結合をつくることができない．したがって，プロリンにはαヘリックスやβシートを壊す傾向がある．一方，グリシンは側鎖が小さすぎて，αヘリックスの形成にはむかない．これらの結果，プロリンやグリシンは二次構造の端に現れて，タンパク質分子の表面に露出していることが多い．

c. 三次構造　生体内に存在するほとんどのタンパク質分子は，部分的にαヘリックスやβシートをもつ鎖がさらに三次元的に折りたたまれて特定の形をつくっている（図2・8a）．これを三次構造とよぶ．三次構造を保持している力としては，極性（親水性）側鎖間の水素結合，非極性（疎水性）側鎖間の疎水結合，解離性側鎖間のイオン結合，ジスルフィド結合などが考えられる．

d. 四次構造　天然に存在するタンパク質には，複数のポリペプチドが集合

体をつくって1個のタンパク質複合体として働いているものも多い．複数のポリペプチドが1個のタンパク質複合体を形成している場合，個々のポリペプチドを**サブユニット**といい，サブユニットが集合して形成する構造を四次構造という．四次構造は，サブユニットの構成やその立体的配置に関わるので，サブユニット構造ともよばれる．四次構造を保持する力としては，疎水結合，水素結合，イオン結合などが知られている．二次構造，三次構造および四次構造をまとめて**高次構造**という．

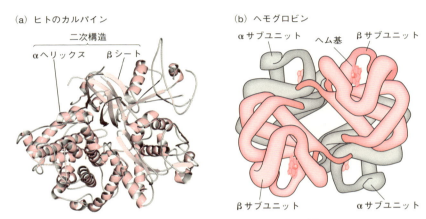

図2・8　タンパク質の三次構造(a)と四次構造(b)

　血液の酸素運搬タンパク質であるヘモグロビンは，αサブユニット2個とβサブユニット2個とからなる四量体である（図2・8b）．2種類のサブユニットは非常によく似た構造をしており，それぞれに1箇所ずつ酸素結合部位がある．この$\alpha_2\beta_2$という構造は非常に巧妙にできていて，四つある酸素結合部位のうち一つの部位に酸素が結合すると，それ以外の結合部位にも酸素分子がどんどん結合しやすくなる．

2・4　ヌクレオチドと核酸

　タンパク質がアミノ酸の重合体であるのと同じように，核酸はヌクレオチドが重合したものである．核酸には**DNA**（デオキシリボ核酸）と**RNA**（リボ核酸）の2種類がある．ある種のウイルスを除いて，遺伝情報の本体はDNAである．RNAはDNAの遺伝情報に従ってタンパク質を合成する過程に関与する．

2・4・1　ヌクレオチド

　ヌクレオチドは3種類の物質，すなわち**塩基**，**糖**および**リン酸**を基本単位とした

化合物である．塩基と糖の2種類だけを基本単位とした化合物は**ヌクレオシド**とよばれる（図2・9d）．

核酸中に通常見いだされる塩基には，プリン骨格をもつプリン塩基である**アデニン** (A) と**グアニン** (G)，ピリミジン骨格をもつピリミジン塩基である**シトシン** (C)，**チミン** (T) および**ウラシル** (U) の5種類が存在する（図2・9b, c）．3種類のピリミジン塩基のうち，DNAにはシトシンとチミンが，RNAにはシトシンとウラシルが含まれる．

糖は，DNAでは**デオキシリボース**，RNAでは**リボース**というペントース（五炭糖）である（図2・9a）．（デオキシ）リボースは1位の炭素で塩基と結合してヌクレオシドができる．このヌクレオシドの（デオキシ）リボースの5′位炭素にリン酸が結合したものがヌクレオチドである．ヌクレオチドには一つ～三つまでリン酸が結合す

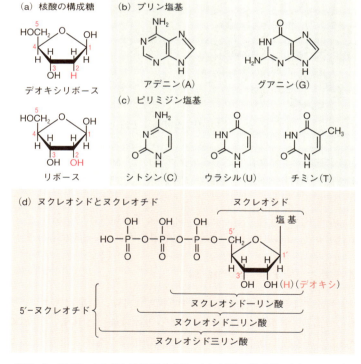

図2・9 ヌクレオチドとその構成成分 (a) 核酸の構成糖．(b) プリン塩基．(c) ピリミジン塩基．塩基名称の( )内は一文字略号を示す．(d) ヌクレオシドとヌクレオチド．塩基が結合した糖の炭素原子の位置番号は，塩基の炭素位置と区別するために，1～5の代わりに1′～5′と表示する．

る．たとえばアデノシンの場合には，そのリン酸の数によってアデノシン一リン酸（AMP），アデノシン二リン酸（ADP），アデノシン三リン酸（ATP）とよぶ．糖がデオキシリボースの場合には，dAMP，dADP，dATP と表示する．一般に，リボヌクレオシド三リン酸は NTP，デオキシリボヌクレオシド三リン酸は dNTP と書く．

ヌクレオチドは核酸の材料であるだけでなく，ニコチンアミドアデニンジヌクレオチド（NAD），フラビンアデニンジヌクレオチド（FAD），補酵素 A（コエンザイム A，CoA）など，生体内代謝系の補酵素の素材としても重要である．またヌクレオチドのうち ATP（アデノシン三リン酸）はエネルギー通貨（§4・3・1 参照）として，GTP（グアノシン三リン酸）は種々のタンパク質分子間相互作用の調節因子として，重要な機能を果たしている．

2・4・2 核 酸

核酸はヌクレオチドがホスホジエステル結合によって線状につながったものである．リン酸基は，（デオキシ）リボースの 5′ 位炭素と次の（デオキシ）リボースの 3′ 位炭素との間に一つずつ挟まる．ポリペプチド鎖に N 末端と C 末端があるように，核酸にも方向性があり，それぞれ 5′ 末端と 3′ 末端とよぶ（図 2・10）．

a. DNA　　1950 年頃の DNA 研究には，DNA 塩基組成の化学分析と DNA 結晶の X 線構造解析の二つの流れがあった．E. シャルガフは，いろいろな生物種から取出した DNA の塩基組成を調べ，どの生物種の DNA でも A の量と T の量が等しく，また G と C の量も等しいことを発見した（シャルガフの法則）．一方，DNAの X 線結晶構造解析を行っていた R. フランクリンは，DNA がらせん構造をとっていて，その繰返し単位は 3.4 nm，らせん構造の半径は 1.0 nm で，二本鎖のらせんであり，リン酸はらせんの外側に面していることを明らかにした．これらの実験結果を参考にして，J.D. ワトソンと F.H.C. クリックが到達したのが，有名な二重らせんモデルである．

DNA の二重らせん構造は，−糖−リン酸−の基本骨格 2 本がらせん状に絡み合って分子の外縁をつくり，塩基はらせん内側に板を重ねたように重なり合う構造である．一方の鎖の塩基は他方の鎖の塩基と水素結合し，プリンとピリミジンの間の塩基対 A−T と G−C をつくる（図 2・10）．A−T の塩基対では水素結合が 2 本，G−C 塩基対では 3 本生じるので，G−C 塩基対の方がより強く結合することになる．2 本の鎖は逆向きに，すなわち一方の 5′ 末端は他方の 3′ 末端と，3′ 末端は他方の 5′ 末端と向き合って結合する．塩基対をつくる二つの塩基は同一平面上にあり，その面はらせん軸に対して直交する．らせんの直径は 2 nm，隣り合う塩基対同士はらせん軸に沿って 0.34 nm 隔たり，36° ずつ 5′→3′ の方向で見て右回りに回転する．

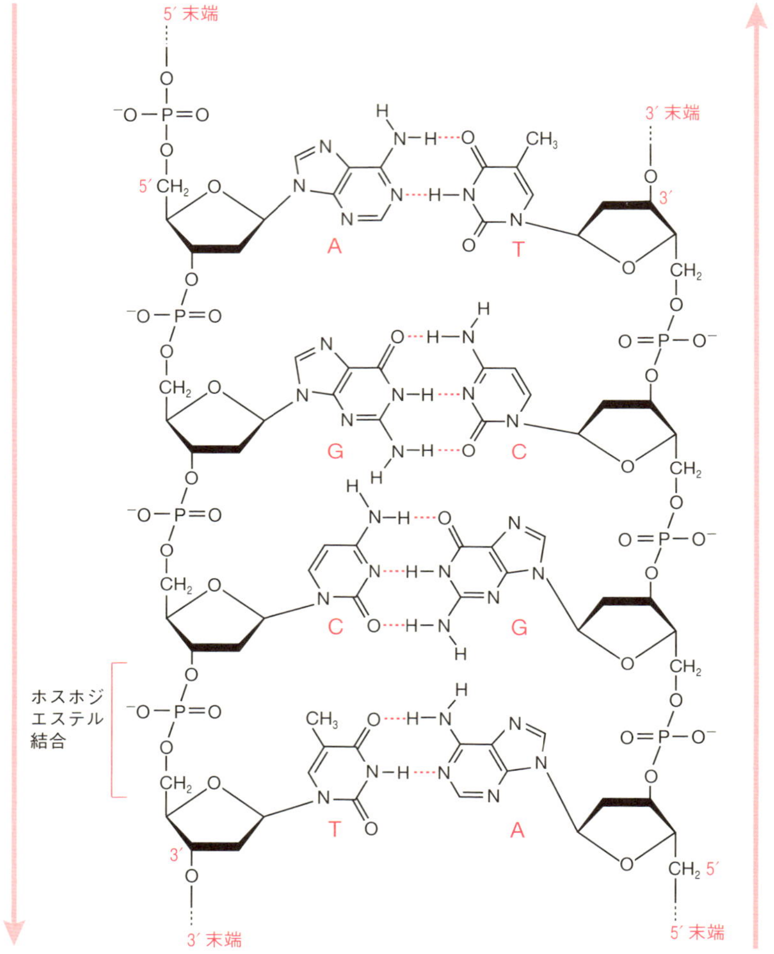

18　　2. 生 体 物 質

図 2・10　DNA の構造　アデニン(A)とチミン(T)，グアニン(G)とシトシン(C)がそれぞれ相補的に水素結合（……）して二本鎖を形成する．A–T，G–C 塩基対の結合距離が同じで，二重らせんの内側に安定して配置されるため，DNA 分子の二本鎖間の距離は一定となる．

したがって，らせん 1 巻き当たり 10 個の塩基対があり，1 巻きで 3.4 nm 進む．らせん階段の踏み板のように形成されている塩基対は，らせんの中央から少し片寄っているため，DNA の二重らせん構造には大きな溝（主溝）と小さな溝（副溝）が生じる（図 2・11）．

DNA の二重らせんの各鎖同士のように,塩基同士が水素結合を形成しうる 2 本の鎖の関係を**相補性**という.相補性は DNA の鎖同士のみに存在するのではなく,DNA 一本鎖と RNA 一本鎖の間,RNA 一本鎖同士の間にも存在する(RNA では T

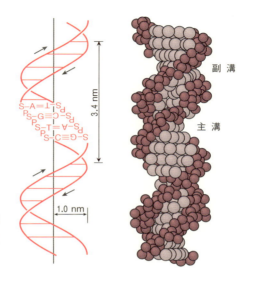

図 2・11　DNA の二重らせん構造
P: リン酸, S: デオキシリボース, A: アデニン, T: チミン, G: グアニン, C: シトシン.

の代わりに U が A と塩基対を形成する).DNA と RNA の生物学的機能の大部分はこの相補性にある.すなわち,ヌクレオチドの一方の鎖が決まると,もう一方のヌクレオチドの鎖の塩基が決まる.相補性が核酸の最も重要な概念である.

b. RNA　　RNA は通常一本鎖である.RNA に含まれるリボースの 2′位炭素の側鎖がヒドロキシ基(−OH)のため,RNA は加水分解を受けやすく,一本鎖であることもあって DNA より不安定である.ただ多くの場合,一本鎖の中で塩基対を形成して,部分的に分子内二本鎖になり,複雑な立体構造をもつこともある.

細胞には普通 DNA の 10 倍もの RNA が含まれている.RNA には三つの主要なグループ,すなわちメッセンジャー RNA(**mRNA**),リボソーム RNA(**rRNA**),転移 RNA(**tRNA**)がある.また,遺伝子の発現を制御しているマイクロ RNA(**miRNA**)とよばれる短い RNA も多くの生物から見つかっている.このほか,ウイルスには RNA をゲノムとしてもつものがいる.

2・5　糖　　質

糖質は,多糖としてエネルギー貯蔵物質となるほか,DNA や RNA の構成成分で

もある.植物などでは細胞構造を維持する役割ももっている.また,糖質はタンパク質や脂質と結合して,糖タンパク質や糖脂質を形成している.これらは細胞膜表面にあって細胞同士あるいは細胞と細胞外分子の相互認識やそれに基づく接着などの機能を果たしている.この細胞膜表面などの糖鎖を研究する分野が進み,医薬品開発などへの応用が盛んになってきている.

糖質は炭水化物ともよばれ,一般的に $C_n(H_2O)_m$ と書かれるが,炭素,水素,酸素以外に窒素やリンを含むものもある.

2・5・1 単 糖

単糖は,それ以上加水分解されない糖の基本単位である.その分子の炭素数によって,トリオース(三炭糖),テトロース(四炭糖),ペントース(五炭糖),ヘキソース(六炭糖),ヘプトース(七炭糖)などがある.これらのうち,アルデヒド基(-CHO)を含むものを**アルドース**,カルボニル基(ケトン基,$>C=O$)を含むも

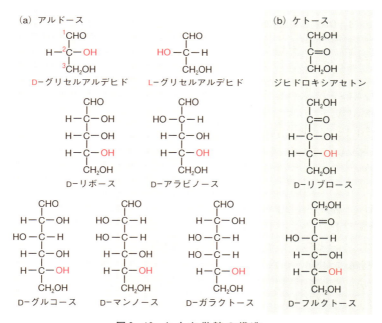

図 2・12 おもな単糖の構造

のを**ケトース**とよぶ(図 2・12).たとえばトリオースの場合,アルデヒド基をもつグリセルアルデヒドがアルドース,ジヒドロキシアセトンがケトースである.グ

リセルアルデヒドの2位の炭素は不斉炭素なので，アミノ酸と同様に一対の鏡像異性体がある．一方，ジヒドロキシアセトンには不斉炭素がないので，鏡像異性体は存在しない．テトロース以上では炭素数に応じて不斉炭素が増え，鏡像異性体の数も増える．D型とL型の定義はグリセルアルデヒドを基準として決める．すなわち，アルデヒド基（-CHO）を上におき，-CH₂OH を下において，2位の炭素に結合する-OHが右側にくるものをD型，左側にくるものをL型とする．テトロース以上の糖では，アルデヒド基から最も離れた不斉炭素に結合する-OHの位置で決定する．

　生物学的に重要な単糖はほとんどD型であるが，なかでもリボース，リブロース，グルコース，マンノース，ガラクトース，フルクトースが重要な単糖である．

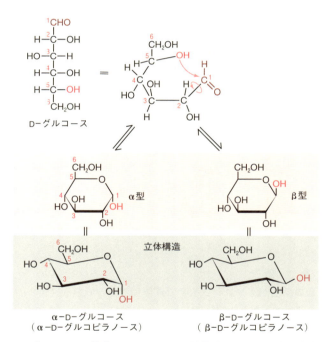

図 2・13　グルコースの構造　グルコースが環状構造をとると，1位の炭素が不斉炭素となり鏡像異性体が生じる．1位の炭素に結合する-OH と，6位の-CH₂OH が環平面に対して反対側にあるものを α 型，同じ側にあるものを β 型とよぶ．

　ペントースやヘキソースは，水溶液中では鎖状構造ではなく環状構造をとることが多い．グルコースは**ピラノース**とよばれる六員環構造をとる．環状構造になると1位の炭素が不斉炭素となり鏡像異性体が生じ，α 型，β 型と区別する（図 2・13）．リボースやフルクトースは**フラノース**とよばれる五員環構造をとる．

2・5・2 オリゴ糖

オリゴ糖は2〜6分子の単糖がグリコシド結合によって結合したものである．その単糖の数によって，二糖，三糖などとよぶ．代表的な二糖が，**スクロース**（ショ糖），**ラクトース**（乳糖）と**マルトース**（麦芽糖）である（図2・14）．複数の単糖がグリコシド結合するとき，二つの糖の結合様式は次のように表す．

ラクトースの場合は，ガラクトースの1位の炭素のβ-OHがグルコースの4位の-OHと脱水して結合したもので，β(1→4)と表す．マルトースはグルコース2分子がα(1→4)結合したものである．スクロースでは，グルコースの1位のα-OHがフルクトースの2位の-OHと脱水して結合したものであるが，フルクトースの2位についてはα型とβ型が生じるため，それらを区別するために（α1→β2）と表示する．

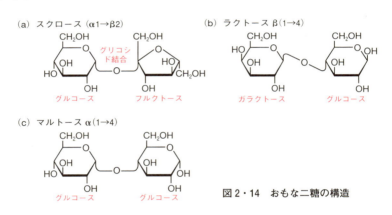

図2・14 おもな二糖の構造

2・5・3 多 糖

多糖は多数の単糖がグリコシド結合で重合したものである（図2・15）．植物細胞に存在する**デンプン**や動物細胞に存在する**グリコーゲン**は，生体内の代表的な貯蔵多糖である．デンプンは**アミロース**と**アミロペクチン**の混合物である．アミロースはグルコースが鎖状に結合したものである．アミロペクチンとグリコーゲンは似ており，鎖状構造のほかに枝分かれ構造がみられるが，グリコーゲンの方が枝分かれが多い．私たちが普段食べるお米にはうるち米ともち米がある．もち米のデンプンはほとんどアミロペクチンからなり，アミロースがほとんど含まれておらず，うるち米のデンプンには15〜35％のアミロースと65〜85％のアミロペクチンが含まれている．アミロースとアミロペクチンの存在比が，米の食感や味に影響する．

多糖のなかには生物体の構造の一部となっている構造多糖もある．最も古くから

2・6　脂　質　23

知られているのが，植物の細胞壁を構成する**セルロース**である．セルロースはデンプンと同様に，グルコースが鎖状に結合したものであるが，デンプンが α(1→4) 結合であるのに対し，セルロースは β(1→4) 結合である．多くの動物の消化液に

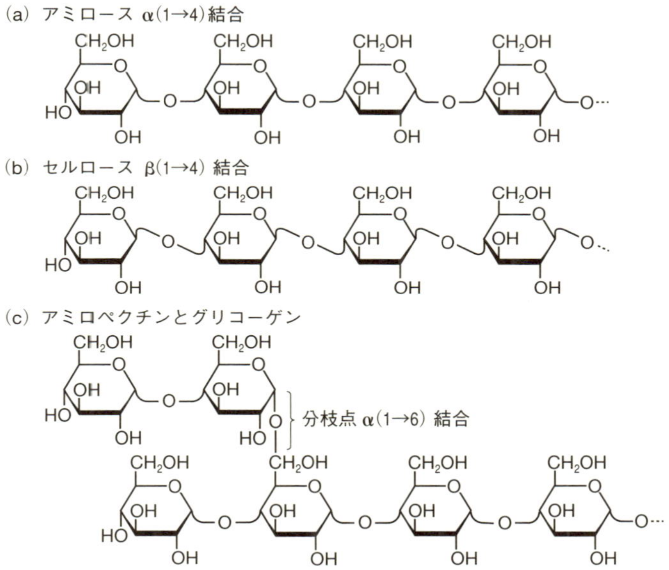

(a) アミロース　α(1→4) 結合

(b) セルロース　β(1→4) 結合

(c) アミロペクチンとグリコーゲン

分枝点 α(1→6) 結合

図2・15　多糖の構造

あるアミラーゼは β(1→4) 結合を分解できない．ウシの胃などには原生動物や細菌が共生していて，これらが分泌するセルラーゼはセルロースを分解することができる．そのため，ウシは自分自身ではセルロースを分解できないものの，共生している原生動物や細菌が生産する酵素の作用によってセルロースを分解し，利用できる．

2・6　脂　質

　脂質はタンパク質や糖質のように特定の分子構造をもった物質を規定する定義はなく，水に不溶で有機溶媒に溶け，長鎖脂肪酸あるいは炭化水素鎖（炭素と水素からなる側鎖）を含み，生物体内に存在あるいは生物由来である物質の総称である．そのため脂質には，中性脂質や極性脂質のほかに，ワックス，ステロイド，カロテノイド，クロロフィルなど多種多様な物質が含まれる．

　脂質は細胞膜を代表とする生体膜の構成成分であり，生体膜の基本的な構造であ

る**脂質二重層**を形成している．したがって，脂質なしには細胞は誕生しえなかった．また脂質は，生体膜を介した情報の伝達や物質の輸送などに関わるタンパク質の安定化や活性調節においても重要な機能を担っており，そのほかにも，生理活性物質として働いたり，水溶性のタンパク質を修飾して生体膜に局在化させるなど，多様な機能をもっている．さらに脂質はエネルギー貯蔵物質としても重要である．糖質よりも脂質を分解した方が多量のATPが合成されるうえ，単位体積当たりに貯蔵できる量も多いため，脂質は糖質よりはるかに有利である．

2・6・1 脂質の構造と機能

脂質の特徴は，分子内に疎水性の部分と親水性の部分をもち，しかも疎水性の部分がかなり大きいことである．これこそが，脂質が，タンパク質，核酸，糖質などではできない機能を担えるゆえんである．

a. 脂肪酸 大部分の脂質が共通にもっている成分が**脂肪酸**（RCOOH）である．脂肪酸は，分子内に親水性のカルボキシ基と疎水性の炭化水素鎖をもっている**両親媒性分子**であり，水溶液中では疎水性部分を内側に，親水性部分を外側に向けた**ミセル**とよばれる球状の会合体を形成する（図2・16）．

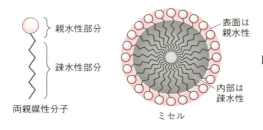

図2・16 脂肪酸によるミセルの形成
脂肪酸の両親媒性分子は，水溶液中で疎水性部分を内側に，親水性部分を外側に向けた球状の会合体（ミセル）を形成する．

天然の脂肪酸はふつう偶数個の炭素原子からなり，16個および18個の炭素原子からなるものが量的には多い．表2・1におもな脂肪酸をまとめた．二重結合をもたない脂肪酸は，炭化水素鎖が水素で飽和しているので**飽和脂肪酸**，二重結合をもつものは**不飽和脂肪酸**とよばれる．脂肪酸の物理化学的性質は，その鎖長と不飽和度（二重結合の数）に依存している．不飽和脂肪酸は二重結合をもつためシス形（*cis*）とトランス形（*trans*）の構造をとることが可能だが，天然の不飽和脂肪酸はほとんどシス形である．シス形の二重結合をもつ脂肪酸の炭化水素鎖は，二重結合の部分で大きく折れ曲がっている（図2・17）．このため，不飽和脂肪酸は飽和脂肪酸に比べて隣り合う分子同士の空間が埋めにくくなり，その結果，融点が低くなる．動物性の脂肪からつくられるバターは常温では固体であるが，植物性の脂肪である

2・6 脂　　質

表2・1　おもな脂肪酸の構造

一般名	炭素数：二重結合数	構造式	融点〔℃〕	
飽和脂肪酸				
パルミチン酸	16:0	$CH_3(CH_2)_{14}COOH$	63	常温で
ステアリン酸	18:0	$CH_3(CH_2)_{16}COOH$	69	固体
アラキン酸	20:0	$CH_3(CH_2)_{18}COOH$	76	
不飽和脂肪酸				
パルミトレイン酸	$16:1^{\Delta 9}$	$CH_3(CH_2)_5CH=CH(CH_2)_7COOH$	0	
オレイン酸	$18:1^{\Delta 9}$	$CH_3(CH_2)_7CH=CH(CH_2)_7COOH$	16	常温で
リノール酸	$18:2^{\Delta 9,12}$	$CH_3(CH_2)_4(CH=CHCH_2)_2(CH_2)_6COOH$	5	液体
α-リノレン酸	$18:3^{\Delta 9,12,15}$	$CH_3CH_2(CH=CHCH_2)_3(CH_2)_6COOH$	−11	
アラキドン酸	$20:4^{\Delta 5,8,11,14}$	$CH_3(CH_2)_4(CH=CHCH_2)_4(CH_2)_2COOH$	−50	

脂肪酸の構造を表記するためには，炭素鎖の長さ，二重結合の数と位置を明示しなければならない．脂肪酸ではカルボキシ基の炭素を1として数える（このように数えた炭素の位置をΔで表記する）．略記法では，：の前に炭素数，後に二重結合の数を示す．たとえばリノール酸の場合は炭素数が18で，9と10および12と13の間の2箇所にシス形二重結合があることを示して$18:2^{\Delta 9,12}$と書く．18:2(9, 12)と省略して書く場合も多い．

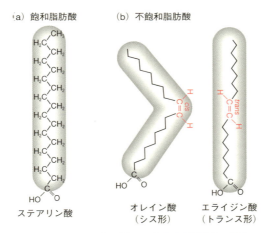

図2・17　飽和脂肪酸(a)と不飽和脂肪酸(b)の構造

サラダ油は冷蔵庫に入れても固まらない．これは前者が飽和脂肪酸を多く含むのに対して，後者は不飽和脂肪酸を多く含むためである．

b. 中性脂質　　中性脂質は，エネルギー貯蔵物質として細胞内に蓄えられ，脂肪ともよばれる．中性脂質は，グリセロールと脂肪酸のエステルである．グリセロールに三つの脂肪酸が結合しているものが主成分で，**トリアシルグリセロール**（またはトリグリセリド）とよばれる（図2・18a）．このトリアシルグリセロールは，

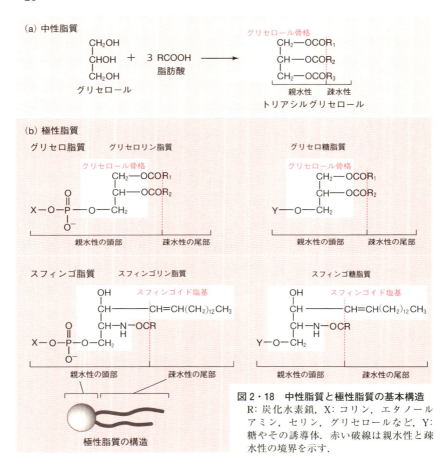

図2・18 中性脂質と極性脂質の基本構造
R: 炭化水素鎖，X: コリン，エタノールアミン，セリン，グリセロールなど，Y: 糖やその誘導体．赤い破線は親水性と疎水性の境界を示す．

グリセロールを基本骨格とするので，グリセロ脂質の一種であるが，グリセロール骨格の炭素すべてに疎水性の脂肪酸が結合しており，3番目の炭素に親水基が結合している極性脂質のグリセロ脂質とは異なる．トリアシルグリセロールは動物の脂肪組織や植物の種子に多量に含まれており，細胞内に**脂肪滴**(オイルボディ，リピドボディともよばれる)として存在し，そのおもな役割はエネルギーの貯蔵である．

c. 極 性 脂 質　　極性脂質はグリセロ脂質とスフィンゴ脂質に分類される．これらの極性脂質は，親水性の頭部と2本の疎水性の尾部からなり，頭部構造の異なる多くの種類が存在する（図2・18b）．

グリセロ脂質は，グリセロールを基本骨格とする脂質で，グリセロールの1番目

と2番目の炭素の位置には,トリアシルグリセロールと同様に脂肪酸が結合しているが,3番目の炭素の位置には,各グリセロ脂質に特徴的な親水基が結合している.親水基の部分にリンを含むものがグリセロリン脂質,糖を含むものがグリセロ糖脂質である.

スフィンゴ脂質は,スフィンゴイド塩基(スフィンゴシンなど.二重結合やヒドロキシ基の数と位置が異なる多様なものが存在する)を基本骨格とする極性脂質である.親水基の部分にリンを含むものがスフィンゴリン脂質,糖を含むものがスフィンゴ糖脂質である.スフィンゴ脂質は,グリセロ脂質と比べて分子構造式はかなり異なるが,分子全体の形はグリセロ脂質と似ている.

極性脂質は,生体膜の主要な構成成分であり,生体膜の基本的な構造である脂質二重層を形成するという重要な機能を担っている(図2・19a).細胞には,細胞膜や核膜などの多くの生体膜が存在するが,各生体膜に含まれる極性脂質の種類や組成は異なっており,そのような違いがおのおのの生体膜の特異的な機能を支えているものと考えられている.一般に,生体膜の脂質二重層を形成している脂質の主成分はグリセロリン脂質であるが,植物が行う光合成の場である葉緑体に存在する外膜や内膜,チラコイド膜では,例外的にグリセロ糖脂質が主成分である.スフィンゴ脂質は,おもに細胞膜や植物細胞にある液胞膜に多く含まれている.脂質分子は,回転,側方への拡散,疎水性の尾部の屈曲などの運動をしているため(図2・19b),脂質二重層は流動的で,いわゆる液晶状態にある.生体膜の流動モザイクモデルの性質はここに由来する.

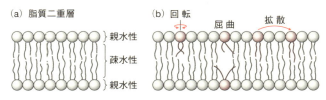

図2・19 極性脂質による脂質二重層の形成(a)と極性脂質分子の運動(b)

d. その他の脂質 中性脂質や極性脂質のほかに,ワックス,ステロイド,カロテノイド,クロロフィルなども脂質に含まれる(図2・20).植物の葉や昆虫の体表面などを覆っている**ワックス**(ろう)は,脂肪酸と長鎖アルコールのエステルである.ワックスは,体表面からの水分の損失を防ぐばかりでなく,細菌やウイルスなどの感染防止にも役立っている.ステロイドは,ステロイド骨格をもった物質の総称で,3位の炭素にヒドロキシ基をもつものを**ステロール**とよぶ.代表的な

ステロールに**コレステロール**がある．コレステロールは，生体膜，特に細胞膜の構成成分として重要な役割を担っており，疎水性の棒状の構造をしている分子のため，細胞膜の脂質二重層の中に入り込み，膜の流動性を調整するなどの働きをしている．テストステロン（男性ホルモン），エストラジオール（女性ホルモン），プロゲステロン（黄体ホルモン）などもステロイドであるが，コレステロールとはまったく機能が異なり，**ステロイドホルモン**として，生殖腺の発達を促進するなどの重要な働

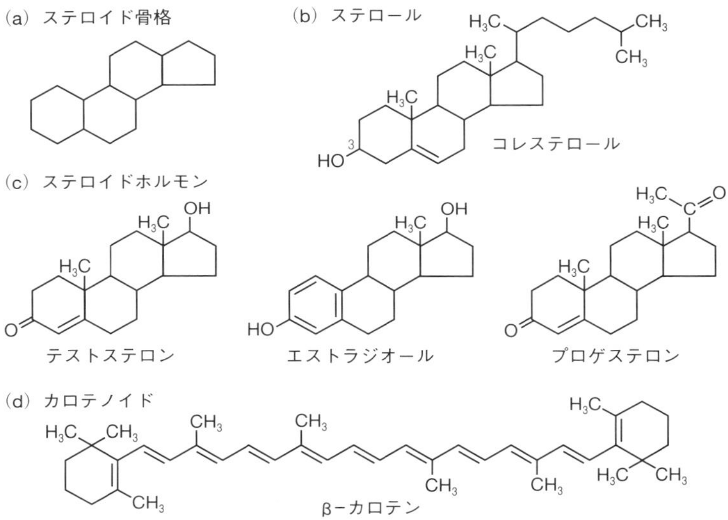

図 2・20　中性脂質や極性脂質以外の脂質の構造

きをしている（§8・3参照）．植物や藻類などが光合成を行うときに，光エネルギーを集める光合成色素として利用されている**クロロフィル**（図4・14参照）や**カロテノイド**も，分子内に疎水性の炭化水素鎖をもち水に不溶性なので脂質に分類される．カロテノイドの一種であるβ-カロテンは，動物体内ではビタミンAに転換され，いわゆるプロビタミン（ビタミンの前駆体）として働いている．

3 細　　胞

　英国の物理学者 R. フックは 1665 年に自作の光学顕微鏡でコルク切片を観察し，それが多数の小孔からできていることを発見して細胞（cell）と名付けた．同じ頃にオランダの A. レーウェンフックは，原生動物などを光学顕微鏡で観察し，英国の R. ブラウンは植物の葉の表皮細胞に不透明な部分があることを発見し核と名付けた．ドイツの植物学者 M.J. シュライデンは 1838 年に，同じドイツの動物学者 T. シュワンは 1839 年に，生物の体が細胞を基本単位としてできているとする細胞説を唱えた．

　光学顕微鏡や電子顕微鏡の進歩により，現在では，細胞の中の詳細な微細構造とそれらの機能の全体像が明らかになっている．細胞の大きな特徴は，脂質二重層の膜で囲まれた細胞内に，脂質二重層の膜で区切られた細胞小器官（オルガネラ）をもつことである．細胞小器官には，核，ミトコンドリア，小胞体，ゴルジ体，リソソーム，液胞，ペルオキシソームなどがある．この章では，細胞小器官の構造と機能やタンパク質の輸送システム，そして細胞形態を維持する細胞骨格および細胞分裂について解説する．

3・1　顕　微　鏡

　細胞や細胞小器官の構造や機能に関する研究は，撮影装置，特にデジタル CCD カメラの高感度化や空間分解能（二つの物体を二つの物として区別できる最小の距離）の向上などの技術革新，さらには新たな原理に基づく光学顕微鏡および電子顕微鏡が開発されたことにより飛躍的に進展した．ここでは，顕微鏡の種類と細胞観察に用いた例について紹介する．

3・1・1　顕微鏡の種類

　生体の組織や細胞の顕微観察には，**光学顕微鏡**や**電子顕微鏡**が用いられる．前者は，観察したい標本に可視光線（ヒトが眼で感じる光，波長 380〜780 nm）を照射して，標本が発する光を顕微鏡のレンズに結ばせることにより観察する．標本に可

視光線を照射するだけなので，標本を生きたまま観察することができる．一方，後者は電子線を使用する．電子線は，光よりも波長が短いため，光学顕微鏡でははっきりと見えないウイルスやDNAなどより微細なものを詳細に観察することができ，空間分解能が高い．しかし，電子顕微鏡は，標本を真空状態に置いて観察する必要があり，標本を生きたまま観察できない．

光学顕微鏡には，明視野顕微鏡，暗視野顕微鏡，位相差顕微鏡，微分干渉顕微鏡，蛍光顕微鏡，共焦点蛍光顕微鏡などがあり，電子顕微鏡には，透過型電子顕微鏡と走査型電子顕微鏡などがある．

a. 明視野顕微鏡　標本を均一な光で照射した際に，透過した光を観察する方法．視野は明るく，染色した標本の構造を観察するのに適している（カラー図1a）．

b. 暗視野顕微鏡　標本に斜めから光を照射して，標本からの散乱光や反射光などを観察する方法．この観察方法では，明視野顕微鏡とは異なり，真っ暗な視野の中に標本が光って見え，透明なサンプルや明視野顕微鏡では観察しにくい微細構造を観察できる（カラー図1b）．

c. 位相差顕微鏡　標本を通った光の回折や干渉によって生じる光の波の時間的なずれ（位相差）を明暗差で示す顕微鏡．比較的小さな構造や無染色の標本を観察する際に用いる（カラー図2a）．

d. 微分干渉顕微鏡　位相差顕微鏡で観察する際にできる標本の周りのハロー（縁取り）がなく，標本の狭い範囲にだけ焦点が合うので，断面を切片にして観察する効果が優れている．そのため，空間分解能は位相差顕微鏡より高く，標本が立体的に見えるという特徴がある（カラー図2b）．

e. 蛍光顕微鏡　蛍光とは，物質に照射した光のエネルギーが物質に吸収されたのち，その物質から放射される光のことである．このような物質を蛍光物質とよぶ．たとえば，DNAやタンパク質に結合する抗体に蛍光物質を結合させ，その蛍光物質に特定の波長の光を当てた際の蛍光を観察する．この方法で，DNAやタンパク質などの細胞内局在性を明らかにすることができる（カラー図3）．植物の葉緑体に存在するクロロフィルは，紫外線照射だけで赤色の蛍光を発する．このように，標本中に存在する構成成分自身から発する蛍光を**自家蛍光**とよぶ．

f. 共焦点蛍光顕微鏡　共焦点蛍光顕微鏡では，対物レンズの焦点位置から来る光を微小なピンホールを通して観察することで，焦点が合った場所以外の光を除去できるため，切片標本を作製せずに立体標本をスライスしたような像を得ることができる（図3・1）．共焦点蛍光顕微鏡では，標本の観察にレーザー光[*1]を用い

---

*1　光源から発する光の周波数が単色で，光が散乱せず，結束して直進する．

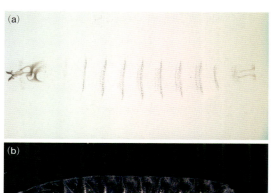
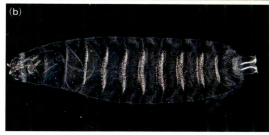

カラー図1 明視野顕微鏡像(a)と暗視野顕微鏡像(b) ショウジョウバエの幼虫を腹側の同じ方向から撮影．[写真提供：小嶋徹也氏，田尻怜子氏]

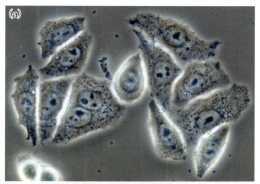
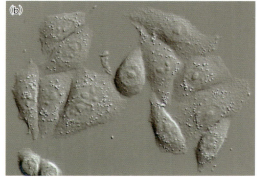

カラー図2 位相差顕微鏡像(a)と微分干渉顕微鏡像(b) ヒト子宮頸がん細胞(HeLa細胞)を位相差顕微鏡(a)で観察すると細胞の境界部分にハローとよばれる光の縁取りのような現象が生じ，微細構造が観察しにくくなる場合がある．一方，微分干渉顕微鏡(b)は，位相差顕微鏡と異なり，細胞構造が立体的に観察される．[写真提供：Microscopy U https://www.microscopyu.com/ より]

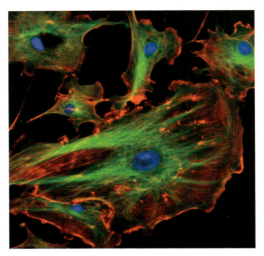

カラー図3　蛍光顕微鏡像　ウシ肺動脈血管内皮細胞の蛍光像．核（青）をDNAに特異的に結合する蛍光色素（DAPI）を用いて染色した．微小管（緑）は，チューブリンに結合する抗チューブリンモノクローナル抗体とまず反応させ，その後，緑色蛍光色素（FITC）標識した抗マウスIgG抗体を用いて染色した（間接蛍光抗体法とよばれる）．アクチンフィラメント（赤）に結合する赤色蛍光色素（TRITC）標識ファロイジンを用いて染色した．[https://imagej.nih.gov/ij/images/ より]

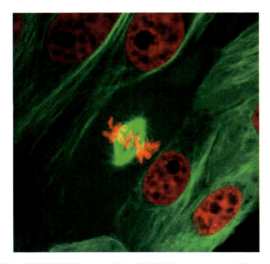

カラー図4　共焦点蛍光顕微鏡像　ブタ腎上皮細胞株（LLC-PK1細胞）における緑色蛍光タンパク質標識チューブリン（緑）および赤色蛍光タンパク質標識ヒストンH2B（赤）の局在．中央部分の細胞において細胞分裂が開始され，紡錘体および染色体の構造が観察できる．[写真提供：Microscopy U　https://www.microscopyu.com/ より]

るため，標本を事前に蛍光染色する必要があるが，生きたまま細胞内の動態を観察することができる（カラー図4）．（下記コラム参照）．

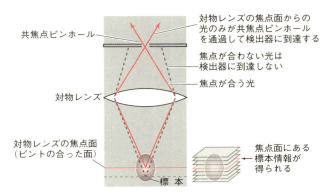

図3・1 共焦点蛍光顕微鏡の概念図 対物レンズの焦点面の反対側の焦点の位置に円形のピンホール（共焦点ピンホール）を置くことで，対物レンズの焦点面からの光だけが，ピンホールを通過できる（赤矢印）．そのため対物レンズの焦点面を変化させることで，切片標本を作製せずに光学的に標本をスライスした像を得ることができる．

■ 光学顕微鏡によって細胞を生きたまま観察する

　生きた細胞の中で分子が働いている様子をリアルタイムに観察することが可能になれば，さまざまな生命現象の分子機構を解明できると考えられる．そのためには，生きた細胞の中のタンパク質を直接可視化する技術が必要である．そのためには培養液中の細胞を観察する必要があり，光学顕微鏡を用いた技術に限られる．

　デジタルCCDカメラを微分干渉顕微鏡に取付けた顕微鏡で細胞を観察すると，細胞の微小領域における屈折率の変化を光の強度に変換できるので，生きた細胞の形態変化を無染色でリアルタイムに直接観察できる．しかし，通常のタンパク質の大きさは約10 nm程度であり，生きた細胞内のタンパク質そのものを直接観察するには，現在の光学顕微鏡の分解能をはるかに超えた空間分解能が必要となるため，特定のタンパク質の動態を微分干渉顕微鏡を用いて直接捉えることはできない．一方，蛍光タンパク質であれば共焦点蛍光顕微鏡や蛍光顕微鏡を用いて観察することで，細胞内動態を観察できる．つまり，見たいものを光らせれば，生きた細胞（ライブセル）の中で分子が働いている様子をリアルタイムに観察（イメージング）できるのである．このライブセルイメージング技術は，顕微鏡性能の改良，デジタルCCDカメラの性能の向上，緑色蛍光タンパク質（green fluorescent protein: GFP）を用いた遺伝子組換え技術の組合わせによって飛躍的な進展をみせている．

3. 細　　胞

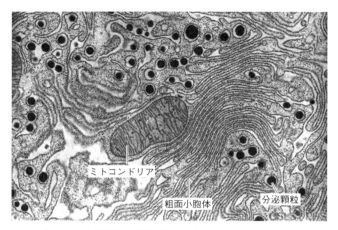

図 3・2　透過型電子顕微鏡(TEM)像　膵臓 B 細胞の透過型電子顕微鏡像．細胞質中の多数の黒い顆粒は，インスリンを含有する分泌顆粒．[© Science Source/amanaimages]

g. 透過型電子顕微鏡（transmission electron microscope：TEM）　光の代わりに電子線を標本に照射し，標本を透過した電子線を観察する方法．光よりも波長の短い電子線を用いるので，光学顕微鏡では観察できなかった微細構造が観察できる(図 3・2)．しかし，TEM で観察するためには，標本を樹脂に包埋したり凍結した後，ダイヤモンドナイフなどを用いて薄い切片（約 100 nm 程度の薄さ）にして電子線を透過させやすくする必要がある．また TEM は，真空状態で標本を観察するため，生体分子の立体構造までは見ることができない（次ページのコラム参照）．

h. 走査型電子顕微鏡（scanning electron microscope：SEM）　細く絞った電子線で標本の表面を走査（スキャン）し，標本表面から反射もしくは発生する電子を検出装置を用いて検出する．SEM では試料の微細な表面構造が立体的に観察できる（図 3・3）．

図 3・3　寄生蜂ゾウムシコガネコバチ(体長約 2 mm)の頭部の走査電子顕微鏡(SEM)像　宿主は米を食害するコクゾウムシの幼虫や蛹．大顎が鋭く，他個体との闘争で触角の先などを切り落とすことが多い．[写真提供：嶋田正和氏]

■ 新しい電子顕微鏡の登場

溶液中の生体分子の構造を高い解像度で観察できる新しい電子顕微鏡，"クライオ電子顕微鏡"（Cryo-electron microscopy: Cryo-EM）の開発に2017年度のノーベル化学賞が贈られた．このクライオ電子顕微鏡法は，生体内の構造を染色することなく生のまま凍らせて観察する方法である．つまり，"クライオ電子顕微鏡"という顕微鏡があるわけではなく，高性能な透過型電子顕微鏡に，極低温（$-270 \sim -160\,°C$）状態で観察できる装備をもつもののことである．

生体を構成する分子のほとんどは，水溶液中で機能する．そのため，真空状態で生体分子を観察すると生体内の環境とはまったく異なるため，生体分子の立体構造が破壊される．Cryo-EMでは，極低温・凍結状態に生体分子を保ち，また生体分子に照射する電子線量を非常に低くすることで生体分子の損傷を防ぐ．しかし，照射する電子線量が非常に低いため，きわめて微弱な信号を使って観察することになる．そこで，同一の生体分子標本のCryo-EM画像を多数取得し，画像処理によって，数千〜数万の生体分子の画像を平均化することで鮮明な像とする．またこの際，さまざまな角度から撮影した生体分子画像を組合わせることで，生体分子の立体構造も導き出すことが可能となった．

透過型電子顕微鏡の誕生から80年以上を経て，ようやく電子顕微鏡を用いて生体分子の結晶を作製することなく，生体分子の原子モデルを構築できるほどの高分解能の画像が得られるようになったのである．

3・2 細胞の構造と機能

3・2・1 細胞の大きさ

細胞の大きさは実にさまざまである（表3・1）．単細胞生物は，生存に必要なすべての機能を1個の細胞の中にもつ．核膜をもつ単細胞生物は，多細胞生物の細胞よりも複雑な形態と内部構造をもっている．

表3・1 細胞の大きさ

細胞の種類	大きさ	細胞の種類	大きさ
マイコプラズマ	$0.08 \sim 0.3\,\mu m$	ヒトの卵細胞	約200 µm
大腸菌	$2 \sim 4\,\mu m$	ゾウリムシ	$100 \sim 250\,\mu m$
出芽酵母	約10 µm	シャジクモ（節間細胞）	$1 \sim 10\,cm$
ヒトの赤血球	$7 \sim 8\,\mu m$	ダチョウの卵黄	7.5 cm
クロレラ	$5 \sim 10\,\mu m$	ヒトの神経細胞（座骨神経）	長さ1 m以上
スギの花粉	$20 \sim 30\,\mu m$		

34   3. 細   胞

3・2・2 細 胞 の 種 類

細胞のうち，核膜をもたない細胞を**原核細胞**，核膜をもつ細胞を**真核細胞**という．原核細胞は真核細胞に比べ構造が単純である．真核細胞は一般的に原核細胞よりも大きく，1000 倍以上もの体積をもつこともある．原核細胞からなる生物を**原核生物**，真核細胞からなる生物を**真核生物**という．

▌3・3　原核細胞の構造と機能

原核生物は真正細菌とアーキア（古細菌）とに大別される（p.6，コラム参照）．**真正細菌**は，いわゆる細菌をさし，大腸菌や枯草菌，シアノバクテリアなどのことである．これらの真正細菌は，ペプチドグリカンからなる細胞壁やエステル脂質から構成される細胞膜をもつが，核膜はもたない．また，細胞小器官がなく，細胞質の内部には膜構造が一切みられない．1 個の環状の染色体をもつ（表3・2）．これ

表 3・2　真正細菌，アーキアおよび真核細胞の比較

	真正細菌	アーキア	真核生物
核　膜	な　し	な　し	あ　り
染色体	環　状	環　状	線　状
細胞膜脂質	エステル脂質	エーテル脂質	エステル脂質
細胞骨格	な　し	な　し	あ　り
原形質流動	な　し	な　し	あ　り
リボソーム	70 S	70 S	80 S
翻訳開始 tRNA[†1]	fMet-tRNA	Met-tRNA	Met-tRNA
イントロン[†2]	な　し	あ　り	あ　り
抗生物質[†3]感受性	あ　り	な　し	な　し

    †1　翻訳開始については §5・4・4 参照．fMet: ホルミルメチオニン．
    †2　イントロンについては §5・5・1 参照．
    †3　クロラムフェニコール，ストレプトマイシン，カナマイシン．
    [井上 勲，"藻類30億年の自然史"，表 7-1，東海大学出版会(2006)
    より抜粋]

までに，さまざまな抗生物質（クロラムフェニコール，ストレプトマイシン，カナマイシンなど）が真正細菌から発見されている．図3・4 に原核細胞（大腸菌）の基本構造を示す．大腸菌は，莢膜，細胞壁，細胞膜，プラスミド，リボソーム，線毛，鞭毛，核様体をもつ．

アーキアは，核をもたないという点で真正細菌と類似し原核生物であるが，DNA の複製やタンパク質の合成機構が真正細菌よりも真核生物に類似している（表

3・2). 真正細菌とアーキアは，およそ33〜40億年前に進化の過程で分岐したと考えられている．アーキアの大きな特徴は，細胞膜がエーテル脂質という特殊な脂質でできている点である．アーキアには，好熱菌（温泉や海底熱水地帯に棲む）や高度好塩菌（塩田や高濃度の塩湖に棲む），メタン生成菌（腐った沼地やどぶ川，動物の腸に棲む）などがある．

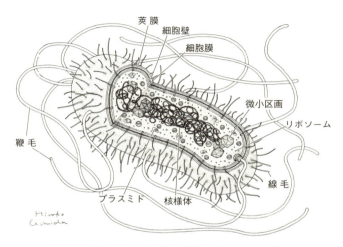

図3・4　原核細胞（大腸菌）の基本構造　線毛や鞭毛は真核細胞のものとは構造が異なる．

3・4　真核細胞の構造と機能

図3・5は真核細胞の基本構造である．植物細胞では細胞質内に発達した液胞と葉緑体が存在する（図3・5a）．動物細胞では，分泌小胞などが存在する（図3・5b）．細胞膜，核，ミトコンドリア，葉緑体，小胞体，ゴルジ体，リソソーム，液胞などの細胞小器官（オルガネラ）は，生体膜で囲まれている．

3・4・1　生体膜

生体膜は，リン脂質の二重層からできている．脂質の主要成分は，動物細胞ではリン脂質とコレステロール，植物細胞ではリン脂質とシトステロールである．また，膜貫通タンパク質，表在性膜タンパク質が組込まれ，細胞内外の物質輸送などさまざまな働きをしている．さらに生体膜表面には**受容体タンパク質**があり，膜の外側からの情報を受取る．また，生体膜でつくられた小胞の内外情報のやり取りにも膜

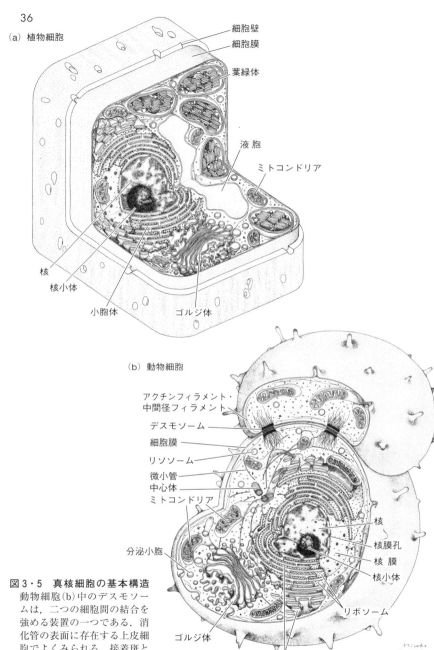

図 3・5 真核細胞の基本構造
動物細胞(b)中のデスモソームは，二つの細胞間の結合を強める装置の一つである．消化管の表面に存在する上皮細胞でよくみられる．接着斑ともよばれる．

上の受容体が機能する．生体膜の一つである細胞膜の構造を図3・6に示す．

脂質二重層は，内側が疎水性であるため（図2・19参照），物質の自由な透過を制限している．ガス（CO_2, N_2, O_2 など）や荷電をもたないエタノールなど小分子は，生体膜を自由に通過することができる（単純拡散という）．しかし，小分子で電荷をもっているもの（Na^+, K^+, Ca^{2+} などの各種イオン），電荷をもたない大きな極性分子（糖など），そして電荷のある極性分子（各種アミノ酸や核酸など）は生体膜を透過できない．細胞は生きるために外界からさまざまな物質（栄養分やイオンなど）を取込んだり，細胞内の物質を排出する必要がある．そのため，生体膜には，**受動輸送**と**能動輸送**の2種類の輸送機構が存在する．

a. 受動輸送　膜に埋まった**チャネルタンパク質**（チャネル）には選択的な孔があり，その孔の大きさに合う分子を通す．たとえばイオンチャネルは，Na^+, K^+, Ca^{2+}, Cl^- などのイオンを選択的に透過させる．チャネルタンパク質を介した物質の輸送は，ATPのエネルギーを消費せず電気化学的な勾配によって行われるので，受動の名がついている．このチャネルタンパク質は刺激により開閉し，特定のイオンの流れを生み出す．たとえば神経細胞では，Na^+ チャネルと K^+ チャネルが開閉することによって情報が伝えられる（§7・2・3参照）．

b. 能動輸送　濃度勾配に逆らった選択的な物質輸送は，イオンポンプなどがATPのエネルギーを消費してその機能を担っている．このような輸送を能動輸

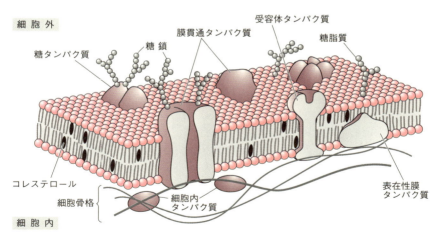

図3・6　**細胞膜の構造**　細胞膜直下には，細胞骨格によって構成される裏打ち構造が存在し，膜構造の安定化を行っている．また細胞膜（生体膜）には，膜を貫いて存在する膜貫通タンパク質（物質を透過させるチャネルなど）や膜に結合している表在性膜タンパク質（酵素や情報伝達物質受容体など）が存在する．

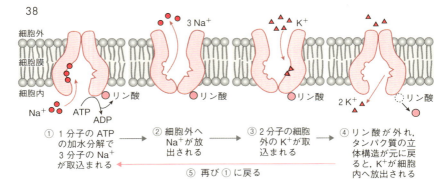

図 3・7　Na⁺, K⁺-ATP アーゼ（ナトリウムポンプ）　ATP のエネルギーを使ってタンパク質の立体構造が変化し，Na⁺ を細胞外へ K⁺ を細胞内へ輸送する．

送という．能動輸送を行うタンパク質の一つに，Na⁺, K⁺-ATP アーゼ（ナトリウムポンプ）がある．細胞内では K⁺ 濃度が高く，細胞外では Na⁺ 濃度が高い．これは，細胞膜に Na⁺, K⁺-ATP アーゼが存在し，Na⁺ を細胞外へ，K⁺ を細胞内へ，ATP のエネルギーを消費して輸送しているからである（図 3・7）．

3・4・2　細　胞　膜

　細胞表面の生体膜，すなわち細胞膜の表面には，数多くの膜貫通タンパク質，表在性タンパク質，さらに生体膜にはない糖タンパク質（糖を結合させたタンパク質），糖脂質（糖を結合させた脂質）などが海に浮かぶ氷山のように組込まれている．また，細胞膜の細胞質側には細胞骨格（アクチンフィラメントや中間径フィラメント）が網目状の裏打ち構造をつくり細胞膜を安定化している（図 3・6 参照）．

　膜貫通タンパク質は，疎水性のアミノ酸により構成され，細胞膜に組込まれている．膜貫通タンパク質の多くは，物質が細胞膜を通過するための孔を形成したり，外界からの情報を細胞内へ伝達したりする．一方，**表在性膜タンパク質**は，その構造の一部（疎水性の部分）を細胞膜へ組込んだり，自身のもつ脂肪酸を細胞膜に挿入したり，あるいは特定のリン脂質と選択的に結合したりして細胞膜の内側（細胞質側）表面に結合している．また，細胞膜の裏打ち構造を構成する細胞骨格タンパク質と結合し，薄い細胞膜を物理的に補強したり，膜貫通タンパク質を特定の細胞膜領域に固定するアンカーとして機能したりする．

　細胞は，化学物質，神経伝達物質，ホルモンなど，細胞外からの情報を細胞内に効率良く伝達する必要性もある．そのために細胞膜表面に多種多様な**受容体タンパク質**をもっており，さまざまな物質とこれらの受容体が特異的に結合して細胞外からのシグナルを細胞内に伝えている（p.173，コラム参照）．

3・4・3 細 胞 壁

細胞壁は植物細胞にみられ，多糖のセルロースを主成分とする．細胞膜の外側を取囲み植物細胞の形態の維持や保護の役目を果たす．細胞壁中にリグニンという高分子物質がたまると木化して数十メートルもの樹木を支えることができる．また原核細胞などの表面にもペプチドグリカンを主成分とする細胞壁がみられる．

3・4・4 細 胞 質

細胞質は，細胞の細胞膜で囲まれた原形質のうち，核以外の部分を示す．そして細胞質から細胞小器官を除いたものを**細胞質基質**（サイトソル）という．細胞質基質は，細胞骨格，溶解した分子，水分などから構成され，細胞の体積の大部分を占めている．つまり細胞質基質は，タンパク質などの高分子が高濃度に存在しているゲル状態である．そのため，細胞中の分子は，試験管内の薄い濃度の溶液中とまったく異なる振る舞いをする場合がある．

3・4・5 細 胞 小 器 官

細胞小器官は，生体膜で囲まれ細胞内で一定の機能をもつ機能的・構造的に分化した構造体のことである．たとえば，核，ミトコンドリア，葉緑体，小胞体，ゴルジ体，リソソームなどは，膜構造によって機能的に分化した細胞小器官である．これらの構造体は，静的なものではなく，その形や分布を頻繁に動的に変化させることで，さまざまな機能を果たしている（次ページのコラム参照）．

a．核　細胞内で最も大きな構造が核である（図3・8a）．他の構造物より密度が大きいので，容易に細胞分画法で単離することができる．核は，通常1細胞内に

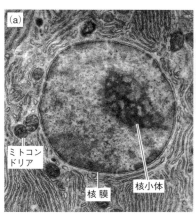
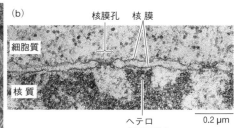

図3・8　核(a)と核膜孔(b)の電子顕微鏡（**TEM**）像〔(a) © Science Source/amanaimages，(b) W.W. Franke *et al.*, *J. Cell Biol.*, **91**, 39s–50s, Fig. 8(1981)より〕

■ 細胞分画法による細胞小器官の解析

　20世紀中頃，電子顕微鏡による細胞観察技術が急速に進歩し，その結果，細胞内部の微細構造が詳細に観察できるようになった．その過程で，細胞内にはさまざまな膜構造，つまり細胞小器官が存在することが明らかになってきた．そこで，個々の細胞小器官の機能を解析するためには，解析したい細胞小器官だけを回収する方法を開発する必要があった．電子顕微鏡の発展と同じ頃，超遠心分離機を用いた細胞小器官を回収する技術，**細胞分画法**が確立された．細胞分画を行うには，まず細胞を破壊する必要がある．細胞の破壊には，界面活性剤によって化学的に破壊する方法や，ホモジナイザーや超音波破砕機により物理的に破壊する方法などある．細胞の破壊に伴い，分解酵素をもつリソソームや液胞の膜も破壊されるため，目的の細胞小器官が部分的に消化されてしまう．そこで，各種酵素の阻害剤を細胞破砕液中に加え，すべての実験操作を低温中で行う．その後，この細胞破砕液を，遠心力の強さと遠心時間を調節した分画遠心や，密度の違いを利用した密度勾配遠心によって，目的の細胞小器官だけを回収することができる．この細胞分画法により，生細胞から分離された各種細胞小器官の微細構造と，その機能や局在性が直接関連づけられるようになった．

1個存在するが，原生動物の繊毛虫類（ゾウリムシなど）のように1細胞内に大核と小核（多細胞生物の体細胞核と生殖細胞核に相当）が存在する細胞や，骨格筋のように多核の細胞もある．核を形づくる核膜は，2枚の生体膜（外膜と内膜）から構成される．核膜には，核と細胞質の間の物質のやり取りを行うための孔が数多く存在する．その孔は**核膜孔**とよばれ，特殊なタンパク質が集合して複合体を形成し物質の輸送の場となっている（図3・8b）．核膜は核分裂の際には分断されて細胞質に分散するが，分裂が終わるとそれらは再び集合して核膜を構築する．核膜の内膜の内側を核質とよぶ．そのなかでも塩基性色素のカーミンやオルセインなどで濃く染まる部分を**クロマチン**（**染色質**）という．クロマチンは核酸とタンパク質の結合したもので（§5・1・2参照），細胞周期の分裂期では凝縮して太い染色体になる．

　また，核内で目につく構造に**核小体**がある（図3・8a）．核小体は，リボソームを産生する場所であり，転写されたrRNAやリボソームの前駆体が多量に蓄積されている．核小体の数は生物によって異なり，一定数の核小体をもつ生物や，多数もつ生物がいる．一般的に代謝や増殖が活発でタンパク質を盛んに合成している細胞には大きな核小体がみられる．細胞から単離した核からは，顆粒状の核小体だけを取出すことができる．

b. 小 胞 体 小胞体はその形態から，**粗面小胞体**と**滑面小胞体**に分類される（図3・9）．粗面小胞体は，細胞質側の面に多数の**リボソーム**が結合してタンパク質合成を行っている小胞体であり，その小胞体の内部には合成されたタンパク質が貯蔵されている．リボソームは直径約 15 nm 程度の顆粒で，タンパク質合成の場である．数種の rRNA と多数のタンパク質からなり，小サブユニットと大サブユニットを形成している．リボソームは小胞体に付着して粗面小胞体となるだけでなく，mRNA が多数連なって細胞質中にポリリボソーム（ポリソーム）としても存在する．ミトコンドリアや葉緑体のリボソームは真正細菌のリボソームとよく似た特徴をもち，アーキアのリボソームのなかには真核細胞のリボソームとよく似た特徴をもつものも見つかっている．このことは，アーキアに真正細菌が細胞内共生して現在の真核細胞ができたとする細胞内共生説を支持している(p.47，コラム参照)．粗面小胞体のリボソームで合成されたタンパク質は，膜小胞に包まれてゴルジ体に輸送される．一方，滑面小胞体はリボソームが結合していない小胞体で，リン脂質合成，グリコーゲン代謝，Ca^{2+}の調節，細胞内消化などさまざまな機能をもつ．

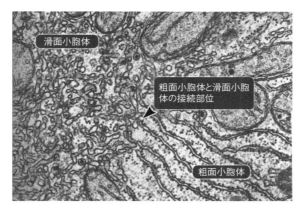

図 3・9 小胞体の電子顕微鏡(TEM)像 粗面小胞体の膜表面には多数のリボソーム（黒点）が結合している．[R. P. Bolender, E.R. Weibel, *J. Cell. Biol.*, **56**, 746–761, Fig.4（1973）より]

c. ゴルジ体 ゴルジ体は円形の滑面小胞体のような扁平な袋が5～10枚重なった構造をしている．扁平な袋の周辺には多数の小胞（輸送小胞とよばれる）が存在する（図3・10）．ゴルジ体では，粗面小胞体で合成され，ゴルジ体に輸送されてきたタンパク質の糖鎖修飾が行われる．糖鎖の加工に必要な酵素は，層状に重なったゴルジ体の扁平な袋に加工順に存在している．これらの酵素は新生と消失を

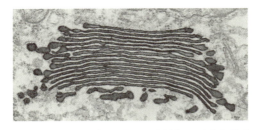

図 3・10　ゴルジ体の電子顕微鏡(TEM)像と模式図［写真：© Science Photo Library/amanaimages，模式図：M. Cain *et al.*, "Discover Biology", 2nd Ed., Sinauer Associates(2002) の図 6.6 を改変］

繰返す扁平な袋の間を輸送小胞に包まれて移動する．完成した糖タンパク質は輸送小胞に包まれて適切な場所に輸送される．たとえば，リソソームへ輸送されたり，細胞膜に輸送され細胞膜に埋め込まれたり，細胞膜と融合し細胞外へ分泌（**エキソサイトーシス**とよばれる，図3・11）されたりする（次ページのコラム参照）．

図 3・11　エキソサイトーシス

d. リソソーム　　リソソーム（直径約 0.1 〜 1.2 μm）の膜の表面には，ATP を使って H^+ を内側に取込むプロトンポンプが存在し，この作用で，リソソーム内の pH が酸性（約 pH 5）に維持されている．リソソームの内部には，タンパク質や脂質，糖，核酸などさまざまな生体物質を分解できる酸性領域に最適 pH をもつ多数の加水分解酵素が存在する（図3・12）．これらの加水分解酵素は，ゴルジ体から輸送されてきたものである．たとえば，リソソーム内には，ペプチダーゼやカテプシンといったタンパク質分解酵素やホスホリパーゼといった脂質分解酵素が存在する．これらリソソーム内の加水分解酵素が細胞質へ漏れ出したとしても，細胞質の pH は，約 pH 7.2 の中性であり，この条件ではこれら加水分解酵素が機能しないため，細胞自身は消化されない．

　リソソームの機能は，白血球やアメーバなどのように細胞外の異物を膜に包んで細胞内で分解したり，細胞外から取込んだ養分を分解し自らのエネルギーにしたり，

3・4 真核細胞の構造と機能

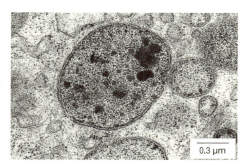

図3・12 リソームの電子顕微鏡(TEM)像 リソームの中に分解中の物質が見える.[H. Glaumann et al., *J. Cell Biol.*, **67**, 887–894, Fig. 3 (1975) より]

0.3 μm

■ 小胞輸送

真核細胞の細胞内にはさまざまな細胞小器官が存在する.これらの細胞小器官が正しく機能するためには,それぞれの細胞小器官で機能するタンパク質が正しく輸送される必要がある.特に,小胞体,ゴルジ体,エンドソーム(エンドサイトーシスによって生じる小胞),リソームなどの細胞小器官間や,細胞表面からエンドサイトーシスによって細胞内に取込んだ栄養素や細胞膜上の受容体タンパク質などの輸送は,生体膜で形成されている小胞によって調節されている.この機構は,**小胞輸送**とよばれ,輸送される小胞を**輸送小胞**とよぶ.

この輸送小胞には,キネシンやダイニンといった**モータータンパク質**が直接的または間接的に結合している.このモータータンパク質は,細胞骨格の微小管の上を移動するので,輸送小胞は,微小管に沿って受け手の細胞小器官へと輸送される(下図).たとえば,ホルモンなどの分泌タンパク質は,小胞体からゴルジ体を経由して,細胞膜へと至る.同様にミトコンドリアやリソーム,ゴルジ体や小胞体といった細胞小器官も微小管上を移動する.

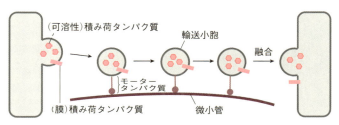

図 小胞輸送 送り手側の細胞小器官から輸送されるタンパク質である"積み荷"を選択的に取込んだ直径50〜100 nm の輸送小胞が出芽し,それが受け手側の細胞小器官へ移動し,膜融合によって輸送小胞上の膜成分と中身とを受け渡すことによって行われる.

自身の中で不要になったものを分解処理したりすることである．このような細胞外の物質を細胞内に取込む機構を**エンドサイトーシス**とよぶ（図3・13）（次ページのコラム参照）．

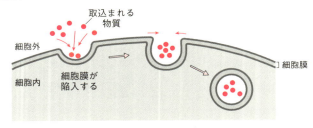

図3・13　エンドサイトーシス

e. 液　胞　　植物細胞には，細胞質の容積のほとんどを占める液胞とよばれる大きな膜構造が存在する．液胞は，栄養分や代謝産物，植物毒素などの貯蔵，加水分解酵素による分解（動物細胞のリソソームと同様な機能），有害物質の隔離や解毒などの機能をもつ．また，水を溜め込むことで**膨圧**が生じ，植物細胞の空間を充填し，細胞の成長，体積の増大など植物細胞の形態を維持するのにも役立っている．

f. ペルオキシソーム　　ペルオキシソームは，直径 0.1～1 μm の小胞で，尿酸やアミノ酸を酸化して過酸化水素を生成する一群のオキシダーゼと，過酸化水素を水に還元するカタラーゼなどが含まれている．ペルオキシソームのオキシダーゼは，コレステロールの合成やアミノ酸代謝などに関与している（図3・14）．動物の肝臓や腎臓の細胞では，この酸化反応で生じた過酸化水素を用いて，ホルムアル

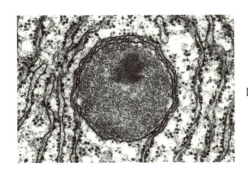

図3・14　粗面小胞体で囲まれたペルオキシソームの電子顕微鏡（TEM）像　中央に黒く見えるのは，酵素群の結晶．［© Science Source/amanaimages］

デヒドやアルコールなどの有毒物質を酸化して無毒化している．植物や細菌の一部には，脂肪酸を分解して糖を産生するグリオキシル酸回路とよばれる代謝経路が存在する．このグリオキシル酸回路をもつ**グリオキシソーム**もペルオキシソームに似

た細胞小器官である．

g. ミトコンドリア　ミトコンドリアは核膜と同様に2枚の生体膜からなり，外側の膜（外膜）は比較的物質の透過性が高い．一方，内側の膜（内膜）は，物質の透過性が低い．内膜は，内側に陥入して，**クリステ**とよばれる構造を形成し，膜

■ **オートファジー**

　細胞には，細胞内の不要となった分子や異常な物質（たとえば，異常凝縮したタンパク質や損傷を受けたミトコンドリアなど）を分解して処理する仕組みを備えている．真核細胞では，おもに**オートファジー（自食作用）**によって処理される．つまり，オートファジーとは，細胞成分をリソソームで分解する仕組みのことである．まず，分解する細胞質の物質を**オートファゴソーム**という小胞で包み，その小胞がリソソームと融合することにより，オートファゴソーム内の細胞質の物質を分解する（下図）．オートファジーは，細胞内の異常な物質や不要な物質を分解するだけでなく，細胞が飢餓状態になったときに特に活発となり，細胞質をランダムに分解して必要なエネルギーを確保する機能を担っている．つまり，細胞外からエネルギーを得られなくなった細胞は，自身の余分な細胞小器官を分解し，それをエネルギー源として用いることができる．一方，細胞内の異常な細胞小器官（ミトコンドリアなど）や凝集タンパク質，細胞内に侵入した細菌などは，オートファジーに選択的に認識され，分解される．これらの機能は，細胞小器官やタンパク質の品質管理や維持に重要であり，寿命の長い細胞（神経細胞や心筋細胞など）で特に重要な機能を担っていると考えられている．この現象は，1988年，大隅良典博士によって，ヒトの細胞と共通性の多い出芽酵母の観察から発見された（論文発表は1992年，2016年にノーベル生理学・医学賞を受賞）．

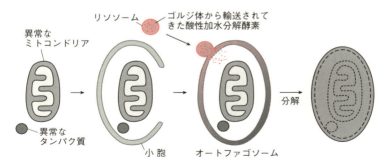

図　オートファジー　異常なミトコンドリアやタンパク質などは小胞で包まれ，オートファゴソームになり，その後ゴルジ体から輸送されてきた酸性加水分解酵素を含むリソソームと融合し分解される．

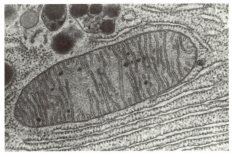 

図 3・15　ミトコンドリアの電子顕微鏡(TEM)像と模式図　黒く見える顆粒はカルシウムを含んだ物質．[写真：© Science Source/amanaimages，模式図：M. Cain *et al*., "Discover Biology", 2nd Ed., Sinauer Associates(2002)の図 6.9 を改変]

の表面積を増大させている（図 3・15）．細胞質内の解糖系で生じたピルビン酸は，おもにミトコンドリア内膜に囲まれた部分（**マトリックス**）に存在するクエン酸回路と内膜に組込まれた電子伝達系を経て ATP の合成に用いられる（§4・3・3 参照）．ミトコンドリアのマトリックスには独自の DNA とリボソームが存在する．ミトコンドリアの DNA の一つ一つは大腸菌の DNA よりはるかに短いが，一つのミトコンドリアには多数の DNA のコピーが含まれている．また，ミトコンドリアは原核細胞と同様に二分裂で自己増殖する．ミトコンドリアの形や数は細胞によって異なり，0.5〜数 μm 程度の長さがある．

h. 色素体（葉緑体）　色素体は，植物細胞に特有な細胞小器官であり，2 枚の生体膜からなり，ミトコンドリアと同様に独自の DNA をもつ．色素体はその組織の機能に応じてさまざまな形態に分化する．緑色の葉では光合成を行う**葉緑体**（図 3・16）になり，根では**白色体**に，貯蔵組織ではデンプンの合成を行う**アミロプラスト**になる．色素体は，植物，藻類，その他の原生生物に必須な細胞小器官で，光

図 3・16　葉緑体の電子顕微鏡(TEM)像　黒く見える構造はグラナ．[© Visuals Unlimited/amanaimages]

3・5 細 胞 骨 格 　　　　47

合成，脂肪酸合成，アミノ酸合成，窒素と硫黄の同化，色素の合成など多様な機能
をもっている．

　葉緑体の内部には円盤状の小胞（**チラコイド**）が積み重なった状態で入っている．
チラコイド膜には**クロロフィル（葉緑素）**を含む顆粒が多数並んでいる．チラコイ
ドが積み重なった部分を**グラナ**といい，基質部分を**ストロマ**という（図 4・13 参照）．
葉緑体は光合成の場で，チラコイドでは光エネルギーの取込みと水の分解が行われ，
ストロマで糖の合成が行われる（§4・4 参照）．ストロマには独自の DNA とリボソー
ムが存在する（下のコラム参照）．

■ **細 胞 内 共 生 説**

　地球上の生物は，アーキア，真正細菌，
真核生物のどれかに分類される．真核細
胞内に存在するミトコンドリアは，呼吸
（酸素呼吸）によってエネルギーを生み
出す細胞小器官である．このミトコンド
リアは，実は元来は独立に生活し，呼吸
を行っていた好気性細菌が嫌気性細菌の
細胞質に取込まれ原始真核細胞となり，
進化の結果，最終的に宿主細胞の一部に
なったものだと考えられている．これ
は，ミトコンドリアが異なる 2 枚の膜で
包まれていること，ミトコンドリア内部
に独自の DNA をもつことなどが，その
根拠となっている．藻類や植物などの光
合成を行う葉緑体は，ミトコンドリアを

内部に取込んでいた原始真核細胞に光合
成細菌のシアノバクテリアが共生したこ
とがその起源と考えられている．これ
は，葉緑体とシアノバクテリアの光合成
装置が類似していることや葉緑体にも独
自の DNA が存在することなどが根拠に
なっている．そして，長い進化の過程で，
細菌の DNA の多くが原始真核細胞の核
へと移行したのではないかと考えられて
いる．実際，ミトコンドリアあるいは葉
緑体を構成するタンパク質の大部分は，
核の DNA 上にその遺伝子が存在する．
つまりミトコンドリアや葉緑体は独自の
DNA をもつが，その増殖と機能は核に
より制御されている．

3・5 　細 胞 骨 格

　真核細胞には，細胞質や核内に細胞骨格とよばれるフィラメント（繊維）状タン
パク質が存在する（図 3・17）．細胞骨格は，細胞の形の決定，核分裂，細胞質分裂，
細胞内での物質輸送，原形質流動（細胞の内部で原形質が流れるように動く現象），
細胞運動に必要な構造で，**アクチンフィラメント**，**微小管**，**中間径フィラメント**の
3 種類がある．この 3 種類の細胞骨格繊維は，細胞内でそれぞれ異なる場所に存在
する．

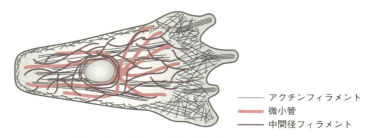

図3・17　3種類の細胞骨格繊維の細胞内での分布

3・5・1 アクチンフィラメント

　細胞内に多数存在する球状の**Gアクチン**（図3・18a）がらせん状に重合してできた直径5〜9 nmの繊維で，細胞骨格のなかでは最も細い．**ミクロフィラメント**，**Fアクチン**ともよばれる．ミオシンとよばれるタンパク質繊維とともに，繊毛運動や鞭毛運動を除く多くの細胞運動の中心的役割を果たしている．筋細胞ではミオシンとともに筋収縮を担っている（§7・4・1参照）．

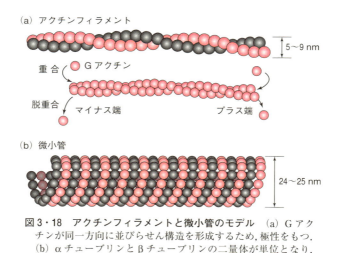

図3・18　アクチンフィラメントと微小管のモデル　(a) Gアクチンが同一方向に並びらせん構造を形成するため，極性をもつ．(b) αチューブリンとβチューブリンの二量体が単位となり，同一方向に並び管状構造を形成するため，極性をもつ．

　その構造は動的で，繊維構造をとる状態（重合）と崩壊している状態（脱重合）が繰返されている．Gアクチンは一方向に並んで重合するため，形成されたアクチンフィラメントには方向性がある．繊維の両端はプラス端とマイナス端とよばれ，アクチンの重合と脱重合の速度は，プラス端で速く，マイナス端では遅い．このア

クチンフィラメントと結合するタンパク質は，細胞内に多数存在する．これらのタンパク質によってアクチンフィラメントは互いに結合し合ったり，細胞膜と結合し細胞膜の裏打ちをしている．

アクチンフィラメントは，間期の培養細胞では細胞質内を縦横に長く走行する**ストレスファイバー**とよばれる束を形成し，細胞外の基質への細胞の接着を増強している（カラー図3参照）．原生生物のゾウリムシでは，食胞の形成にもアクチンが関与している．

アクチンは細胞の運動にも重要な機能を果たしている．神経細胞の成長円錐，白血球の一種の好中球，魚類の上皮細胞は，アメーバ運動を行うが，進行方向側でアクチンの重合が起こり，その後方で脱重合が起こることが知られている．

3・5・2 微 小 管

αチューブリンと βチューブリンとよばれる2種類の球状のタンパク質が円筒状に重合してできた直径24〜25 nmの管である（図3・18b）．微小管にもアクチンフィラメントと同様に方向性があり，末端にβチューブリンが存在する側がプラス端で，その反対側がマイナス端となる．微小管もアクチンフィラメントと同様に重合・脱重合を繰返す動的な構造である．微小管の重合と脱重合の速度は，プラス端の方がマイナス端よりも速い．またこの微小管の重合と脱重合は微小管結合タンパク質によって制御されている．微小管には，一重，二重，三重微小管の3種類

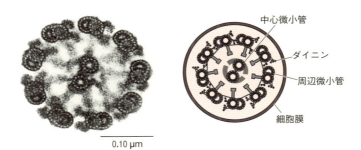

図3・19 鞭毛断面の構造 左は精子の尾部の透過型電子顕微鏡像．円状に配置した9本の周辺微小管とその中心に存在する2本の中心微小管から構成されている（9+2構造）．［写真: © Photo Researchers］

の存在様式がある．一重の微小管は神経細胞の軸索，紡錘体，細胞質でよくみられる．二重の微小管は鞭毛や繊毛の周辺微小管として存在する（図3・19）．三重の微小管は中心体の中心粒や鞭毛や繊毛基部の基底小体でみられる．動物細胞では，

核近傍に存在する中心体から微小管が伸び，中心体側がマイナス端で，細胞の辺縁部がプラス端となり，細胞内の物質の輸送（p.43，コラム参照）の際の輸送路となる．

3・5・3　中間径フィラメント

中間径フィラメントの直径は，アクチンフィラメントと微小管の直径の中間（約10 nm）であるため，中間径フィラメントと名付けられた．中間径フィラメントは，単位タンパク質が重合して形成された繊維であり，細胞の種類によってラミン，ケラチンなどのさまざまなタイプが存在する．アクチンフィラメントや微小管と異なり，重合・脱重合があまり起こらず，細胞や細胞小器官への外部からの圧力に抵抗する機能を果たしている．たとえば，ラミンは核膜の形を維持している．またケラチンは上皮細胞の張力を保ち，毛髪や爪の成分として体を保護する機能を果たしている．

▌3・6　細 胞 分 裂

細胞は，分裂と成長で2個の娘細胞になる．細胞の増殖には，2種類の独立した調節機構が存在する．一つは細胞の寿命の調節で，もう一つは細胞周期の各時期の進行の調節である．原核細胞では寿命の存在が確認されていないが，真核細胞は一般に寿命をもち，無限に増殖することはできない．

3・6・1　細 胞 周 期 の 調 節

細胞が増殖する際には，染色体などの構成成分を2倍にし，それらを2個の細胞に分配するという過程を繰返している．この過程を**細胞周期**とよぶ．細胞周期の中で，何も行っていないようにみえる**間期**〔G_1 **期**（gap＝間隙），**S 期**（synthesis＝合成），G_2 **期**（gap 2）〕と染色体が形成されて分裂が行われる**分裂期**〔**M 期**（mitosis＝有糸分裂）〕に分けられる．分裂期はさらに染色体の行動によって**前期**，**中期**，**後期**，**終期**に分けられる（図3・20）．

S 期では，DNA の複製が行われる．DNA の複製は1回の細胞周期の中で一度しか行われない．そのため，細胞には，複製した状態の DNA とまだ複製されていない状態の DNA を区別する機構が存在する．

S 期の前後を G_1 期と G_2 期という．脳の神経細胞のように分化した細胞は DNA 合成の準備期である G_1 期で細胞周期の進行を停止した状態にある．G_1 期には，S 期に進行するか，G_1 期にとどまるかを決定する時期が存在する．このように分化

した細胞でみられる細胞周期から外れた G_1 期は，特に G_0 期（静止期[*2]）とよばれる．環境条件が整えば G_0 期細胞を G_1 期に戻すことができる．

G_2 期は，細胞分裂の準備期である．この間に細胞は，DNA 複製が終了したかどうか，DNA 損傷が起こっていないか，染色分体を分裂する細胞の両端へ移動させる微小管の構成要素の合成など，M 期へ進行してもよいかどうかをチェックしている．以上のように，細胞の分裂と複製が交互に繰返され，G_1 期→S 期→G_2 期→M 期（→次の G_1 期）のように一方向にプロセスが回転することを細胞周期という．

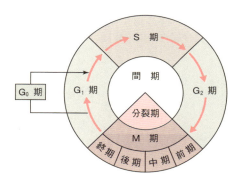

図 3・20 細胞周期

G_1 期から S 期へ，G_2 期から M 期への移行は，**サイクリン依存性キナーゼ**（Cdk）とよばれるタンパク質の活性化によって制御されている．キナーゼとは，ATP のリン酸基を別の分子に転移（リン酸化）する酵素（リン酸化酵素）である．Cdk は，サイクリンとよばれるタンパク質が結合することによって活性化される．つまりサイクリン-Cdk 複合体が活性型タンパク質キナーゼとして働き，細胞周期を回転させる引き金となる．その後サイクリンは分解されて，Cdk が不活性化される．このサイクリン-Cdk 複合体には，異なる種類が存在し，それぞれが細胞周期のさまざまな段階で機能する．

別の言い方をすると，サイクリン-Cdk 複合体は，細胞周期の進行状況を監視し，次の段階へ進行させるかどうかをチェックする役割（**チェックポイント**とよぶ）を果たしている．チェックポイントは G_1/S，S 期，G_2/M，M 期の 4 箇所にある．たとえば，G_1 期では，DNA に損傷がないかどうかをチェックし，損傷がある場合は DNA 修復を行う．S 期の最後には DNA 複製が完全に行われたかどうかをチェック

[*2] G_0 期は**静止期**とよばれるが，細胞周期が静止しているだけで，細胞が静止しているわけではなく，実際には分化した細胞が機能を発揮している状態のことである．

し，不完全な場合は，細胞分裂の前に細胞周期が止まる．がん細胞では，このようなチェックポイント機構に機能障害が起こっているため，異常な細胞分裂が起こる．

3・6・2 体細胞分裂と減数分裂

体細胞は形や大きさが同じ一対の染色体（**相同染色体**）をもつ．これらは両親から 1 つずつ受け継いだものである．染色体の数は生物種によって決まっており，一対の染色体の数を n^{*3} で表すため，体細胞の染色体数は $2n^{*3}$ となる．

体細胞分裂では，1 個の核から親の核と遺伝的に同一な 2 個の娘核が産生される．この体細胞分裂によって真核細胞の染色体は，正確に娘核へと分離される．一方，

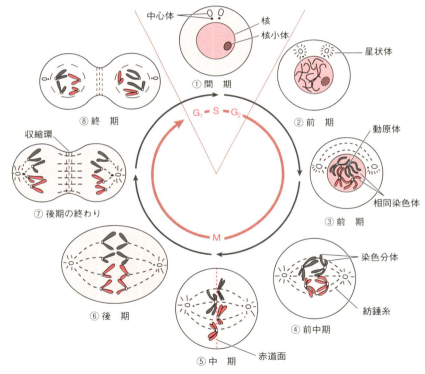

図 3・21 **体細胞分裂** ①は間期（G_1→S→G_2 期），②〜⑧は M 期．

---

*3 細胞のもつ染色体セット数のことを**核相**という．染色体を 2 セットもつものは $2n$（**複相**），1 セットもつものは n（**単相**）と表される．

3・6 細胞分裂

減数分裂は，有性生殖（§6・2・2参照）に備えて，生殖細胞（配偶子：卵，精子，胞子，花粉など）をつくるための特殊な分裂機構である．減数分裂の間に核は二度分裂するが，DNAは一度しか複製されない．よって生殖細胞は，染色体の数を半分に減らす．つまり，染色体数が二倍体（$2n$）から半数体（n）に減少している．さらに減数分裂では父母由来の染色体がランダムに分配されるため，体細胞分裂とは異なり，減数分裂によって生まれた細胞は，互いに遺伝情報が異なる．こうしてできた半数体同士の細胞，たとえば精子と卵子が受精することにより染色体数が回復するだけでなく，子孫の遺伝的多様性が促進される．この減数分裂の詳細については，§5・2・2で触れる．ここでは，体細胞分裂，すなわち細胞周期のM期を前期，前中期，中期，後期，終期に分け，図3・21に沿って体細胞分裂の過程を述べる．

① 間期では分裂の準備をするが，S期ではDNAの複製と同時に染色体の基本構造も倍化するので，各染色体は2本の染色分体で構成されている．
② M期の**前期**ではクロマチンの凝縮が起こり，顕微鏡で細い染色糸が見えるようになる．
③ 染色糸は時間経過とともに太く短くなっていく．動物細胞では，核の近傍に存在する**中心体**が複製され，核膜の両端へと移動する．中心体は2個の中心小体が互いに直角に位置したもので，各中心小体は3本の短い微小管が1組になってこれが円周状に9組束になっている（図3・22）．分裂の際に紡錘体と星状体を形

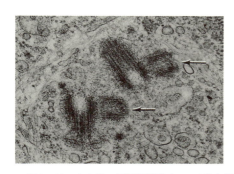 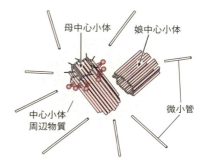

図3・22　中心体の電子顕微鏡（TEM）像と模式図　［写真：J.B. Rattner, S.G. Phillips, *J. Cell Biol.*, **57**, 359-372, Fig.4 (1973)より．模式図：G. Sluder, *Nat. Rev. Mol. Cell Biol.*, **6**, 743-748(2005)を改変］

成する中心になる．この中心体により，細胞が分裂する面が決定される．そして，核小体の退化，核膜の崩壊が起こる．中心体の周辺には微小管が放射状に伸長し，**星状体**が形成される．

④ 中期の直前（**前中期**）になると，両極の中心体間を結ぶ微小管（極微小管）が形成される．さらに，中心体と各染色分体に1個ずつある**動原体**（**セントロメア**）を結ぶ動原体微小管も形成される．これらの微小管の束は**紡錘糸**とよばれ，星状体を含んだ全体を**紡錘体**とよぶ．体細胞分裂では，2本の染色分体の各動原体は反対方向の星状体と結ばれている．植物細胞では，中心体は存在しないが，動物細胞と同じような仕組みで紡錘体が形成される．

⑤ **中期**では，細胞の中央（**赤道面**）に平面状に全染色体が並ぶ．染色体は最大限に濃縮されている（図3・23）．動原体の位置は染色体によってさまざまなので各染色体を識別する指標になる．中期の終わりには，染色分体の対すべてが同時に分離する．

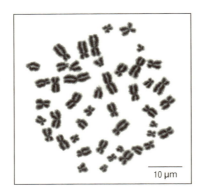

図3・23　ヒト細胞の分裂中期の染色体　染色分体は，動原体部分での結合が他の部分より強いため，圧力を加えて作製した顕微鏡標本では動原体部分以外が分離した形になる．［写真提供：国立研究開発法人 量子科学技術研究開発機構］

10 μm

⑥ **後期**では，一対の姉妹染色分体が分離して，それぞれ紡錘体の両極へ移動する．それぞれの染色分体は2本鎖DNA分子を含み，**娘染色体**とよばれる．2本の染色分体の動原体微小管が反対方向の中心体から伸びているため，各染色分体は反対方向の中心体に引っ張られるように移動する．

⑦ その後，動物細胞では両極の星状体が互いの距離を増し，赤道面近くの細胞膜がアクチンフィラメントからなる**収縮環**（図3・24）によってくびれ始める．植

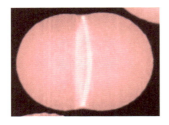

図3・24　ウニ卵の収縮環　ウニ卵が1回目の細胞分裂を行っている蛍光顕微鏡像．中央のくびれた部分に，数千本ものアクチンフィラメントからなる光るリング状の収縮環が見える．［写真提供：馬渕一誠氏］

3・6 細 胞 分 裂　　　55

物細胞では赤道面の中央に**細胞板**が形成され，外側に伸びて細胞膜と融合し，さらに細胞壁を発達させる．

⑧ 染色体が両極に移動し，クロマチンの粗な凝集体になるまでほどけていく．前期の間に分解された核膜と核小体は融合して，それぞれの構造を再形成する．これらの変化が完了した状態を**終期**といい，体細胞分裂が終了し2個の**娘細胞**となる．

4 代　　謝

4・1　代 謝 と は

　生体内では，物質の合成・分解反応などの非常に多くの化学反応が行われている．たとえば食事などから得られた栄養素は**呼吸**により酸化・分解されて，そこからエネルギーが取出されるとともに生体を構築する材料となる．また**光合成**は二酸化炭素（CO_2）からデンプンなどの糖を合成（固定）する過程である．このような細胞内での反応は生化学反応とよばれ，その反応全体を**代謝**という．基本的に代謝では，タンパク質である**酵素**が触媒として働く．

　一般に生体で有機化合物が分解され簡単な構造の分子となる代謝過程を**異化**とよび，逆に簡単な分子から生体が必要とする有機化合物を合成する過程を**同化**とよぶ．どちらも多数の反応からなるが，異化は全体としてエネルギーを放出する反応であるのに対して，同化では全体としてエネルギーを有機化合物に固定する反応である．

　植物は光合成という同化により，光のエネルギーを使って CO_2 と水（H_2O）からデンプンなどの有機化合物をつくり，それを利用して生きている．このように他の生物の助けを借りずに生きていける生物を**独立栄養生物**という．一方，動物のように，他の生物の合成した有機化合物を利用して生きている生物を**従属栄養生物**という．私たちヒトを含む動物，カビやキノコなどの菌類も従属栄養生物である．

4・2　酵　　素

　酵素はタンパク質をおもな成分とする生体触媒である．酵素が作用する物質を**基質**とよび，反応によってつくられた物質を**生成物**とよぶ（図4・1）．酵素は特定の基質とのみ反応し，他の基質とは反応しないという**基質特異性**をもつ．また酵素は基本的に特定の反応のみを触媒することができる．この性質を**反応特異性**とよぶ．そのため，一つの細胞の中には多様な生化学反応を触媒するさまざまな酵素が存在する．酵素の高い特異性はその立体構造に支えられている．酵素には**活性部位**があ

り，この部位の構造に適合した基質だけが結合できる．その結果，**酵素−基質複合体**が形成されて，反応が進行する（図4・1）．

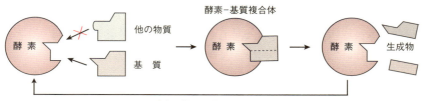

図4・1 酵素の活性部位と触媒サイクル 酵素は，特定の構造をもつ基質とだけ反応できる基質特異性と，特定の反応のみを触媒できる反応特異性をもつ基質との結合によって酵素側の構造もダイナミックに変形すると考えられている．

生体内の物質は一般に安定で化学反応を起こしにくい．生化学反応が進行するためには，物質を反応しやすい活性化状態にする必要がある．この状態にするために必要なエネルギーを**活性化エネルギー**とよぶ．酵素は触媒としてこの活性化エネルギーを低下させることで，細胞内における常温常圧の条件で生化学反応を進行させることができる（p.62，コラムの図参照）．

一般的な化学反応と同様に，酵素も温度が上昇するにつれて活性が高まるが，高温になるとタンパク質の**変性**が起こるため，活性を失ってしまう．したがって，酵素には最もよく働く温度（**最適温度**）がある（図4・2a）．また酵素の立体構造は，

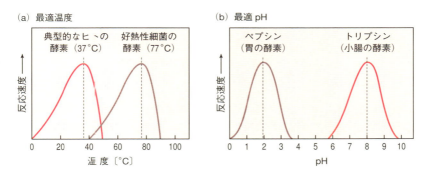

図4・2 酵素の反応速度と温度(a)，酵素の反応速度とpH(b)との関係

溶液の酸性やアルカリ性にも影響を受けるため，その活性はpHにより変化する．酵素活性が最も高くなるときのpHを**最適pH**という（図4・2b）．

4・2・1 補因子

酵素には,低分子の有機化合物の助けを借りるものも多い.これらの物質を**補因子**とよぶ.酵素タンパク質に共有結合などで強く結合しているものを**補欠分子族**,強く結合せず可逆的に解離するものを**補酵素**とよぶが,両者の区別は明確ではない.また鉄や亜鉛などの金属イオンと結合している酵素もある.ヒトが合成することができない補酵素などは,ビタミンとして知られている.

4・2・2 酵素反応の速度

一定量の酵素による酵素反応では,基質濃度を高めていくにつれて反応速度が増加するが,いくら基質濃度を高くしてもある限度より速くなることはない(図4・3).すなわち,基質濃度に対して反応速度は飽和する.酵素反応では,酵素-基質複合体が形成されるほど反応速度も速くなるが,酵素の基質結合部位の量には限りがあるので,飽和現象がみられる.

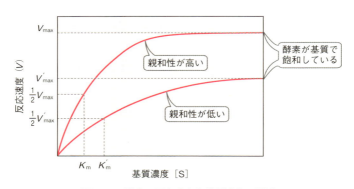

図4・3 酵素の反応速度と基質濃度の関係

これを数式で表したものが,酵素反応の**反応速度論**である.酵素反応の機構を調べるうえで速度論は最も有効な方法の一つである.一般的な酵素反応の基本式は以下のように表すことができる.

$$E + S \underset{k_{-1}}{\overset{k_1}{\rightleftarrows}} ES \overset{k_2}{\longrightarrow} P + E$$

Eは酵素,Sは基質,ESは酵素-基質複合体,Pは生成物を示し,k_1,k_{-1},k_2は各反応の速度定数である.このとき,反応速度をV,基質濃度を[S]とすると,一般に次の式が成り立つ.

$$V = \frac{V_{\max}}{1+K_{\mathrm{m}}/[\mathrm{S}]} \qquad K_{\mathrm{m}} = \frac{k_{-1}+k_2}{k_1}$$

これをミカエリス・メンテンの式とよぶ．ここで，$V_{\max}$を最大反応速度，K_{m}をミカエリス定数とよぶ．K_{m}は$V_{\max}$の1/2の速度を示すときの基質濃度で，それぞれの酵素の基質に対する親和性の指標として用いられる．K_{m}が大きいことは酵素の基質に対する親和性が低い（結合しにくい）ことを示し，逆にK_{m}が小さいことは親和性が高い（結合しやすい）ことを示している．

4・2・3 酵素反応の調節

a. 酵素活性の阻害　酵素の活性は，酵素に直接結合する物質により阻害される場合がある．阻害物質が酵素に結合したり離れたりする**可逆的阻害**と，結合したまま離れない**不可逆的阻害**がある．また酵素反応において，基質とよく似た構造をもつ物質が存在すると，この物質と基質との間で酵素の活性部位を奪い合い，結果として酵素活性は阻害される．このような酵素反応の阻害を**競合的阻害**という（図4・4）．一方，阻害物質が反応部位以外に結合して活性を阻害することを**非競合的阻害**という．

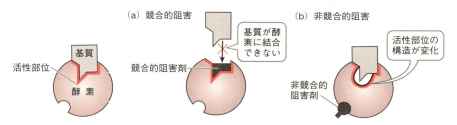

図4・4　競合的阻害と非競合的阻害　(a) 競合的阻害では，基質とよく似た構造の阻害物質が酵素に結合することで，基質は酵素に結合できない．(b) 非競合的阻害では，阻害物質は活性部位以外に結合するため基質は酵素に結合できるが，活性部位の構造が変化し，活性が阻害される．

b. アロステリック調節　酵素の活性が，活性部位とは異なる離れた部位（アロステリック部位）に特異的に結合する物質（リガンドとよぶ）によって可逆的に調節されることを**アロステリック調節**とよぶ．アロステリック調節では酵素活性は正あるいは負の調節を受ける．アロステリック調節を受ける酵素は一般に複数のサブユニットからなる構造をもち，あるサブユニットにリガンドが結合することで他のサブユニットの基質親和性が上がるなど，全サブユニットが協調的に構造変化を起こす．これによって，酵素活性をスイッチのように調節することができる（図4・5）．

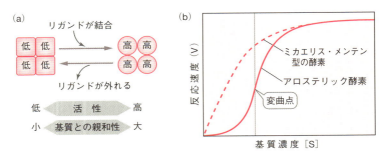

図4・5 アロステリック調節 (a) アロステリック調節におけるタンパク質の協調的構造変化（協同作用）モデル．(b) アロステリック酵素では，酵素反応の速度と基質濃度の関係はＳ字曲線となる．このことは曲線の変曲点に相当する基質濃度で活性の変化率が最大になることを意味しており，めりはりのきいた調節を可能にしている．

c. フィードバック調節 代謝経路の最終産物や中間生成物による反応系の初期の酵素の調節により，その最終産物を一定濃度で供給することができる．このような仕組みを（負の）**フィードバック調節**という（図4・6）．

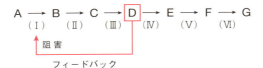

図4・6 フィードバック阻害 最終産物(G)や代謝の中間生成物(B〜F)が阻害物質として酵素(Ⅰ〜Ⅵ)に結合し，酵素反応を阻害する．図では中間生成物Ｄが上流の酵素Ⅰを阻害している．

4・3 異 化

生物は食物などからエネルギー源となる有機物を摂取して，そのエネルギーを取出し，高エネルギー物質であるATPを合成している．この過程が**呼吸**および**発酵**であり，**異化**反応のなかの一つである．

4・3・1 生体のエネルギー通貨ATP

一般に，細胞内での代謝におけるエネルギーのやり取りは，**ATP**（アデノシン三リン酸）を介して行われる．ATPはアデノシンにリン酸が三つ結合した化合物

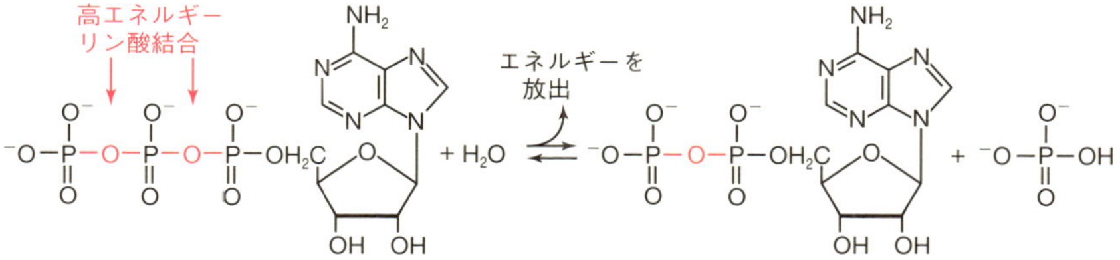

4・3 異　　化

高エネルギー
リン酸結合

エネルギーを
放出

アデノシン三リン酸(ATP)　　　　　アデノシン二リン酸(ADP)　　　無機リン酸

図4・7　アデノシン三リン酸(ATP)の加水分解

である（図4・7）．ATP は末端のリン酸基の結合（**高エネルギーリン酸結合**）が切れて ADP（アデノシン二リン酸）と無機リン酸（P_i）になるときに，エネルギーを放出する．この反応は $\Delta G^{\circ\prime} = -30.5\ \mathrm{kJ/mol}$ という大きな自由エネルギー変化（次ページのコラム参照）を伴う発熱反応である．

$$ATP + H_2O \longrightarrow ADP + P_i \qquad (\Delta G^{\circ\prime} = -30.5\ \mathrm{kJ/mol})$$

このエネルギーが，細胞内における物質の合成，筋肉の収縮，能動輸送，発光など，さまざまな活動のために使われる．一方，ATP を ADP から合成するためには，エネルギーが必要となる．このように，ATP はすべての生物において，エネルギーの受け渡しを行っていることから，生体におけるエネルギーの"通貨"として，重要な役割を担っている．

　このほかに細胞内では，**NADH**（ニコチンアデニンジヌクレオチド，還元型）や **NADPH**（ニコチンアデニンジヌクレオチドリン酸，還元型）などの形でエネルギーを保存しており，これらも生体のエネルギー通貨ということができる．$NAD(P)H$ には，還元型〔$NAD(P)H$〕と酸化型〔$NAD(P)^+$〕があり，還元型は酸化型より多くのエネルギーをもつため酸化型に変換しやすい．酸化型への変換に伴い，その還元力〔他の分子に電子を渡す力〕をエネルギーとして放出する．

エネルギー

$$NAD(P)H + H^+ \rightleftharpoons NAD(P)^+ + 2H^+ + 2e^-$$

還元型　　　　　　　　　酸化型

4・3・2　外呼吸と細胞呼吸

　呼吸には，ヒトの肺などで行われる**外呼吸**と，細胞内で行われる**細胞呼吸**の二つの意味がある．外呼吸とは，外気からの酸素（O_2）を取入れ，体内で生じた二酸化炭素（CO_2）と水蒸気（H_2O）を排出する過程である．細胞呼吸は細胞の中でグルコースなどの有機化合物を，O_2 との反応により，CO_2 と H_2O に分解して，多くの ATP

■ ギブスの自由エネルギー

生体内で起こる反応は物理と化学の法則に必ず従う化学反応系である．酵素は化学反応を速めはするが，エネルギー的に起こりにくい反応を起こすことはできない．しかし，生物が成長・増殖していくためには，単純な小さな分子から，エネルギーに富む秩序立った複雑な分子を合成していかなければならない．そこで生体内の化学反応では，エネルギー的に起こりやすい，エネルギーを放出して熱を発生する反応（**発熱反応**）と，エネルギー的に起こりにくい，生物の秩序を生み出す反応（**吸熱反応**）を酵素が共役[*1]させている．

熱力学の第二法則により，化学反応は宇宙全体の乱雑さが増す方向にのみ自発的に起こる．乱雑さの程度を示すのに，**自由エネルギー**（G）という量を用いると便利である．G は反応系が変化するときのみ考慮する必要があるので，G の変化（ΔG）が特に重要である．エネルギー的に起こりやすい発熱反応は，自由エネルギーが減少する，すなわち負の ΔG をもつ反応と定義される．たとえば A⇄B という反応では，A→B の自由エネルギー変化 ΔG が負のときにのみ反応が進行する．

また ΔG は反応物の濃度によっても変化する．A⇄B という可逆反応では，A が B よりもはるかに多ければ，反応は A→B の方向に進みやすい．したがって，B に対する A の比率が増すほど，ΔG は大きな負の値になる．このように ΔG は濃度に依存する部分と依存しない部分の二つの項の和として書くことができる．

$$\Delta G' = \Delta G^{\circ\prime} + RT \ln \frac{[生成物]}{[反応物]}$$

ここで右上の丸（°）は標準状態（1 モル濃度，25 ℃）を，アポストロフィー（'）は pH 7.0 で反応が行われていることを示し，$\Delta G^{\circ\prime}$ は**標準自由エネルギー変化**とよばれる．ATP の加水分解反応における $\Delta G^{\circ\prime}$ は -30.5 kJ/mol で，大きなエネルギーを放出する反応である．

濃度による効果が $\Delta G^{\circ\prime}$ とつり合ったとき，すなわち $\Delta G'=0$ のとき，反応系は化学平衡に達して反応はどちらにも進まなくなる．このときのAに対するBの比率を平衡定数といい，その値は $\Delta G^{\circ\prime}$ により変化する．

自由エネルギー変化は化学反応の自発的な起こりやすさ，エネルギー的な効率などを知るうえで非常に有効な概念である．

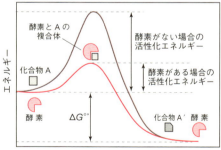

図　化学反応と活性化エネルギー　酵素は化学反応の進行に必要な活性化エネルギーを低くすることで，化学反応を進めやすくする．

[*1] 共役とは二つの反応を同時に起こすこと．ここでは自発的に起こりにくい反応を，起こりやすい反応と同時に起こすことで，反応全体を進めている．

4・3 異 化 63

を合成する反応である（下式）.

$$C_6H_{12}O_6 + 6 O_2 \longrightarrow 6 CO_2 + 6 H_2O + 38 \text{ ATP}$$
グルコース

この O_2 を利用する細胞呼吸は**好気呼吸**（**酸素呼吸**）とよばれ，後述する O_2 を必要としない呼吸（**嫌気呼吸**）と区別される．ここでは，細胞呼吸について詳しく述べる．

4・3・3 呼 吸

呼吸の過程は，**解糖系，クエン酸回路，電子伝達系**に分けられ，各過程で ATP が合成される．生体内ではグリコーゲンを出発材料とする場合もあるが，ここでは呼吸基質としてグルコースが使われる場合を説明する．

a. 解 糖 系　解糖系はすべての生物に存在し，細胞内のさまざまな代謝ネットワークの中心的な役割を果たしている最も重要な ATP 合成経路であり，10種類の酵素によって構成され，細胞質基質に局在している（図4・8）.

解糖系は1分子のグルコースを2分子のピルビン酸に分解する過程で，2分子の ATP が投資され，4分子の ATP が回収される．したがって，差し引き2分子の ATP が合成される（図4・8）．また2分子の NADH も生成する．解糖系の過程は以下のように表すことができる．

$$C_6H_{12}O_6 + 2 \text{ NAD}^+ \longrightarrow 2 C_3H_4O_3 + 2 \text{ NADH} + 2 \text{ ATP}$$
グルコース　　　　　　　　　　ピルビン酸　　　$(\Delta G^{\circ\prime} = -196 \text{ kJ/mol})$

解糖系における ATP の生成は**基質レベルのリン酸化**とよばれ，後述するミトコンドリアの電子伝達系による ATP の生成を**酸化的リン酸化**とよんで区別している．また糖が欠乏した条件では，解糖系を遡ることによりグルコースを合成する反応が進行する．これを**糖新生**という．糖新生は解糖系の逆反応に沿って進むが，解糖系にある3箇所の不可逆反応については，糖新生のための異なる酵素が ATP の加水分解反応と共役して，その逆反応を触媒する．

b. クエン酸回路　解糖系によってつくられたピルビン酸はミトコンドリアのマトリックス（図3・15参照）に運ばれ，クエン酸回路に入り，CO_2 にまで分解される．またアミノ酸や脂質もクエン酸回路の中間代謝物質を通して分解・合成される．

クエン酸回路（p.65，図4・9）全体では，4分子の NADH，1分子の $FADH_2$（フラビンアデニンジヌクレオチド，還元型），そして1分子の GTP の生成が起こる．**$FADH_2$** も NADH 同様に強い還元力をもつ物質である．また，合成された1分子の GTP は ATP に変換される．クエン酸回路の過程は以下のように表すことができる．

$$C_3H_4O_3 + 2 H_2O + 4 \text{ NAD}^+ + \text{FAD}$$
ピルビン酸
$$\longrightarrow 3 CO_2 + 4 (\text{NADH} + \text{H}^+) + \text{FADH}_2 + \text{ATP}$$

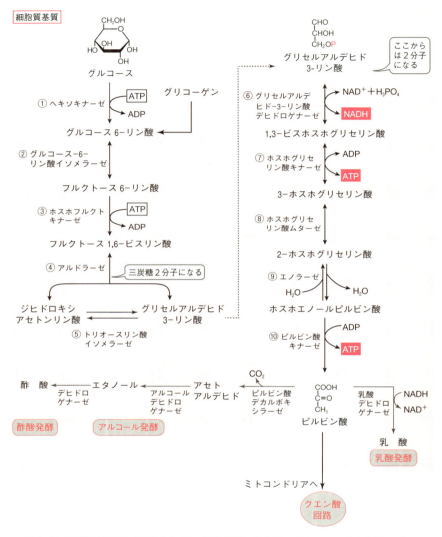

図 4・8 解糖系の詳細（発酵を含む） 解糖系は，1分子のグルコースを2分子のピルビン酸に分解する過程である．ATP を用いてリン酸基を付加する二つのキナーゼ反応（①，③），六炭糖を三炭糖に開裂する反応（④），脱水素反応と共役した無機リン酸の付加反応（⑥），ATP 合成を行う二つのキナーゼ反応（⑦，⑩），脱水反応（⑨），および異性化反応による相互変換（②，⑤，⑧）から成り立っている．また⑥の脱水素酵素によって，水素イオンと電子が NAD$^+$ に渡され，2分子の NADH が合成される．

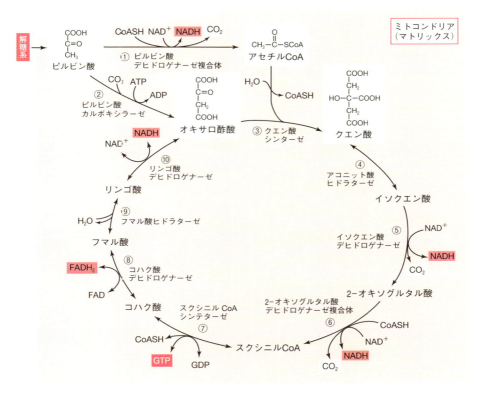

図4・9 クエン酸回路の詳細 クエン酸回路では，ピルビン酸は脱炭酸反応を伴う脱水素反応（①）によりアセチルCoAとなる．次にアセチルCoAは炭素数4のオキサロ酢酸と縮合して炭素数6のクエン酸となる（③）．クエン酸はイソクエン酸に異性化された後（④），脱炭酸反応を伴う脱水素反応を2回受け（⑤，⑥），スクシニルCoAとなる．さらに，GTP合成（⑦）と二つの脱水素反応（⑧，⑩），および脱水反応（⑨）により，オキサロ酢酸を再生する．オキサロ酢酸はアセチルCoAと反応してクエン酸を生成し，反応はぐるぐる回転していく．⑧のコハク酸デヒドロゲナーゼ以外の酵素はすべて可溶性でマトリックスに存在する．②のピルビン酸カルボキシラーゼはオキサロ酢酸を補充する．この反応の回転方向は，3箇所の反応が不可逆反応であるため，クエン酸から2-オキソグルタル酸を経てオキサロ酢酸が生成する向きに進む．

クエン酸回路ではO_2は登場しないが，好気呼吸の重要なステップであり，O_2のない条件では進行しない．

c. 酸化的リン酸化 1分子のグルコースは解糖系とクエン酸回路によってCO_2と水素（10分子のNADHと2分子の$FADH_2$）に完全に分解されるが，この過程で生成するATPはわずか4分子である．しかし，この過程で生成した水素がO_2により完全酸化されて，H_2Oになる反応に共役して合計最大34分子のATPが生成

する．この一連の過程を**酸化的リン酸化**という．

　解糖系とクエン酸回路で生じた NADH と FADH$_2$ は高いエネルギーの電子（e^-）を蓄えており，還元力が強く，他の物質に容易に電子を渡すことができる．これらの電子はミトコンドリア内膜にある**電子伝達系**に渡される（図4・10）．電子伝達系に渡された電子は，内膜に埋め込まれた複数の電子伝達系複合体の間を受け渡され，最終的に O$_2$ に渡され，H$_2$O がつくられる．電子伝達系の中でおもな役割を果たしているタンパク質は**シトクロム**とよばれ，電子を渡す反応部位に鉄原子をもっている．鉄原子は電子の授受に伴って Fe^{2+} と Fe^{3+} の状態を繰返す．

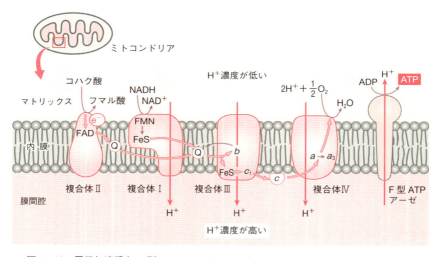

図4・10　電子伝達系と F 型 ATP アーゼ　Q: 電子伝達成分のユビキノン，c, c_1, b, a, a_3: シトクロムの補因子ヘム，FeS: 鉄硫黄クラスター（補因子），FMN: フラビンモノヌクレオチド，FAD: フラビンアデニンジヌクレオチド．⟶は電子（e^-）の流れを示す．複合体Ⅱでつくられた還元型 Q も複合体Ⅲに電子を渡す．

　呼吸の本質は，段階的な電子伝達に共役して，マトリックスから膜間腔に効率良く水素イオン（H$^+$）を運び出すことにある．電子伝達に伴ってマトリックス内の H$^+$ が膜間腔に運ばれ，その結果，内膜を境として膜の両側には大きな H$^+$ の濃度勾配が形成される．このような状態のもとで膜に穴を開けて H$^+$ が自由に膜を通過できるようにすると，H$^+$ は膜間腔からマトリックスに向けて勢いよく流れ込むだろう．

　H$^+$ の濃度勾配に従った H$^+$ 輸送と共役して，ATP を合成するのが **F 型 ATP アーゼ**である．ATP アーゼは図4・11 のような構造をしており，膜間腔からマトリックス側へ H$^+$ が通り抜けることでくるくると回って ATP をつくる仕組みになってい

る．ATPがつくられるのはマトリックス側であるが，ATPは輸送タンパク質を介して二重の膜構造を通過し，ミトコンドリアの外部に送られ，細胞質内でのさまざまなATPを必要とする反応に利用される．

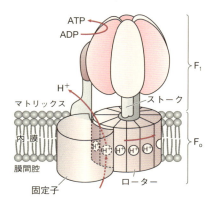

図4・11　F型ATPアーゼ　ATPアーゼはF₀部分と，F₁部分からなる．F₀部分は回転するローター部分と回転しない固定子部分に分かれ，それらの間にH⁺を輸送する構造が存在する．F₁部分はATPの合成・分解を担う．H⁺が通過すると，ローターが回転し，それがストークを通じてF₁の構造変化を促し，ADPと無機リン酸からATPがつくられる．

d. 呼吸全体の反応　呼吸全体としては，1分子のグルコースが分解された場合，解糖系で2分子，クエン酸回路で2分子のATPが合成される．またクエン酸回路で8分子のNADHと2分子のFADH₂が生成する．NADH 1分子からATPが3分子，FADH₂ 1分子からはATPが2分子つくられるとすると，これらからATP 28分子がつくられる．また解糖系でつくられた2分子のNADHもミトコンドリアに取込まれ，ATP 6分子がつくられる．以上より，グルコース1分子が完全に酸化されるとき，合わせて合計38分子のATPがつくられる[*2]（表4・1，図4・12）．

表4・1　グルコース1分子の酸化によりつくられるNADH, FADH₂とATPの分子数

	NADH	FADH₂	ATP
解糖系	2		2
クエン酸回路	8	2	2
酸化的リン酸化（電子伝達系）	2 8	2	2×3=6 8×3=24 2×2=4
合　計			38

[*2] 1分子のグルコースから生成されるATPの分子数については，最近の研究結果から38分子以下となることが示されている．詳細については，生化学の教科書などを参照してもらいたいが，NADPH 1分子から2.5分子以下，FADH₂ 1分子から1.5分子以下のATPが生成され，合計32分子以下のATPが生成するとの計算がなされている．

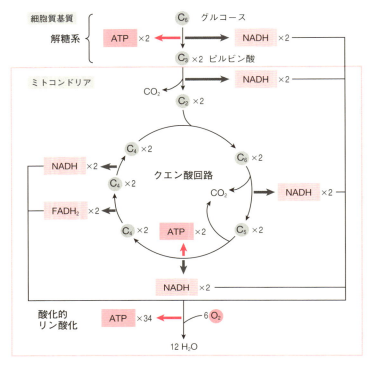

図 4・12 呼吸全体の反応 呼吸の反応の進行には酸素が必要である．酸素は電子伝達系を流れた電子の最終的な電子受容体である．

1分子のグルコースが6分子の CO_2 に分解される反応における自由エネルギー変化は，$\Delta G°' = -2870$ kJ/mol である．1分子の ATP の自由エネルギー変化は $\Delta G°' = -30.5$ kJ/mol であることから，38分子の ATP のエネルギーを合わせた値をグルコースの値で割ると，呼吸におけるエネルギー変換効率は約40%となり，残りは熱として失ったと考えることができる．

e．その他の呼吸基質 呼吸の基質として，グリコーゲンやグルコースなどの糖質のほかにも脂質やタンパク質が利用される．脂質は脂肪酸とグリセロールに分解される．脂肪酸はβ酸化とよばれる代謝系によりアセチル CoA に分解され，クエン酸回路に入る．たとえば，パルミチン酸が完全に分解されると，約 9800 kJ/mol のエネルギーが放出される．

$$C_{16}H_{32}O_2 + 23\, O_2 \longrightarrow 16\, CO_2 + 16\, H_2O \qquad (\Delta G°' = -9782 \text{ kJ/mol})$$
パルミチン酸

グルコースの完全分解で 2870 kJ/mol のエネルギーが放出されることに比較すると，生成された CO_2 当たり放出されるエネルギーは脂質の方がグルコースより 1.3 倍大きいことになる．グリセロールはピルビン酸となったのち，クエン酸回路に入る．

また，タンパク質はアミノ酸に分解されたのち，ピルビン酸やオキサロ酢酸などさまざまな有機酸とアンモニアに分解され，有機酸はクエン酸回路に入る．アンモニアは哺乳類では尿素となり，体外に排出される．

4・3・4 発 酵

O_2 のない条件下でもグルコースを分解して，エネルギーを得ている代謝系が存在する．これを**嫌気呼吸**とよぶ．微生物による嫌気呼吸は広く**発酵**として知られている（図4・8参照）．

アルコール発酵はグルコースを CO_2 とエタノールに分解する．

$$\underset{\text{グルコース}}{C_6H_{12}O_6} \longrightarrow \underset{\text{エタノール}}{2\,CH_3CH_2OH} + 2\,CO_2 + 2\,ATP$$

アルコール発酵を行う生物として酵母が知られている．パン酵母，ビール酵母などは私たちの生活のなかで身近な存在である．エタノールを酢酸（CH_3COOH）にする代謝系もある．これを**酢酸発酵**という．牛乳からヨーグルトができる反応は，乳酸菌による**乳酸発酵**である．

$$\underset{\text{グルコース}}{C_6H_{12}O_6} \longrightarrow \underset{\text{乳 酸}}{2\,CH_3CH(OH)COOH} + 2\,ATP$$

4・4 炭 素 同 化

物質の代謝のなかで，無機化合物のような簡単な物質から複雑な有機化合物をつくる反応を**同化**という．広く一般に知られている同化は植物や藻類による**光合成**である．光合成では，光のエネルギーを利用して ATP がつくられ，その ATP を利用して，無機化合物の CO_2 と H_2O から多糖のデンプンがつくられる**炭素同化（炭酸同化）**が行われている．

4・4・1 光 合 成

光合成は，太陽の光エネルギーを有機化合物のもつ化学エネルギーとして固定する反応である．光合成は大きく二つの反応から構成される．まず光エネルギーを取入れ，そのエネルギーを利用して ATP と NADPH が合成される．そしてこれらを利用して，外界から取入れた CO_2 から有機化合物が合成される．地球上のほぼす

べての生物は光合成生物が固定した有機化合物に依存して生きている．したがって，ほぼすべての生物のエネルギー源は太陽光であるといえる．

また私たちが呼吸する大気は約 21％の O_2 を含むが，このような高い O_2 濃度は他の惑星には認められない地球に独特の特徴である．しかし，約 40 億年前の太古の大気の主成分は CO_2 で，O_2 はほとんど存在していなかった．25〜27 億年前に**酸素発生型光合成**を行うシアノバクテリアが誕生し，その後，長い時間をかけて，光合成生物は CO_2 を有機化合物に固定し，代わりに O_2 を放出していった．

$$6\,CO_2 + 6\,H_2O \xrightarrow{\text{光エネルギー}} \underset{\text{グルコース}}{C_6H_{12}O_6} + 6\,O_2$$

さらに，このような大気中の O_2 の増加により，嫌気呼吸を営む生物から，より効率的なエネルギー獲得系である好気呼吸を営む生物に，主役が移り変わっていったと考えられている．すなわち，酸素発生型光合成を行う光合成生物が地球に誕生したことで，地球は他の惑星とは異なる歴史をたどることになり，生物の進化にも大きな影響がもたらされた（§13・5 参照）．

4・4・2 葉緑体と光合成色素

真核生物の光合成は**葉緑体**で行われている．植物の葉緑体は二重の膜に包まれた微小な顆粒で，その内部は液相の**ストロマ**と扁平な袋状の膜構造をもつ**チラコイド**からなる（図 4・13，図 3・16 参照）．またチラコイドには層状に重なった部分があり，それを**グラナ**とよぶ．チラコイド膜には光合成を行う**光化学系**の複合体が埋

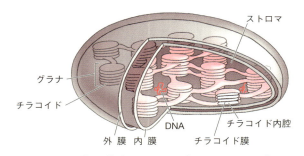

図 4・13 葉緑体 [M.Cain *et al.*, "Discover Biology", 2nd Ed., Sinauer Associates (2002) の図 6.10 を改変]

め込まれており，光エネルギーを吸収する**光合成色素**が結合している．光合成では，チラコイド膜で光合成色素に吸収された光エネルギーを利用して，ATP や NADPH が合成される．またストロマには，CO_2 を有機化合物に変換する多数の酵素が含ま

れている.

光合成色素である**クロロフィル**には数種類あり，陸上植物の葉緑体にはクロロフィルa, bが含まれている（図4・14）．クロロフィルaやbは太陽光線（可視光線）

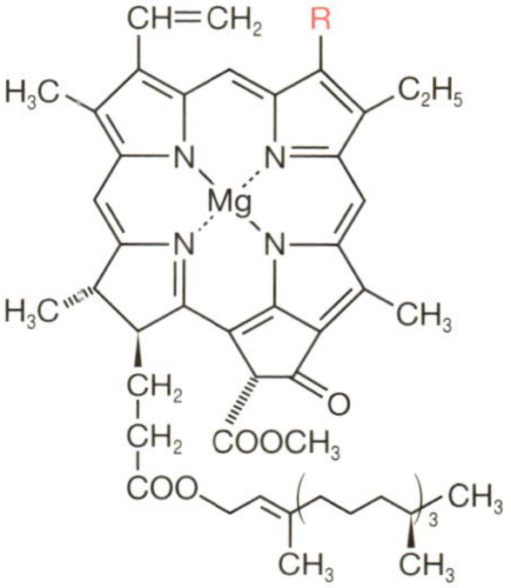

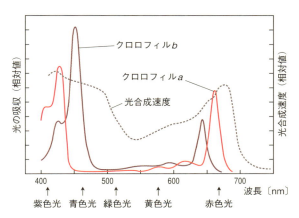

クロロフィルa　R=CH$_3$
クロロフィルb　R=CHO

図4・14　クロロフィルの構造

のうち，赤と青の波長の光をよく吸収する（図4・15）．葉が緑に見えるのは，吸収されずに反射や透過された波長の光(緑色光)を見ているからである．クロロフィルが吸収する波長と，光合成反応の効率が良い波長とはよく一致している.

図4・15　クロロフィルの吸収スペクトルと光合成の作用スペクトル

4・4・3　チラコイド膜で行われる反応

光合成において，チラコイド膜で行われる反応をまとめて**明反応**（**光エネルギー変換反応**）とよぶ．ここでは，明反応をいくつかの段階に分けて説明する．

a. 光エネルギーの吸収　　光合成の最初の反応は，クロロフィルなどの光合成色素が光エネルギーを吸収する反応である．植物のチラコイド膜には数百分子の光合成色素（クロロフィル a, b やカロテノイドなど）を含む**光化学系Ⅰ**，**光化学系Ⅱ**とよばれる色素タンパク質複合体がある．光化学系Ⅱの模式図を図4・16に示す．中心には光化学反応を行う**反応中心複合体**があり，光合成色素がぎっしり詰まった**集光性複合体**に囲まれている．集光性複合体に光が当たるとクロロフィルの電子（e^-）が励起され（高エネルギー状態となり），このエネルギーが次々と移動して反応中心複合体の一対のクロロフィル a に到達する（図4・16①）．集光性複合体で光エネルギーを集め，それを反応中心に渡すという仕組みである．

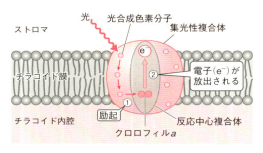

図4・16　光化学系Ⅱの模式図

b. 光化学反応　　反応中心複合体のクロロフィル a が励起されると，励起された電子がクロロフィル a から飛び出し，光化学系内に存在する電子受容体に渡される（図4・16②）．この反応を**光化学反応**とよぶ．この電子が電子伝達系を流れて高エネルギー化合物をつくる源となる．

さて，光化学系Ⅱでは，電子を失った反応中心のクロロフィルは水（H_2O）から電子を引っこ抜いて奪う（図4・17①）ことで元の状態に戻る．水が消費され，H^+ と酸素（O_2）が発生する．

$$H_2O \longrightarrow 2H^+ + 2e^- + \frac{1}{2}O_2$$

光化学系Ⅰでは，電子を失った反応中心のクロロフィル a は光化学系Ⅱから流れてきた電子を受取る（図4・17②）ことで元の状態に戻る．つまり，光化学系は光エネルギーを使って H_2O からどんどん電子を引抜いて電子伝達系へ流す仕組みであり，副生物として生成した O_2 は気孔から外へ捨てられる．

c. 電子伝達　　光化学系Ⅱにおいて発生した電子は，シトクロム b_6f 複合体を

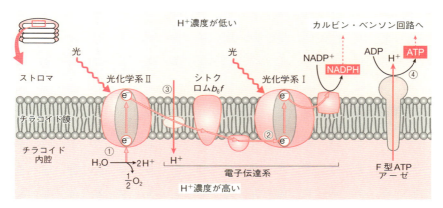

図4・17 チラコイド膜での反応 合成された ATP と NADPH は，ストロマで行われる炭素固定（カルビン・ベンソン回路）のために使われる．光化学系Ⅱで水の分解により発生した酸素は気孔から放出される．

経て光化学系Ⅰへと運ばれ，最終的に $NADP^+$ に渡されて高エネルギー化合物 NADPH をつくり出す．この反応系を光合成の**電子伝達系**とよぶ．この電子伝達系は，すでに説明したミトコンドリアにおける電子伝達系と基本的によく似ているが，電子の流れる向きが逆であることに気づいてほしい．すなわち呼吸の電子伝達系は NADH から O_2 に電子を渡して H_2O をつくるのに対し，光合成の電子伝達系は H_2O を分解して生じた電子を $NADP^+$ に渡して NADPH をつくる．

d. ATP 合成 光化学系Ⅱでは水の分解に伴い H^+ がチラコイド内に発生する．また電子が電子伝達系を渡っていく途中で，ストロマ側からチラコイド内へ H^+ が運ばれて H^+ 濃度勾配が形成されるようになっている（図4・17③）．チラコイド膜には多数の F 型 ATP アーゼが埋め込まれており，チラコイド側からストロマ側へ H^+ が戻ろうとする濃度勾配を利用して ATP が合成される（図4・17④）．このような，光エネルギーによって ATP が合成される反応を**光リン酸化**とよぶ．光リン酸化の仕組みは，ミトコンドリアにおける酸化的リン酸化と同じような仕組みであり，呼吸と光合成に働く電子伝達物質や ATP アーゼもよく似ている．

4・4・4 炭素固定

葉緑体のストロマでは，明反応でつくられた ATP と NADPH を用いて，CO_2 を有機化合物に取込んでいく炭素固定反応が進行する（図4・18）．以前，この反応は**暗反応**とよばれたが，実際の反応は暗所では進行しないため，現在では**カルビン・ベンソン回路（カルビン回路**あるいは**還元的ペントースリン酸回路）**とよばれてい

る．名前のとおり，回路状の反応である．この回路は3段階に分けられる（図4・19）．

a. 炭素固定 取込まれた CO_2 は，**ルビスコ**[*3] とよばれる酵素の触媒作用（カルボキシラーゼ反応）により，炭素数5のリブロース 1,5-ビスリン酸（**RuBP**）に結合し，2分子の炭素数3の3-ホスホグリセリン酸（**PGA**）となる．この反応を**炭素固定反応**という．

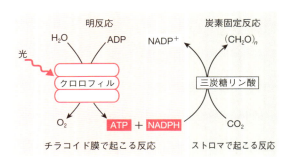

図4・18 光合成の明反応と炭素固定反応 ATPとNADPHの生産のために光が必要とされる．そのATPとNADPHは，炭素固定反応によって CO_2 が三炭糖リン酸に還元されるのに使われる．

b. 還元 PGAはATPとNADPHによって，それぞれリン酸化と還元を受け，三炭糖リン酸（グリセルアルデヒド 3-リン酸とジヒドロキシアセトンリン酸）となる．この三炭糖リン酸の炭素1個分が CO_2 からの正味の生成物であり，この分子からデンプンやスクロースが合成される．

c. 再生 残りの三炭糖リン酸はRuBPの再生に用いられる．その最後の段階はATPによるリブロース 5-リン酸のリン酸化である．これでRuBPが再生され回路は一巡し，再び CO_2 が固定される．

d. 全体の反応 回路1回転で炭素1個分が固定される．よって，回路が6回転すると炭素6個分，すなわちグルコース1分子に相当する炭素が固定されることになる．このとき合計で18分子のATPと12分子のNADPHが消費される．

$$6\,CO_2 + 18\,ATP + 12\,NADPH + 2\,H_3PO_4 \longrightarrow$$
$$2\times 三炭糖リン酸 + 18\,ADP + 18\,H_3PO_4 + 12\,NADP^+$$

[*3] **ルビスコ**：リブロース-1,5-ビスリン酸カルボキシラーゼ/オキシゲナーゼの通称．ルビスコは CO_2 だけでなく，O_2 とも反応することができる（p.79，コラム参照）．

葉緑体で合成された三炭糖リン酸は細胞質に輸送され，スクロースに変換されたのち師管を通って各組織に運ばれる．根や種子ではデンプンとなり貯蔵される．また光合成の速度が輸送の速度よりも速いときには，葉緑体の中でもデンプンが合成されて，葉緑体内に貯蔵される．

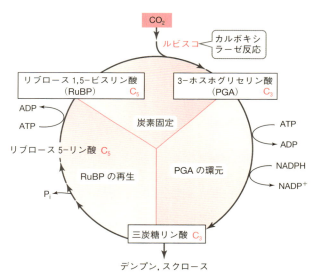

図4・19 カルビン・ベンソン回路の概要

4・4・5 光呼吸——光合成効率を下げる反応

ルビスコは RuBP に O_2 を結合させる反応も触媒する（オキシゲナーゼ反応）こともでき，**光呼吸**とよばれる代謝系の最初の反応に関わる．O_2 はルビスコの CO_2 と同じ活性部位に競合的に結合するため，光合成を行うか光呼吸を行うかは CO_2 分圧と O_2 分圧の比で決まる．細胞内の O_2 分圧が高くなると光呼吸が生じる．

この反応では，RuBP から PGA と炭素数2のホスホグリコール酸が生成する（図4・20）．このホスホグリコール酸はカルビン・ベンソン回路を阻害して CO_2 固定効率を著しく低下させるため，速やかに代謝されなければならない．また，ホスホグリコール酸に含まれる炭素はカルビン・ベンソン回路で固定したものなので，回収しなければエネルギーの無駄となる．そのため，ホスホグリコール酸は葉緑体，ペルオキシソーム，ミトコンドリアの三つの細胞小器官にまたがった代謝系で PGA まで代謝される（図4・20）．代謝の過程で，葉緑体とペルオキシソームで O_2

が吸収され，ミトコンドリアでCO_2が放出されることから"光呼吸"と名付けられた．しかし光呼吸は，好気呼吸とは異なりエネルギーを消費する反応であり，しかも光合成の効率を低下させてしまう．

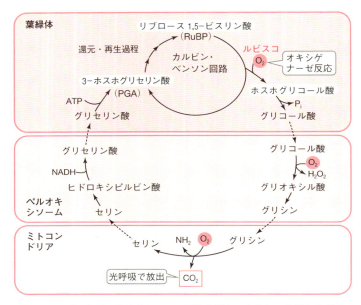

図4・20　光呼吸　光呼吸は三つの細胞小器官にまたがる複雑な代謝系である．ルビスコのオキシゲナーゼ反応で生じたホスホグリコール酸はカルビン・ベンソン回路を阻害することから，速やかに代謝しつつ，その炭素を回収する代謝系と捉えることができる．代謝の過程でO_2を吸収し，CO_2を発生することから光呼吸との名が付けられた．

4・4・6　C_4植物——熱帯に適した植物

カルビン・ベンソン回路では，CO_2は固定されて炭素数3（C_3）のPGAとなるため，この回路でのみ炭素固定する植物を**C_3植物**とよぶ．イネ，ダイズ，コムギなど多くの植物がC_3植物である．これに対して，熱帯原産のトウモロコシ，サトウキビなどでは，カルビン・ベンソン回路のほかに，CO_2を効率良く固定する反応系をもっている．これらの植物では炭素数4（C_4）のリンゴ酸やアスパラギン酸が生成することから，**C_4植物**とよばれる．

C_4植物は，ルビスコのオキシゲナーゼ反応が起こらないように細胞が分化している．C_4植物では，CO_2は最初に**葉肉細胞**の葉緑体内に溶け込んで重炭酸イオン（HCO_3^-）となり，ホスホエノールピルビン酸に結合してオキサロ酢酸が生成する

(図4・21). オキサロ酢酸は速やかにリンゴ酸やアスパラギン酸に変換され，維管束を取巻く**維管束鞘細胞**に原形質連絡により送られる．維管束鞘細胞では，脱炭酸反応により取出されたCO_2がカルビン・ベンソン回路によって再固定される．この仕組みにより，維管束鞘細胞におけるルビスコ周辺のCO_2濃度を高く保つことができるため，光呼吸とそれによるエネルギーの損失を抑制することができる．C_4植物はこのようなCO_2濃縮機構をもつことで，高温・乾燥条件で光合成の効率が低下することを防いでいる．

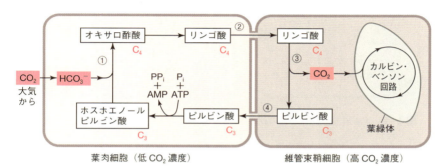

図4・21 **C_4植物の光合成の仕組み** 2種類の細胞間で，四つの段階からなる．① 葉肉細胞におけるCO_2固定と炭素数4の有機酸の生成．② 有機酸の葉肉細胞から維管束鞘細胞への輸送．③ 維管束鞘細胞での脱炭酸とCO_2濃縮．④ 残った炭素数3の有機酸の葉肉細胞への輸送とホスホエノールピルビン酸の再生．

4・4・7 CAM 植物──乾燥地帯に適した植物

砂漠など乾燥した環境下で生育するベンケイソウやサボテンなどのような多肉植物は，乾燥に適した光合成を行う（図4・22）．これらの植物は，多くの植物とは逆に，夜間に気孔を開いてCO_2を取入れる．吸収されたCO_2はオキサロ酢酸を経てリンゴ酸などの有機酸として液胞に蓄積する．昼間には有機酸をピルビン酸とCO_2に分解して，CO_2をカルビン・ベンソン回路で固定する．このような代謝経路による炭素固定は，ベンケイソウ型有機酸代謝（CAM: crassulacean acid metabolism）とよばれ，この代謝経路をもつ植物を**CAM植物**とよぶ．太陽の出ている昼間は高温と乾燥により気孔を開くと水分が蒸発してしまう．そのため，夜間に気孔を開きCO_2固定を行うCAM植物は乾燥地に適している．C_4植物では，葉肉細胞と維管束鞘細胞が空間的に異なる役割を果たして炭素固定を行うのに対して，CAM植物では同一の細胞内で，時間的に異なる役割を果たすことで炭素固定を行う点も大きな特徴である．

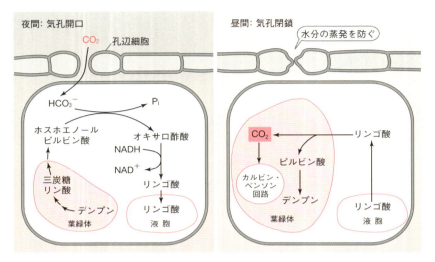

図 4・22 CAM 植物の光合成の仕組み　光合成反応の CO_2 固定の時間的な分業を同じ細胞で行う．夜間は気孔を開いて CO_2 を取込み，炭素を有機酸（リンゴ酸）として固定する．昼間は気孔を閉じて水分の蒸発を防ぎ，有機酸を脱炭酸し CO_2 の再固定を行う．

4・4・8 光合成の応答

　光合成の速度は，CO_2 吸収速度を測定したり，明反応による O_2 の発生量を測定することで調べられる．光強度を x 軸に，光合成速度（二酸化炭素の吸収速度）を y 軸に表した図を**光-光合成曲線**とよぶ（図 4・23）．暗黒下では，光合成による

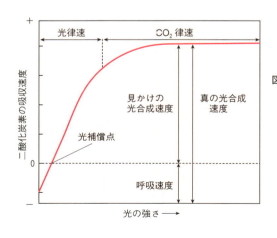

図 4・23 光-光合成曲線　暗黒下では呼吸によって CO_2 が放出される．光補償点では光合成による CO_2 吸収が呼吸の CO_2 放出とつり合う．光補償点よりも強い光では，光合成速度は光強度に比例して増加することから，光強度により光合成が律速されていることがわかる．さらに光強度が増加すると CO_2 濃度によって律速される．

4·4 炭素同化

CO_2吸収は起こらず，呼吸によってCO_2が放出されるため負の値を示す．光強度が増加するに伴い，CO_2吸収が増加する．光強度を上げていくと，呼吸と光合成が釣り合い，見かけ上CO_2吸収がゼロとなる点があり（CO_2放出＝CO_2吸収），これを**光補償点**という．さらに光強度を強くすると，光合成速度は比例的に増加し，両者の関係は直線となる．これは光合成が光強度により全体の反応が決まることを示

■ ルビスコ

ルビスコ（Rubisco）は，ribulose 1,5-bisphosphate carboxylase/oxygenase の下線部をとったニックネームである．この酵素は地球上で最も多く存在するタンパク質であることから食料としての利用も考えられ，ビスケットで有名なNabisco に掛けて，その名前が付けられた．実際，ルビスコは葉緑体の可溶性タンパク質の半分以上を占める非常に多量に存在する酵素である．

なぜ植物はこのように多くのルビスコを必要とするのだろうか．その理由はルビスコの反応速度が遅く，ATPによる活性化を必要とし，またCO_2への親和性が低いことがあげられる．つまりは効率が悪いのだ．カルビン・ベンソン回路を回すためには，他の酵素の何十倍ものルビスコが必要になる．さらに，ルビスコが触媒するオキシゲナーゼ反応に始まる光呼吸はエネルギーを大量に消費する．ルビスコが誕生した初期の地球環境では，大気中のほとんどはCO_2で，O_2はほとんど存在していなかった．ルビスコのCO_2親和性が低くても問題なく，またオキシゲナーゼ反応はほぼ起こらなかったのであろう．しかし，光合成により大気中のCO_2が減り，またO_2が放出されたことにより，皮肉にも，自ら不利になるオキシゲナーゼ反応を起こさざる

をえなくなってしまった．

これを解決するために進化してきたのがC_4植物とCAM植物である（§4·4·6，§4·4·7参照）．C_4植物は葉肉細胞と維管束鞘細胞での分業によりCO_2濃縮機構を獲得したが，このような進化は少なくとも30回は独立にいろいろな植物群で起こったと考えられている．複雑なC_4光合成がこのように進化したことは驚異である．現在，C_3植物であるイネなどの作物にC_4光合成を導入する研究が活発に行われている．

一方，CAM光合成は同じ細胞でありながら，昼と夜で代謝を切り替えることで蒸散による水の損失を抑えている．一日の中で有機酸の濃度が周期的に変化することがCAM光合成の特徴である．実際，多肉植物であるサボテンを噛むと，夜間に行われた有機酸の蓄積により明け方は酸っぱく，時間が経つと有機酸が消費され濃度が低下することで酸っぱくなくなることは，17世紀から知られていた．

植物がなぜ効率の悪いルビスコを使い続けてきたのか，その理由は定かではない．実際，光合成細菌のなかにはカルビン・ベンソン回路とは異なる系で炭素固定を行うものもいる．いずれにしても，光合成による収量を向上させるうえで，炭素固定の効率化は重要な課題となっている．

し，これを光律速という．さらに光強度が強くなると，光合成速度は光強度に依存しなくなり，飽和する．これは光以外の律速要因である CO_2 濃度が，光合成速度を律速していることを表している（CO_2 律速）．

4・4・9 細菌の光合成

紅色細菌や緑色硫黄細菌などの**光合成細菌**は，クロロフィルによく似た構造の**バクテリオクロロフィル**をもち，シアノバクテリアや葉緑体とよく似た仕組みで光合成を行う．ただし，光合成細菌は H_2O を分解することはできず，還元力（電子）を硫化水素（H_2S）などから得ている．したがって，光合成をしても O_2 を生成しない．

$$6\,CO_2 + 12\,H_2S \longrightarrow C_6H_{12}O_6 + 6\,H_2O + 12\,S$$

▌ 4・5 窒 素 同 化

4・5・1 窒 素 同 化

アンモニウムイオン（NH_4^+），硝酸イオン（NO_3^-）などの無機窒素を取込み，アミノ酸などの有機化合物に固定する過程を**窒素同化**という．タンパク質を構成するアミノ酸は，窒素，炭素，酸素，水素を基本に成り立っている．窒素は無機窒素化合物からアミノ酸，さらにタンパク質や核酸，ATP，クロロフィルなどの有機窒素化合物の合成に使用される．

植物は主要な窒素源として NO_3^- を利用している．根から吸収された NO_3^- は，硝酸還元酵素によって亜硝酸イオン（NO_2^-）に還元される．NO_2^- は亜硝酸還元酵素によって NH_4^+ に還元される．この全過程を**硝酸還元**といい，CO_2 の還元に対比される重要な同化的代謝である（図4・24）．しかし，葉緑体で行われるのは NO_2^- の還元のみであり，NO_3^- の還元は細胞質中で行われる．

NH_4^+ にまで還元された窒素は，葉緑体内でグルタミン酸に付加してグルタミンとなる．グルタミンは炭素数5の有機酸である2-オキソグルタル酸と反応して2分子のグルタミン酸となる．グルタミン酸はアミノ基転移酵素の働きによって，アミノ基（$-NH_2$）を他の有機酸に渡して，自身は2-オキソグルタル酸に戻る（図4・24）．この代謝経路は葉緑体にあり，炭素固定と同様にATPと還元力（電子）を利用している．グルタミン酸を基質として各種のアミノ酸は合成される．

4・5・2 窒 素 固 定

地球大気の78%は窒素で占められている．多くの生物は大気中の窒素ガス（N_2）

4・5 窒素同化

を利用して物質を合成することができないが，N_2 を固定してアンモニアに変えることができる細菌がいる．このような空気中に多量に存在する安定な N_2 を，反応性の高い他の窒素化合物に変換する過程を**窒素固定**という（図 4・24）．

$$N_2 + 6H^+ + 6e^- \longrightarrow 2NH_3$$

窒素固定細菌（リゾビウム）には根粒菌やシアノバクテリアのある種のもの（土壌細菌のアゾトバクター，クロストリジウムなど）がよく知られている．**根粒菌**はマメ科の植物の根に共生して窒素固定をしている．宿主の植物は根粒菌が固定した N_2 を利用し，根粒菌は植物が光合成した有機化合物を利用している．アゾトバクターやクロストリジウム，シアノバクテリアは単独で非共生的に窒素固定を行うことができる．窒素固定反応はきわめて還元的な反応で，分子状の O_2 があると窒素固定酵素（ニトロゲナーゼ）は活性を失ってしまう．シアノバクテリアの種類によっては，光合成をしない細胞（異質細胞）を分化させ，そこで窒素固定を行うものや，昼間は光合成をし，夜間に窒素固定をするものがある．

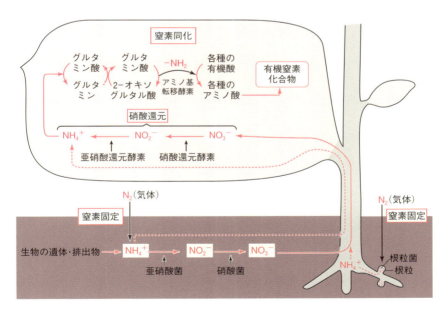

図 4・24　**窒素同化と窒素固定**　葉の組織で NH_4^+ はグルタミン酸と結合してグルタミンとなる．その後，アミノ基転移酵素によってアミノ基をさまざまな有機酸に移して，20種類のアミノ酸を生成する．マメ科植物では根に共生した根粒菌が窒素固定を行う．

4·5·3 化 学 合 成

　細菌のなかには，O_2 を利用して無機物を酸化することによりエネルギー（ATPや還元力）をつくり出し，CO_2 固定を行う**化学合成細菌**がいる．亜硝酸菌は NH_4^+ を NO_2^- に酸化するときに，硝酸菌は NO_2^- を NO_3^- に酸化するときに得られたエネルギーを利用して CO_2 を固定する．

5 遺伝情報とその発現

　親から子へ伝えられる形態・性質のことを**形質**という．ヒトの血液型や顔のように，同じ種でも個体により少しずつ異なる形質がたくさんある．形質が子孫に伝わることを**遺伝**という．20世紀に入り，形質のもとになるものに"遺伝子"という名前がつけられた．遺伝子の実体は染色体に含まれるDNAであり，細胞の一つ一つには全身を形づくるすべての遺伝情報を乗せたDNAがひとそろい含まれている．この章では，遺伝子がどのような仕組みで発現し，形質を示すことに寄与するのかについて説明する．

5・1 ゲノムと遺伝子

5・1・1 ゲ ノ ム

　ある生物がもつすべての遺伝情報の一組を**ゲノム**とよぶ．**遺伝子**はタンパク質のアミノ酸情報とその発現調節情報を含み，ゲノムという概念には遺伝子以外の全DNA領域が含まれている（図5・1）．細胞には，ゲノムが一つ，あるいは複数の染色体に分かれた状態で存在する．原核生物では，ゲノムは一つの細胞がもつ全DNAに対応する．真核生物では，配偶子（卵や精子）に含まれているDNAが一つのゲノムに対応する．つまり体細胞（二倍体の場合）では，ゲノムは2セット含まれていることになる．

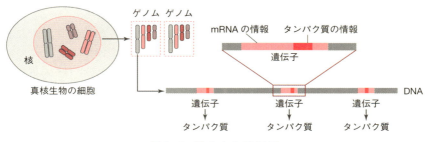

図5・1　ゲノムと遺伝子

一般には，複雑で高度な生物ほどゲノムサイズ（一つのゲノムを構成する塩基数）が大きいが，例外も多い（図5・2）．これまでに，さまざまな生物のゲノムの全塩基配列が解読されてきた．たとえばヒトゲノム配列は2003年に決定された．ヒトのゲノムサイズは約30億塩基対，遺伝子の数は約2万とされている．興味深いことに，タンパク質の情報が書き込まれている部分はゲノム全体の約1.2%しかなく，2万個の遺伝子はゲノム上に点在している．次世代シーケンサー（p.111，コラム参照）の登場で塩基配列の決定技術は飛躍的に向上し，全ゲノムが解読された生物種数は2018年時点で4万を突破している．

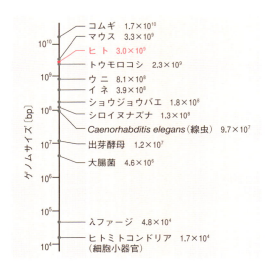

図5・2　生物種とゲノムサイズ　bp: 塩基対数.

5・1・2　DNA と 染 色 体

多くの原核細胞ではDNAはそのまま細胞内に存在する（図5・3a）．一方，真核細胞では，DNAは**ヒストン**とよばれるタンパク質に巻き付いた状態で折りたたまれて核の中に収められている．ヒストンは八量体のタンパク質複合体で，一つのヒストンにはDNAが146塩基対分巻き付いている．このDNAが巻き付いた構造を**ヌクレオソーム**とよぶ（図5・3b）．ヌクレオソームのつながりはさらに折りたたまれて**クロマチン**（染色質）となる（図5・3c）．細胞周期の間期には，クロマチンは核の中ではどけた状態で存在しており，光学顕微鏡では観察できない．細胞分裂が始まるとクロマチンは幾重にも折りたたまれて（図5・3d），太く短い構造になる．

これが**染色体**である（図5・3e）．1本の染色体のDNAを引き伸ばすと，その長さは染色体のおよそ10,000倍（ヒトの場合は約1m）にもなる．

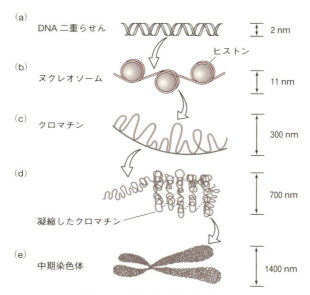

図5・3　DNAから染色体まで

5・2　遺伝子の分配

5・2・1　形質をつかさどる遺伝子

エンドウの種子の形（丸・しわ）といった形質のもとになるものが遺伝子である．特定の形質に関わる遺伝子は，特定の染色体の特定の位置（**遺伝子座**）に存在する．一対の相同染色体上の同じ遺伝子座に形質のもとになる遺伝子がある．どちらか一方しか現れない形質の組を**対立形質**といい，そのもととなる遺伝子を**対立遺伝子**とよぶ．エンドウの種子の丸としわのように，実際に現れる形質を**表現型**といい，Aaのように遺伝子の組みを記号で表したものを**遺伝子型**という．また，遺伝子型でAaのように異なる対立遺伝子の組合わせを**ヘテロ**（接合型）といい，AAやaaのように同じ対立遺伝子の組合わせを**ホモ**（接合型）という．なお，遺伝子を表す場合はAやaのように，斜体にする約束になっている．

エンドウの丸（AA）としわ（aa）の純系を交配して得られる雑種第一代（F_1）では丸の形質（Aa）しか表現型として現れない．このとき，丸の形質を**優性形質**，

しわの形質を**劣性形質**とよぶ[*]（図5・4）．Aa 同士を交配して得られる雑種第二代（F_2）は $AA:Aa:aa=1:2:1$ となり，形質としては丸：しわ＝3：1となる．

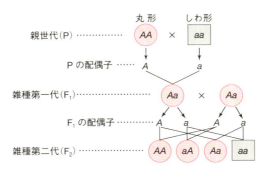

図5・4　遺伝子の組合わせと形質の発現

5・2・2　減数分裂と乗換え ── 遺伝の多様性

ここで，§3・6・2で簡単にふれた減数分裂について詳しく見てゆこう（図5・5）．まず第一分裂前期において相同染色体が対合する．対合した2組の相同染色体（染色分体は4本）を**二価染色体**という．第一分裂後期では，体細胞分裂とは異なり，染色分体を分けることなく相同染色体がそのまま分離する．これは，1組の相同染色体を構成する2本の染色分体の動原体が同一の中心体と微小管で連結しているからである．つづく第二分裂で，体細胞分裂と同様に，二価染色体は相同染色体に分かれて両極に分離するので，結果的に染色体数は半減する．

なお，相同染色体が対合して二価染色体ができるときに，染色体の一部が交差し，対合する相手が入替わることがたびたび起こる．これを**乗換え**といい（図5・6），乗換えを起こした染色体の構造を**キアズマ**とよぶ．これにより親とは遺伝子の組合わせが異なる染色体が生じることになる．

第一分裂で複数ある染色体がどの娘細胞に分離するかは染色体ごとに別々に起こる独立な現象であるため，配偶子ごとにさまざまな染色体の組合わせができる．たとえば，$n=23$ のヒトでは，乗換えを考慮しなくても配偶子は 2^{23}（約800万）通りできる．たとえ兄弟姉妹でも（双子でなければ）一人一人形質が違うのはこのためである．このような配偶子の多様性によって，生物はさまざまな環境に適応できる子孫を生み出している．

---

[*]　優性を顕性，劣性を潜性という用語に変更しようとする動きがある．

5・2 遺伝子の分配

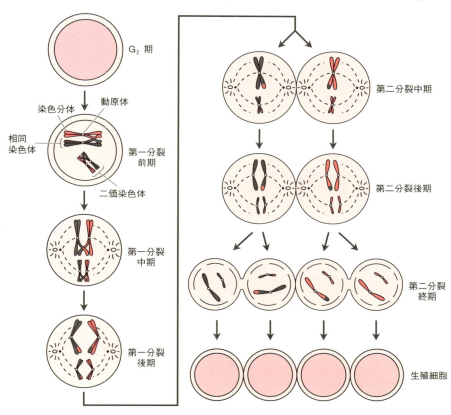

図5・5 減数分裂

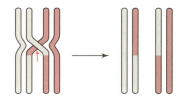

図5・6 染色体の乗換え 乗換えが起こると,相同染色体に新しい遺伝子の組合わせができる.赤い矢印はキアズマを示す.

同じ染色体上に存在する遺伝子は,細胞分裂の際に分離せず一緒に動く.これを**連鎖**という.ただし,乗換えが起これば別々の染色体に分かれるので,連鎖の強弱は遺伝子間の距離に依存する.距離が大きいほど乗換えの頻度は上がることが多いので,乗換えの頻度から推測される遺伝子間の距離をもとに遺伝子地図をつくるこ

とができる（図5・7）．この地図の正しさは，後にDNAの配列決定によって確かめられた．遺伝情報がDNAであること自体がわかっていない1920年代に遺伝子の並びが把握されていたことは，のちの研究の大きな助けになった．

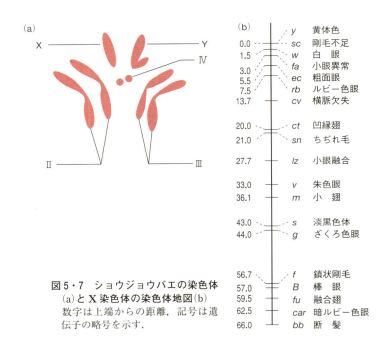

図5・7　ショウジョウバエの染色体 (a) と X染色体の染色体地図(b)
数字は上端からの距離，記号は遺伝子の略号を示す．

5・2・3　性染色体と伴性遺伝

ヒトは，46本の染色体のうち2本の**性染色体**をもつ．ヒトの性染色体にはX染色体とY染色体があり，XXの個体は女性に，XYの個体は男性になる．卵の性染色体はすべてXだが，Yをもつ精子とXをもつ精子は1:1の確率でできる．したがって，子供の性別はどちらの精子が受精するかによって決まる．

性染色体の型は種によってさまざまである．ヒトのように雄の性染色体が異なる型（XY型）を雄ヘテロ型，ニワトリのように雌の性染色体が異なる型（ZW型）を雌ヘテロ型という．なお，体細胞で相同染色体として常に対をなす染色体を**常染色体**という．

性染色体上の遺伝子による遺伝を**伴性遺伝**という．ヒトの血友病や色覚障害は典型的な伴性遺伝する遺伝病である．

■ 性染色体に依存しない性分化

　性別が性染色体だけでは決まらない動物もいる．たとえばベラという魚は，若いときは雌で，加齢とともに縄張りをもつようになると雄に転換する．逆に，クロダイは若いときに雄，加齢とともに雌になる．これらの動物では，雌雄は遺伝子ではなく環境によって決まるのである．これは，生殖巣の雌雄決定は成体になってからでもやり直せることを意味している．ワニは胚発生時の温度が33 °Cでは雄，30 °Cでは雌になる．ヒトの胎児でも，ある時期に体内のテストステロン（男性ホルモン）の濃度が高いと男性器がつくられ，低いと女性器がつくられ，中程度だと性別不明性器となる．

　生物全体としてみると，性染色体による性の決定は相対的であり絶対的ではない．

5・3 遺伝子の複製

5・3・1 DNA複製の仕組み

　DNAは二重らせんの片側が鋳型となって，もう一方が複製される．つまり，新しくできた二本鎖DNAは必ず一方だけが新しい鎖で，もう一方は複製前のDNA鎖である（図5・8）．これを**半保存的複製**とよぶ．常に2本のDNA鎖の塩基情報が相補的に保たれるという優れた複製機構である．

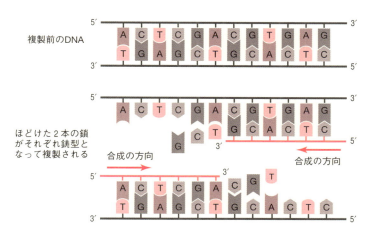

図5・8　**DNAの合成方向**　DNAポリメラーゼは鋳型鎖を3′から5′方向へ進みながらポリヌクレオチド鎖の3′末端に新たなヌクレオチドを結合していく．

DNAの鎖を合成するのは**DNAポリメラーゼ**とよばれる酵素である．DNAポリメラーゼは鋳型鎖を3′から5′へと進みながら，鋳型鎖に相補的なヌクレオチドを5′から3′へと順番に結合していく（図5・8）．

DNAポリメラーゼには問題点が二つある．一つ目の問題は，DNAポリメラーゼはすでにある鎖の一端に付け加える形でしかヌクレオチドを結合できないことである．鋳型だけがあっても，いきなり相補鎖を合成することはできない．そこで，新しい鎖を合成する際には，まず起点に短いオリゴヌクレオチド（**プライマー**とよば

■ 半保存的複製

半保存的複製を明らかにしたM.メセルソンとF.スタールの実験は，非常に巧妙なものである（下図）．まず彼らは大腸菌を，通常の窒素（^{14}N）の代わりに安定同位体で重い原子である^{15}Nを含む培地で培養し，大腸菌DNAの^{14}Nを^{15}Nに置き換えた．次に^{14}Nの培地でその菌を増殖し，菌が一度または二度分裂したタイミングで，その菌のDNAの比重を比較した．すると，一度分裂した大腸菌のDNAの比重は，^{15}Nに置き換えたものと^{14}N（通常）のDNAの中間の値になった．また，二度分裂させた大腸菌のDNAは，中間の比重のDNAと通常のDNAが1：1であった．

これらの結果から，DNAの複製では，もとになるDNAの二本鎖のそれぞれが別々にDNA鎖をつくり，新しく二本鎖を形成すること（半保存的複製）が示された．

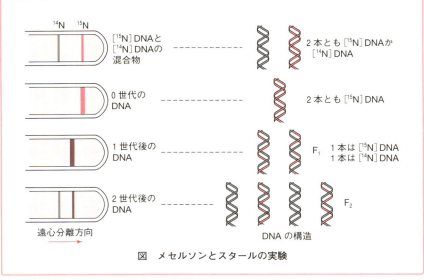

図　メセルソンとスタールの実験

れる）を用意する必要がある（図5・9）．**プライマーゼ**とよばれる酵素がプライマーを合成し（この合成は鋳型だけで開始可能），そこから複製がスタートする．

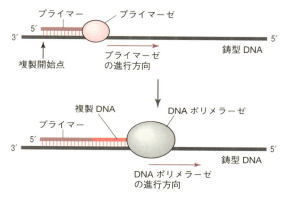

図5・9　プライマーゼによるDNA複製の開始

DNAがまさに合成されている部分を，その形状から**複製フォーク**とよぶ（図5・10）．フォークの根元がほどけて分かれ，新しい鎖が根元に向かって合成されてゆく．

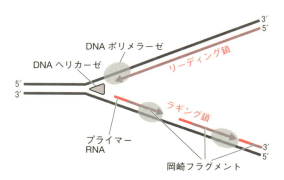

図5・10　複製フォーク　DNAヘリカーゼがDNAの二本鎖をほどく．
リーディング鎖は連続的に複製され，ラギング鎖は不連続複製する．
プライマーRNAは分解されてDNAに置き換えられる．

複製フォークでは一本鎖になったDNAを鋳型に，5′→3′と3′→5′の両方向にDNA合成の反応が進んでいるように見えるが，DNAポリメラーゼは決まった一方向，すなわち5′→3′の方向にしか鎖を伸長させることができない．これがもう一つの問題である．2本の鎖のうち，3′→5′鎖を鋳型にして合成される鎖を**リーディング鎖**，

5′→3′鎖を鋳型にして合成される鎖を**ラギング鎖**とよぶ．リーディング鎖では，DNA ポリメラーゼは 5′→3′方向へと素直に鎖を伸長させればよい．一方，ラギング鎖の場合は，複製フォークの根元側から 5′→3′方向に短い鎖を伸長させ，つづいてこれらの短い鎖を連結する（不連続複製）．こうして全体としてはリーディング鎖の伸長方向と同じ向きに DNA の複製が進んでいく．この短い鎖のことを，発見者にちなんで**岡崎フラグメント**とよぶ．

ラギング鎖の開始部分にあるプライマー RNA はどうなるのか？　実は DNA ポリメラーゼには誤って合成したヌクレオチドを外す機能（校正機能，下のコラム参照）もあり，プライマー RNA は DNA ポリメラーゼにより除去される．同時にその部分では DNA が合成されて置き換わり，最後に残った隙間は隣り合う DNA の 3′末端と 5′末端を連結する **DNA リガーゼ**がつなぐ．

■ 校正機能をもつ DNA ポリメラーゼ

DNA の複製は，塩基の相補性を使ってほとんど間違いなく行われる．しかし，たまに間違った塩基が組込まれることがある．間違った塩基は相補的な水素結合ができず，その部分の DNA 二本鎖が太くなる．DNA ポリメラーゼは鋳型となる DNA と合成中の DNA を抱えるように合成反応を進めており，DNA の太さが変わると立体構造に影響してポリメラーゼ活性が失われる．

DNA ポリメラーゼには DNA の伸長活性だけではなく，3′→5′エキソヌクレアーゼ活性（3′→5′方向にヌクレオチドを削る活性）がある．太くなった DNA を抱えて立体構造が変化した DNA ポリメラーゼは 3′→5′エキソヌクレアーゼ活性を発揮するようになる（下図）．すると，DNA ポリメラーゼは本来の DNA 合成の進行方向とは逆に進み，間違った塩基を取除く．DNA の太さが元に戻ると，本来のポリメラーゼ活性が復活し，DNA 合成が再開される．このように DNA ポリメラーゼ分子自体に間違った複製を修正する能力が備えられている．これを DNA ポリメラーゼの**校正機能**という．

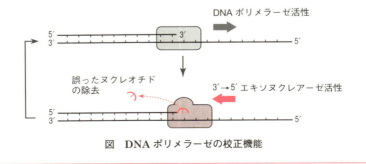

図　DNA ポリメラーゼの校正機能

5・4 遺伝子の転写と翻訳

　細胞が生命活動を行うには，タンパク質が適切な機能を果たす必要がある．タンパク質の機能は，タンパク質を構成するアミノ酸の配列によって規定される．このアミノ酸の配列情報を担っているのが遺伝子であり，その情報は mRNA を介して伝えられる．このような，遺伝子→mRNA→タンパク質の順に遺伝情報が変換されるという生物学的な概念を**セントラルドグマ**という．

5・4・1　RNA

　真核細胞を用いた研究で，DNA の存在場所とタンパク質合成の場が違うことがわかり，両者をつなぐ遺伝情報の伝達物質が必要であると考えられた．この役割を担うのが RNA である．RNA は DNA と構造がよく似ており，DNA の塩基と水素結合により相補的に結合することができる．RNA はリボースの 2′位に−OH があることで，加水分解されやすく，DNA よりも不安定である（§2・4・2参照）．したがって遺伝情報を保管するには DNA がむいているが，情報伝達物質としては RNA の方が有利に働く．なお，相補的であれば，RNA は他の RNA とも二本鎖を形成することができる．

> ### ■ DNA と RNA の分解されやすさの違い
>
> 　遺伝情報は細胞や個体にとって大切で，当然ながら壊れにくい方がよい．DNA も RNA も塩基配列で遺伝情報を書き込めるが，一部のウイルスを除いて生物は遺伝情報を DNA に書き込んで保管している．DNA の方が構造的に安定だからである．化学的性質としても，DNA の方が RNA より熱やアルカリなどに強い．真核生物では DNA は核の中に収められ，さらに分解から保護されている．
>
> 　一方，mRNA として書き出された情報は用が済んだらすぐに捨ててしまえる方がよい．mRNA は細胞質内で分解されやすく，多くの場合，転写された情報は速やかに消失する．この RNA の分解されやすい性質が，環境に対する臨機応変な対応を可能にしている．いつまでも古い新聞を読まないのと同じである．なお，mRNA の分解はランダムに起こるのではなく，高度に制御されていることもわかってきた．

5・4・2　転　　写

　DNA の遺伝情報は，相補する RNA の塩基配列として鋳型から鋳物がつくられるように写し取られる．これを**転写**とよび，遺伝情報を写し取った RNA を **mRNA** とよぶ．RNA 鎖の合成は **RNA ポリメラーゼ**によって行われる．DNA ポリメラー

ゼと同様にRNAポリメラーゼの合成方向も決まっており，DNAの3′→5′鎖を鋳型として，5′→3′方向にmRNAが合成される（図5・11）．DNAの二本鎖のうち，

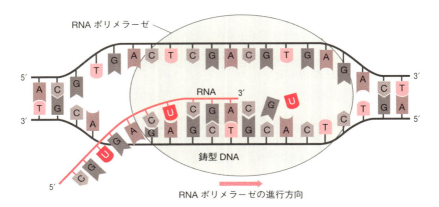

図5・11 転 写 RNAはDNAを鋳型としてRNAポリメラーゼによって合成される．このDNAからRNAの情報の受渡しを転写という．DNA上のアデニン（A）はウリジン（U）に写し取られる．

遺伝情報が書き込まれているのは片側だけであり，転写の鋳型も片側の鎖だけが使われる．ただし，どちらの鎖が鋳型になるかは遺伝子によって異なる（図5・12）．転写のON・OFFがどのようにして調節されているかについては§5・5で述べる．

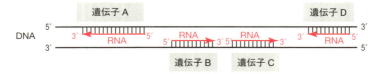

図5・12 転写の方向 遺伝子によって鋳型となる鎖が異なり，それによって転写の向きは逆になる．

5・4・3 翻 訳

DNA鎖にA，T，G，Cで書かれた遺伝情報が，RNAの塩基配列に情報を正確に写し取れることはわかりやすい．しかし，RNAの塩基配列はいったいどうやってアミノ酸の鋳型になれるのだろう．RNAの塩基配列情報をタンパク質のアミノ酸配列情報に変換するには，相補性に加えて別の仕組みが必要となる．"塩基言語"のRNAから"アミノ酸言語"のタンパク質が合成される過程が**翻訳**である．

5・4 遺伝子の転写と翻訳　　　　95

表5・1　遺伝暗号表

1文字目 (5′末端側)	2文字目				3文字目 (3′末端側)
	U	C	A	G	
U	UUU ⎫ UUC ⎬ Phe UUA ⎫ UUG ⎬ Leu	UCU ⎫ UCC ⎬ Ser UCA UCG	UAU ⎫ UAC ⎬ Tyr UAA 終止 UAG 終止	UGU ⎫ UGC ⎬ Cys UGA 終止 UGG Trp	U C A G
C	CUU ⎫ CUC ⎬ Leu CUA CUG	CCU ⎫ CCC ⎬ Pro CCA CCG	CAU ⎫ CAC ⎬ His CAA ⎫ CAG ⎬ Gln	CGU ⎫ CGC ⎬ Arg CGA CGG	U C A G
A	AUU ⎫ AUC ⎬ Ile AUA AUG Met 　　(開始)	ACU ⎫ ACC ⎬ Thr ACA ACG	AAU ⎫ AAC ⎬ Asn AAA ⎫ AAG ⎬ Lys	AGU ⎫ AGC ⎬ Ser AGA ⎫ AGG ⎬ Arg	U C A G
G	GUU ⎫ GUC ⎬ Val GUA GUG	GCU ⎫ GCC ⎬ Ala GCA GCG	GAU ⎫ GAC ⎬ Asp GAA ⎫ GAG ⎬ Glu	GGU ⎫ GGC ⎬ Gly GGA GGG	U C A G

　A，U，G，C の4文字で構成される RNA の塩基配列が20種類のアミノ酸の並び方を規定していることは間違いない．仮に1文字で一つのアミノ酸を規定しているとすると4種類のアミノ酸しか対応できず，2文字では16種類しか対応できない．3文字ならば64通りの組合わせができる．実際，3文字（トリプレット）で20種類のアミノ酸が規定されている．

　アミノ酸を規定する3塩基の配列を**コドン**（暗号），64種類のトリプレットとアミノ酸との対応表を遺伝暗号表（コドン表）とよぶ（表5・1）．また，遺伝子がタンパク質Aのアミノ酸配列を規定することを"遺伝子がタンパク質Aをコードする"という．

　翻訳の開始は必ずメチオニンをコードする **AUG** から始まり，これを**開始コドン**とよぶ．一方，UAA，UAG，UGA は対応するアミノ酸がなく，ここでタンパク質合成が終わるため，**終止コドン**とよばれる．

　メチオニン以外を指定するコドンは複数存在する．コドン3番目のヌクレオチドは何であってもよい場合が多く，これを情報の縮重という．どのコドンがどのアミノ酸に対応するかは，細菌から高等真核生物にいたるすべての生物種に共通であり，地球上のすべての生き物が共通の祖先をもつ証拠の一つである．開始コドンから終止コドンまでの塩基配列数は当然3の倍数である．開始コドンから終止コドンまで

を**読み枠**とよび,これがずれるとアミノ酸配列に大きな影響が出る(§5・6・2a参照).

5・4・4　tRNAとリボソーム ── 翻訳に関わる役者

mRNAの"塩基言語"とタンパク質の"アミノ酸言語"を仲立ちするのが**tRNA**である.tRNAは約75塩基からなるRNAであり,分子内で塩基対を形成してL字形の立体構造をしている.tRNAの先端には**アンチコドン**とよばれるトリプレットがあり(図5・13a),これがmRNAのコドンと相補的な塩基対を形成して結合する.一方,tRNAの3′末端には対応するアミノ酸が結合する.アミノ酸を結合したtRNAを**アミノアシルtRNA**とよぶ.つまり,mRNAのコドンとアミノ酸の間にtRNAがはさまって,まさに"仲立ち"するのである.

tRNAにアミノ酸を結合させるのは**アミノアシルtRNA合成酵素**である(図5・13b).アミノアシルtRNA合成酵素は20種類あり,それぞれ20種類のアミノ酸と,そのアミノ酸を結合するtRNAに対応している.アミノアシルtRNA合成酵素にはtRNAの構造(特にアンチコドンの配列)を認識する領域と,アミノ酸の側鎖の立体構造を認識して結合する領域があり,ATPのエネルギーを使ってアミノ酸を

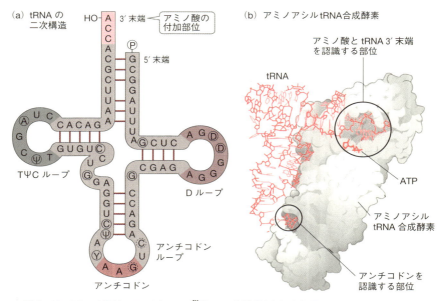

図5・13　Pheを運ぶtRNA(tRNA^Phe)の二次構造(a)と立体構造(b)　(a) tRNAは分子内で塩基対を形成し,クローバー葉構造とよばれる二次構造をもつ.D, Ψ, Y, ○は修飾塩基,◎はリボース2位がメチル化された残基を示す.(b) tRNAを結合したアミノアシルtRNA合成酵素(アミノ酸とtRNAを結合させる酵素).

tRNA に結合する．

タンパク質合成の場となるのは**リボソーム**である．リボソームは大サブユニットと小サブユニットからなり，多くの種類のタンパク質と RNA でできた巨大複合体である．リボソームを構成する RNA を **rRNA** とよぶ．rRNA はリボソーム質量の 60％を占め，リボソーム内で安定な立体構造をとる．また，大サブユニットの rRNA にはペプチジルトランスフェラーゼの活性があり，アミノ酸とアミノ酸をつなぐ酵素として働いている．

リボソームでアミノ酸が連結される過程を見てみよう（図 5・14）．リボソームには，tRNA が入る場所が 3 箇所あり，E 部位，P 部位，A 部位とよばれる．

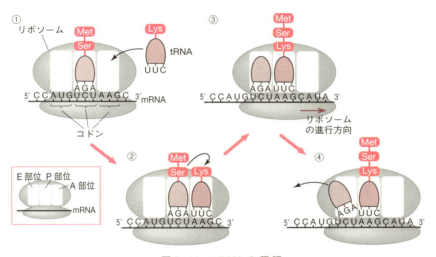

図 5・14 mRNA の翻訳

① Met（開始コドン）から始まる反応によってつなげられたアミノ酸鎖をもつ tRNA は，P 部位に入っている．
② 新たに連結するアミノ酸をもつ tRNA が A 部位に入ると，アミノ酸同士を連結する反応が起こり，P 部位の tRNA がもつアミノ酸鎖が A 部位の tRNA に移動する．
③ つづいて，リボソームが移動して tRNA の位置が一つずつずれ，P 部位の（アミノ酸が外れた）tRNA が E 部位に，A 部位の tRNA が P 部位に入る．
④ E 部位の tRNA が離脱する．

以上①〜④のステップを繰返すことで，アミノ酸が順に連結されていく．

■ RNA ワールド

rRNA には，ペプチジルトランスフェラーゼ活性以外にも，自身の RNA の特定の箇所を切断し，断片を除去したのち，再び連結する酵素活性もある．RNA は複製可能な塩基配列の情報に加え，生命活動に必須の酵素（**リボザイム**）としての性質を併せもっていることから，RNA だけで生物の基本である自己複製を実現できる可能性がある．原始の生体反応では触媒として RNA が使われ，タンパク質は進化の過程で後から加わったのではないかという **RNA ワールド**の考え方が広まってきている．

5・5 遺伝子の発現調節

ヒトの体を構成する細胞は，どの細胞も約2万のすべての遺伝子をもつが，ヒトの体には神経細胞や表皮細胞，筋肉細胞など約 200 種類の細胞がある．もし，すべての細胞がすべての遺伝子を同時に発現したら，同じ種類の細胞しかつくり出せない．それぞれの細胞が特徴ある形をもち，特定の機能を果たすには，必要な遺伝子を必要な時期に必要な量だけ発現させなければならない．転写から翻訳まで，遺伝子の発現は巧妙に調節されている．

5・5・1 遺伝子領域の構成と成熟 mRNA

遺伝子の上流にある遺伝子の転写を調節するための情報をもつ領域を**転写調節領域**という．真核生物の遺伝子領域の概略を図5・15 に示す．転写が始まる最初の塩基を**転写開始点**，転写が終わる塩基を**転写終結点**という．転写調節の情報は，転写領域以外の場所にあることが多い．

真核生物では，遺伝子の転写開始点のすぐ上流に RNA ポリメラーゼが結合する**プロモーター**とよばれる領域がある．**基本転写因子**とよばれる一群のタンパク質がプロモーター中の特定配列（TATA 配列など）に結合することで，RNA ポリメラーゼが呼び込まれて転写開始複合体が完成し，転写が始まる．一方，転写の終結は，RNA ポリメラーゼが DNA 上のポリ(A)付加シグナル配列を通過することがきっかけとなり，その約 20 塩基下流で転写を終結する．

真核生物の多くの遺伝子では，転写された RNA がそのまま mRNA になるわけではない．mRNA として残る**エキソン**部分と，切り捨てられる**イントロン**部分がある（図5・15）．遺伝子によってはイントロンの数が 100 個以上もあったり，一つのイントロンが数十 kb に及ぶ場合もある．イントロンを取除く過程は**スプライシ**

ングとよばれ，エキソンだけがつなぎ合わされて mRNA となる．アーキアを除く原核生物にはイントロンがなく，転写された RNA はそのまま mRNA として翻訳される．また，真核生物の mRNA には，転写後に 5′末端に 7-メチルグアニンが付加される．これを**キャップ構造**という．キャップ構造は，Met-tRNA と連結したリボソームが結合する目印となる．また，合成された RNA の 3′末端にはポリ(A)ポリメラーゼによって，200～300 塩基長の A が付加される．このポリ(A)は mRNA の安定化や mRNA の核外輸送などに働く．

mRNA の両端には，タンパク質をコードしていない非翻訳領域（UTR, untranslated region）がある．UTR には mRNA の寿命やタンパク質合成の効率を決める情報などが含まれている．

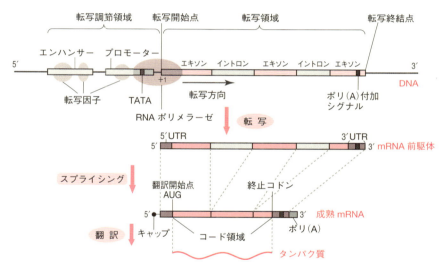

図 5・15 遺伝子の構成と発現 遺伝子を図示するときには，mRNA と同じ配列をもつ DNA 鎖（鋳型ではない方）の配列で示し，5′側を左に，3′側を右に配置する約束になっている．転写開始点を +1 で表し，その下流（3′側）の塩基を順に正の整数で表す．逆に，転写開始点の上流配列（5′側）の位置は負の整数で表す．

5・5・2 真核生物における転写調節機構

真核生物の転写活性の調節には，さまざまな種類の転写活性化因子と抑制因子が関わっている．たとえば**エンハンサー**とよばれる DNA 配列は転写活性を上げる役割を担う．エンハンサーはプロモーターより遠くに位置し，遺伝子によっては 100 kb も上流に存在する場合もある．エンハンサーは介在タンパク質複合体を介して，

転写開始複合体を安定化させることで転写を活性化する（図5・16）．エンハンサーの種類や量は遺伝子によって異なっている．これが遺伝子による転写の違いを生み出す．エンハンサーとは逆に，転写を抑制するDNA配列もあり，これを**サイレンサー**という．

また，遺伝子の転写調節は，転写調節領域自体の"ゆるみ"の有無によっても調節されている．図5・3に示したように，真核生物ではDNAはヒストンに巻き付いている．この巻き付きが強いと，転写因子が転写調節領域に近づけない．逆に，

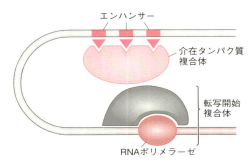

図5・16　エンハンサーを介した転写調節

■ 選択的スプライシング

　エキソンの組合わせを変えることにより，一つの遺伝子からいくつもの種類のタンパク質を合成することができる．これを**選択的スプライシング**とよぶ（下図）．ヒトでは約2万個の遺伝子から，10万個以上のタンパク質がつくられる．

図　選択的スプライシング

盛んに転写が行われている部分では巻き付きがゆるくなっている．巻き付きが強い状態を**ヘテロクロマチン**（図3・8参照），弱い状態を**ユークロマチン**とよぶ．巻き付きの強弱は，ヒストンにメチル基やアセチル基が修飾されることで制御される．また，転写調節領域のDNAのメチル化によっても転写活性の違いが生じる．このような，塩基配列の変化を伴わずに遺伝子発現の違いを生み出す仕組み，あるいはそれを研究する学問を**エピジェネティクス**とよぶ．

5・5・3 原核生物における転写調節機構

転写調節機構の基本はもともと原核生物でよく研究されてきた．一つの例として**ラクトースオペロン**を説明する．大腸菌はラクトースをグルコースとガラクトースに分解する酵素β-ガラクトシダーゼの遺伝子をもっているが，この遺伝子はラクトースがあるときにだけ発現するように制御されている．ラクトースがないとき，**リプレッサー**とよばれるタンパク質がプロモーターのすぐ下流にある**オペレーター**とよばれる塩基配列に結合し，RNAポリメラーゼのプロモーターへの結合と進行を阻止して転写を妨げる（図5・17）．ラクトースが存在すると，ラクトース由来物質がリプレッサーに結合することでリプレッサーがオペレーターから離れ，RNAポリメラーゼによる転写が可能になる．

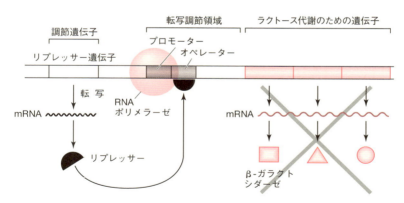

図5・17 ラクトース(*lac*)オペロン　ラクトースが存在しないときには，リプレッサーがオペレーターに結合し，β-ガラクトシダーゼ遺伝子の転写を抑制している．

なお，図には示していないが，ラクトースオペロンにはグルコースがあるときには転写を抑制する仕組みが備わっている．大腸菌の主要な栄養源はグルコースであり，グルコースが十分にあるときにはわざわざラクトースを分解しないですむようになっているのである．

5・6 変異と進化

遺伝情報は生命活動によって生じる活性酸素や，環境からの紫外線や放射線，変異原物質などにより変異を受ける．多くは修復機構により元に戻るが，修復されなかった変異は徐々に蓄積し，形質に変化を与える．遺伝情報の変異は個体の維持に悪影響を与える一方で，進化の原動力にもなる．

5・6・1 変異原

ミトコンドリアで行われる細胞呼吸により生じる活性酸素は，DNA を酸化させ損傷を与える．太陽から降り注ぐ紫外線はピリミジン塩基を架橋して（チミンダイマーなど）DNA 複製の異常をひき起こし，電離放射線は DNA 鎖の切断や染色体の切断をまねく．食品添加物である発色剤の亜硝酸は塩基からアミノ基を奪って相補鎖の水素結合に影響を与え，複製の際に異なる塩基に変える．

レトロウイルスのような転移性遺伝因子（**トランスポゾン**）は，染色体 DNA に組込まれると遺伝子を分断して機能不全にしたり，抜け出る際に染色体 DNA の一部を一緒に持ち出し，さらには別の場所に移動させたりする．

5・6・2 変異の影響

a. タンパク質の構造に影響する変異　　ヒトではゲノムに占める遺伝子の割合は約 1.2 %で，その他の部分に変異が生じても影響が出ないことが多い．またタンパク質のコード領域でも変異が影響を及ぼさないことがある．たとえば，コドンの

図 5・18　変異の種類

3 文字目が変化しても規定するアミノ酸は変わらない場合が多い（§5・4・3 参照）．これを**サイレント変異**（同義置換）という（図 5・18 a）．

一方，コドンの 1 文字目や 2 文字目に変異が入ると，多くの場合，規定するアミ

ノ酸が変わる．これを**ミスセンス変異**という（図5・18b）．また，変異によりアミノ酸を規定するコドンが終止コドンに変わると，そこからC末端側は合成されなくなる．これを**ナンセンス変異**という（図5・18c）．さらに，1塩基または2塩基が欠失あるいは付加されると，翻訳の際に読み枠がずれ，そこからC末端側は機能をもたないポリペプチド鎖になる．これは**フレームシフト変異**とよばれる（図5・18d）．

タンパク質が機能するにはタンパク質分子のすべてではなく，特定の領域（機能ドメイン）が重要である．機能ドメイン以外のアミノ酸配列は，数アミノ酸が欠失したとしても（読み枠がずれなければ）問題ない場合が多いが，機能ドメインのアミノ酸が変化すると，それがたとえ1アミノ酸であってもタンパク質の機能に大きな影響が出ることがある．たとえば鎌状赤血球貧血では，ヘモグロビンβ鎖の6番目のアミノ酸がグルタミン酸からバリンに置き換わるだけで，赤血球が三日月状の形になるほどの影響が出る．

変異はゲノムの広範囲に起こることもある（図5・19）．領域の大きな**欠失**や，切断された染色体断片が反対向きに連結（**逆位**）したり，元とは異なる染色体に挿入（**転座**）したりすることがある．新たにできた連結部位の近くにある遺伝子の環境は激変する．

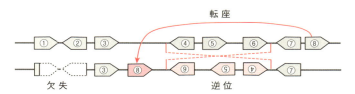

図5・19 広範囲の変異 舟形は遺伝子と転写方向を示す．

b．子孫に伝わる変異 体細胞に起こった突然変異は，他の細胞が機能を補えれば大きな影響はない．しかし，生殖細胞での変異は，子孫の個体を構成するすべての細胞のDNAが変異をもつことになるので重大である．タンパク質のコード領域だけではなく，遺伝子の転写調節領域に変異が生じても遺伝子の異常発現がひき起こされる．遺伝子調節ネットワーク全体のバランスが変わることで形質が大きく変わることもある．

c．遺伝情報の重複と再編成 形質の変化をもたらすような変異が生じると，多くの場合は生命活動に支障が出るため子孫を残すことができない．しかし遺伝子が重複して複数あれば，遺伝子の一つに変異が入っても，正常なものがあるので個

体は維持される．つまり，遺伝情報のバックアップがあると，遺伝子の変異は蓄積されやすい．このとき，生存に有利な遺伝子が新たにできれば，その遺伝子をもつ個体の子孫は繁栄することになる．

遺伝子の重複は減数分裂の過程で起こる．異常な減数分裂によって一つの染色体全体が重複することもある（図5・20 a）．また，*Alu* 配列やトランスポゾンといった反復配列があると，反復配列間で不均等な乗換えが生じることがあり，相同染色体の片側は遺伝子が重複し，もう片方は遺伝子が欠損した状態になる（図5・20 b）．

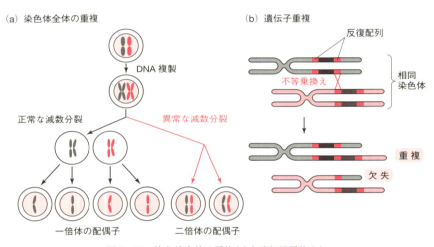

図5・20　染色体全体の重複(a)と遺伝子重複(b)

d．分子時計　　DNA の塩基配列は，外部環境の影響や生命活動により，一定の頻度で変異する．有利でも不利でもない中立的な変異は，1塩基対当たり年に 10^{-9} の確率で起こる．塩基対の変異の程度を**分子時計**といい，個体や集団間の塩基配列やアミノ酸の違いの程度を調べることにより，共通の祖先からどのような順序で分岐して現存生物がつくり出されたのか，またその分岐が起こったのはどのくらい昔のことか，その絶対年代を推理することができる（図5・21）．ただし，遺伝子によっては配列の置換速度は一定ではない．たとえば，生命活動に不可欠な情報をもつ配列の変化は遅い．変異が生じると個体が死んでしまうので，変化した配列は子孫に受け継がれにくいからである．進化の過程で配列が変化しないことを**保存**といい，変化しなかった配列を**保存配列**という．

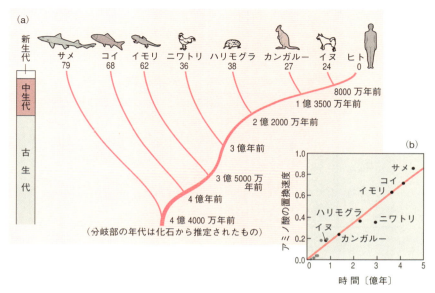

図 5・21 脊椎動物の系統分岐とヘモグロビン α 鎖のアミノ酸配列の差異(a)とその置換速度の一定性(b)　(a)動物名の下の数字は，ヒトのヘモグロビンのアミノ酸配列と異なるアミノ酸の数を示す．[木村資生，"分子進化の中立説"，p.87，紀伊國屋書店（1986）より]

5・7　遺伝子操作

　遺伝子の構造と機能を研究するには，目的の遺伝子だけを取出して，塩基配列が完全に同じで，化学的に扱えるだけの量の分子を用意する必要がある．まったく同じ塩基配列のDNA分子の集団はクローンであり，ある遺伝子のDNA配列だけを手に入れることを遺伝子の**クローニング**という．同じ塩基配列をもつDNA分子が得られれば，試験管の中で自在に遺伝子の配列を変えることが可能になる．変化させたDNAを生体に戻すことにより，遺伝子の機能を調べることもできる．ヒトの遺伝子を大腸菌に組込んで，ヒトのタンパク質をつくらせることもできる．遺伝子操作技術は新しいタンパク質や薬品の製造，遺伝病診断，遺伝子治療，遺伝子組換え作物（p.255，コラム参照）など幅広い分野で用いられている．

5・7・1　DNAの切断と連結 —— 制限酵素とDNAリガーゼ

　ウイルスなどの自己以外のDNAが細胞内に侵入すると，細胞の形質が変化した

り，細胞が破壊されたりする危険がある．そこで細菌には，侵入した外来DNAを切断して働かせなくする"制限"とよばれる機構がある．このとき，DNAを切断するのが**制限酵素**である．

表 5・2 制限酵素の例とそれらの認識配列

制限酵素	認識配列†	制限酵素	認識配列†
6塩基認識		6塩基認識以外	
EcoR I (5′突出末端)	5′ G AATTC 3′ 3′ CTTAA G 5′	Sau3A I	5′ GATC 3′ 3′ CTAG 5′
Hind III (5′突出末端)	5′ A AGCTT 3′ 3′ TTCGA A 5′	Not I	5′ GC GGCCGC 3′
Kpn I (3′突出末端)	5′ GGTAC C 3′ 3′ C CATGG 5′	特殊な例	
EcoRV (平滑末端)	5′ GAT ATC 3′ 3′ CTA TAG 5′	Bcg I	5′ $(N)_{10}$CGA$(N)_6$TGC$(N)_{12}$

Nは任意の塩基．
† 多くの場合，認識配列は回文構造をとっている．

制限酵素の最も大事な特徴は，ある決められた塩基配列（4〜8塩基対であることが多い）だけをきわめて正確に切断する点，そして細菌の種類により制限酵素の切断配列がさまざまな点である．これまでに数百種類もの制限酵素の遺伝子が単離された．表5・2にごく一例を示す．さまざまな制限酵素を使い分けることで遺伝子配列上のいろいろな場所を切断できる．

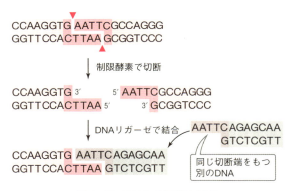

図 5・22 DNA の切断と連結

制限酵素で切断したDNAは，**DNAリガーゼ**によって連結が可能である（図5・22）．DNAリガーゼは同じ切断端をもつDNA断片を結合して連結する．制限酵素（はさみ）とDNAリガーゼ（のり）は，DNA配列の組換えを可能にした．

5・7・2 DNA 断片の増幅——プラスミド

プラスミドとよばれる小さな環状の DNA は,大腸菌に入ると大腸菌の中でゲノムとは別に複製される.そこで増やしたい DNA 断片をプラスミドに組込み,大腸菌に導入することで,プラスミドと一緒にその DNA 断片も増やすことができる.このように,遺伝子を組込み,大腸菌などで増やすことができる DNA を**ベクター**という.ベクターとは"運び屋"の意味で,プラスミドのほかに,バクテリオファージが使われることもある.

遺伝子操作に利用するプラスミドは,操作しやすいように改変が施されている.たとえば,複数の制限酵素の認識配列を人工的に挿入し,増幅させたい DNA 断片に同じ切断末端をもたせることで,自在に DNA 断片を連結することができる(図5・23a).

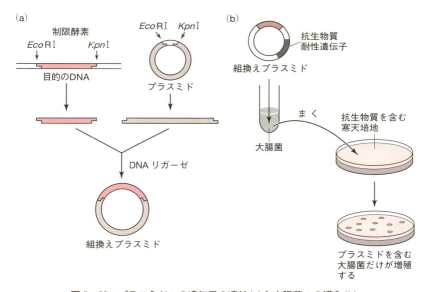

図 5・23　プラスミドへの遺伝子の連結(a)と大腸菌への導入(b)

プラスミドを大腸菌に導入するのはわりと簡単だが,導入効率は低い.そこでプラスミドが入った大腸菌を選別する必要がある.よく使われるのが抗生物質を用いる方法である.抗生物質は大腸菌を死滅(あるいは増殖を抑制)させるが,抗生物質を不活性化する遺伝子をあらかじめプラスミドに組込んでおけば,プラスミドをもつ大腸菌だけが増殖できる(図5・23b).

5・7・3 塩基配列の決定——シーケンス解析

DNAの塩基配列を決定する原理をごく簡単に紹介する．DNAポリメラーゼは鋳型DNAの塩基配列に対応するデオキシヌクレオチド（dNTP）を伸長鎖の3'末端に付加していく．反応液にジデオキシヌクレオチド（ddNTP）を混ぜておくと，

■ **ゲノム編集**

生きた細胞の中にあるゲノムを，配列さえわかっていればそのまま改変することができる**ゲノム編集**とよばれる方法が大きく注目を集めている．広義にはゲノム編集とは部位特異的なDNA切断酵素を用いる技術をさし，特にCRISPR-Cas9（クリスパーキャスナイン）とよばれる方法が主流になりつつある．

CRISPRはもともと細菌で見つかったDNA領域で，外来DNAの切断によるウイルスに対する細菌の生体防御機構として知られていた．CRISPRはCasとよばれるDNA切断酵素の遺伝子とその周辺の短い反復配列群からなる．この反復配列群には外来DNAの配列が組込まれていて，転写・切断され短いRNAとして細菌の細胞内に生じる．この短いRNAにCasタンパク質が結合すると，同じ配列をもつ外来DNAに結合して切断される（下図a）．

この機構を利用して，目的の配列をもつ短いRNA（ガイドRNAとよばれる）とCasタンパク質を人為的に真核生物の細胞内に導入すると，細胞ゲノム中の対応するDNAを切断することができる（下図b）．切断後のDNAは修復されるが，その際にしばしば欠失が起こるので，結果的にある決まった配列の遺伝子だけを破壊することができる．切断した箇所に別の配列を挿入することもできる．

CRISPR-Cas9システムは非常に簡便なうえ，特異性や切断効率も高く，さらに植物やヒトを含む広い生物種に使えることから，さまざまな分野への応用が期待されている．

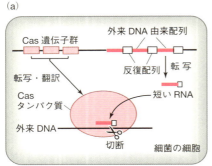 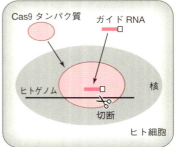

図　ゲノム編集　(a)本来のCRISPR-Casシステム，(b)ゲノム編集への応用．

伸長鎖の3′末端にddNTPが付加されることがある．ddNTPの3′位は-OHでなく-Hなので，次のdNTPを付加することができず，鎖の伸長は停止する（図5・24）．dNTPが付加された場合は伸長が続く．電気泳動という方法でDNAを長さで分離すると，ddNTPが入った順に並べることができる．4種類のddNTPをそれぞれ違う色の蛍光で標識しておけば，どの順に塩基が並んでいるかがわかる．この方法の原型は米国のF. サンガーによって開発され，1980年にノーベル化学賞が授与された．当初は放射性同位体標識を使った手作業だったが，1990年代には自動化されて飛躍的にスピードが上がった．現在では，次世代シーケンサー（p.111，コラム参照）の登場により桁違いのスピードが実現している．

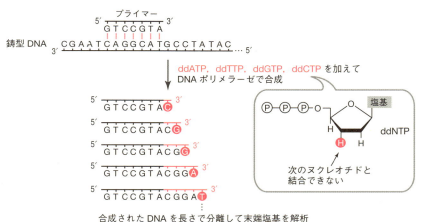

図5・24 塩基配列の決定

5・7・4 PCR

PCR（polymerase chain reaction）はDNAポリメラーゼとプライマーを使って，特定の配列だけを試験管内で何億倍にも増幅する技術である．

DNAポリメラーゼがDNA複製を開始するには，ある程度の長さのプライマーが必要である．20塩基からなるプライマーの配列の組合せは4^{20}，つまり約1兆通りにもなる．そのため，同じ配列が別のDNAの部分から見いだされることはめったにない．したがって適切な配列を設定すれば，雑多な鋳型から自分が狙う遺伝子配列だけを増幅することができる．

DNAの二本鎖は100℃近くに熱すると一本鎖に解離する．次に温度を55℃程度に下げると，DNAの一本鎖は相補鎖ではなくプライマーと結合する．この状態で，

DNA ポリメラーゼと dNTP があれば，プライマーを起点として DNA 合成が開始される．3′側と 5′側の 2 種類のプライマーを用いてこのサイクルを繰返すと，二つのプライマー間の DNA 領域が増幅される．1 サイクルでその領域が 2 倍に増えるので，30 サイクルだとおよそ 10 億倍に増幅されることになる（図 5・25）．

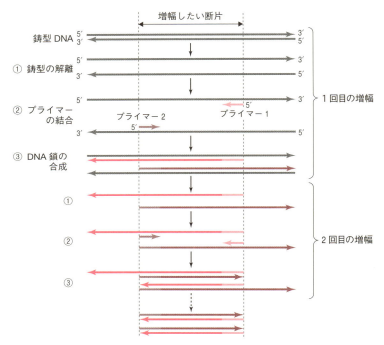

図 5・25　PCR の仕組み　増幅したい配列の 5′末端，3′末端にそれぞれプライマー 1, 2 を用意する．鋳型にプライマーを加えて加熱すると，鋳型が一本鎖に解離する（①）．次に温度を下げると，プライマーと鋳型が特異的に結合する（②）．少し温度を上げて *Taq* DNA ポリメラーゼを反応させると DNA の合成が進む（③）．①〜③を 3 回繰返したところでプライマーに挟まれた部分が増幅される．以降は同じ断片が増幅され続ける．図では生成された DNA 鎖のみを示す．

PCR 法が劇的に広まったのは，好高熱細菌 *Thermus aquaticus* がもつ耐熱性 DNA ポリメラーゼ（*Taq* DNA ポリメラーゼ）の発見によるところが大きい．それまでは，100 ℃ 近くまで熱するごとに DNA ポリメラーゼが失活するため，そのたびに新たに加える必要があった．95 ℃ でもすぐには失活しない *Taq* DNA ポリメラーゼを使うことによってその必要がなくなり自動化が実現した．PCR は，ごく

■ 次世代シーケンサー

2000年代の半ば以降，サンガー法に変わる新しい塩基配列決定法が開発され，次世代シーケンサーとよばれている．ここでは詳しい原理は述べないが，たとえば，ヌクレオチドの連結反応時に出る二リン酸（PP_i）を検出する方法（パイロ法），蛍光修飾された塩基の連結を逐次検出して配列を知る方法，さらには微小の穴をDNA鎖が通過する際の電位差を検出して塩基を読み出す方法など，日々発展を遂げている．

初期（1990年）のシーケンサーは1日に1万塩基を決定するのがやっとだった．ヒト1人のゲノムの塩基配列を決定するのに，800年以上かかることになる．2017年現在，1台の次世代シーケンサーで1日に100G（1000億）塩基もの塩基配列の決定が可能で，今や十万人単位のヒトゲノム配列の決定も夢ではなくなっている（2017年現在，アイスランドではすでに15,000人以上の全ゲノム配列が決定されている）．

このような大量の塩基配列解析が容易になったことで何ができるようになったのか．たとえば，あらゆる生物種の全ゲノム配列決定が個人の研究者レベルで可能となった．特に進化学・系統学では，これまではミトコンドリア遺伝子の比較といったように，ごく限られた遺伝子の塩基配列比較によって研究が進められてきた．全ゲノム配列を用いて比較できるようになり，種の違いや進化についてより多くの知見が得られるようになった．ヒトにおいては，個々人のゲノム配列の違いを明らかにすることが可能となり，顔の違い，性格の違いといった，今までは不明であった遺伝子レベルでの違いが解明される日もすぐそこにきている．

少量のDNAから必要な領域をいくらでも増幅できるので，髪の毛1本から人物を特定したり，ミイラや氷に閉ざされて発見された太古の生物のDNAを増幅することもできる．また，犯罪捜査や遺伝病の診断，がん細胞の検出にも活用されている．

6 動物の基本体制と発生

6・1 動物の基本体制と分類

　そもそも"動物"の一般的な特徴とは何だろう．すべての動物に当てはまる特徴を示すことは簡単ではないが，① 多細胞生物である，② 従属栄養である，③ 細胞壁をもたない，があげられる．少数の例外を許し，"多くの動物"ということでは，④ 有性生殖を行う，⑤ 捕食のために移動する，などの特徴もあげることができる．

　地球上には多くの動物がいる．同定された生物種は 150 万種ほどになるが，未同定種は節足動物を中心にもっと存在すると考えられており，1000 万種，あるいはそれ以上という研究者もいる．このようにきわめて多様性に富む動物の分類は，これまでグループごとの体制の違い，つまり組織や器官の配置など体の基本構造の違いから行われてきた．分類の根拠となる体制のおもなものは，1) 組織をもつかどうか，2) 放射相称か左右相称か，3) 体腔があるかどうか，4) 原口が口になる**旧口動物**（前口動物ともいう）か，肛門になる**新口動物**（後口動物ともいう）かの 4 点である．**体腔**とは，消化管（内胚葉）と中胚葉にある隙間をさし，体腔があると消化管が体内で自由に動け，食物の消化を物理的に助けることに一役買っている（図 6・1a）．このような形態的特徴による分類に加えて，近年はゲノムの塩基配列を用いることで，分類系統が見直されつつある．

　動物界には門が 34 あるが，ここでは体制を理解するために最低限必要な九つの代表的な門についてのみごく簡単に説明する（図 6・2）．

　a. 海綿動物（カイメンなど）　　最も単純な構造をもつ動物で，明確な組織や分化した細胞をもたない．袋状の構造をしており，この中に新しい海水をよび込み，食作用（ファゴサイトーシス）によって栄養を取込む．このとき，**襟細胞**とよばれる鞭毛構造をもつ細胞が空洞の内側を向いて多数配置されており，空洞内の水の循環を促している．

　b. 刺胞動物（クラゲ，イソギンチャク，サンゴ類）　　海綿動物と違って組織をもつ．外胚葉や内胚葉はあるが中胚葉はもたないので二胚葉動物とよばれる．袋

状の構造をもつが，海綿動物と異なり体の形状は**放射相称**（図6・1b）である．外敵に対して針のようなものを放出する刺胞細胞をもつため"刺胞"動物の名前が付けられている．

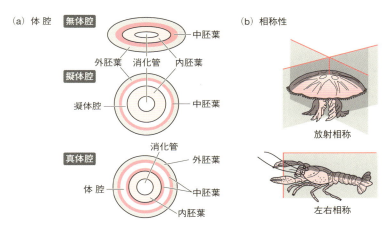

図6・1 動物の体制の違い

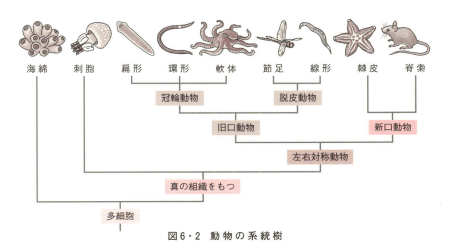

図6・2 動物の系統樹

c. 扁形動物（プラナリア，コウガイビル，サナダムシなど） 体腔をもたないため**無体腔動物**とよばれる．消化管（胃水管腔）は開口部が一つしかなく，細かく枝分かれしていて栄養を直接細胞に送る．字のとおり体が扁平なので，ガス交換

114   6. 動物の基本体制と発生

や排出も体表で直接行うことができる.

d. 環形動物（ミミズ，ゴカイ，ヒルなど）　　体腔をもつが，消化管の周囲を中胚葉が覆っていないため，**擬体腔**とよばれる．骨格がなく，やわらかい．ミミズは分節した神経，発達した泌尿器系，そして閉鎖血管系をもつ.

e. 軟体動物（タコ，ナメクジ，貝類）　　消化管を中胚葉が覆う**真体腔**をもつ．それによって，消化管のぜん動運動がより活発となり，食物の消化に有利である．体制上の特徴は真体腔であること以外にも，三つの部位（足，内臓，外套膜）からなること，多くは雌雄同体であることなどがあげられる．軟体動物は，動物において節足動物についで種数が多く，食物として私たちになじみがあるものもたくさんある．扁形動物・環形動物・軟体動物は幼生の形態の特徴から併せて**冠輪動物**とよばれる.

f. 節足動物（甲殻類，クモ・ムカデ類，昆虫類）　　門の中では最も種類が多い．これまでに 70 万種以上が同定されているが，おそらくはもっと多いといわれている．また，軟体動物同様，エビやカニなど，私たちになじみのあるものが多い．体制上の大きな特徴は，体が分節状の構造（体節）をもつこと，体表がクチクラで覆われていること，付属肢をもつことなどがあげられる.

g. 線形動物（線虫など）　　線形動物もクチクラで覆われているが，節足動物よりは柔軟である．循環系をもたない．線虫（*Caenorhabditis elegans*）は全細胞（約1000 個）の細胞系譜が明らかになっており，モデル生物としても多用される．節足動物と併せ**脱皮動物**とよばれる.

h. 棘皮動物（ウニ，ヒトデ，ナマコ類）　　体制の特徴は新口動物であることがあげられる．また内骨格をもつこと，内部に海水を満たした水管が体をくまなくはっていることも特徴にあげられる．ヒトデやウニは，体型が一見放射相称に見えるが，内部構造を観察すると**左右相称**（図 6・1b）である.

i. 脊索動物（ヒトをはじめとする脊椎動物亜門[*]を含む）　　脊索動物門の特徴は，名前のとおり背中を通って体を支える脊索・脊椎をもつことである．また，左右相称であること，真体腔であり体節をもつこと，などの特徴があげられる.

▌ **6・2　生　殖**

生物が同種の別の個体をつくり出すことを**生殖**という．そのもととなる個体を親世代，新しく生まれた個体を子世代とよぶ．真核生物だけではなく原核生物も含め

───────────────

[*]　脊椎動物 "門" は存在しないことに注意.

たすべての生命体に共通してみられる重要な特性であり，**無性生殖**と**有性生殖**の二つに分けられる．

6・2・1 無性生殖

無性生殖とは，親世代の体細胞などの組織の一部が分離して，次の世代が生じる現象をさす．つまり，親世代と子世代とは，細胞内DNAの遺伝情報が同一のものとなる（図6・3）．原核生物や原生生物で一般にみられる細胞の二分裂では，一つの細胞からほぼ同じ大きさの細胞が二つ生じる無性生殖である．一方，親世代から無性生殖によって大きさの異なる個体が生じる場合，これを**出芽**という．菌類の酵母や動物のヒドラなど，多くの生物でみられる．

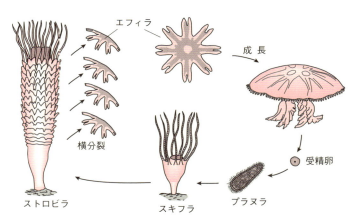

図6・3 動物の無性生殖の例 刺胞動物のクラゲの生活環を示す．有性生殖で生じた受精卵が発生してできたプラヌラはやがて水底に固着し，イソギンチャクのような形態のストロビラとなり，多数のエフィラ幼生を無性生殖によって生み出す．

6・2・2 有性生殖

細菌や原生生物では，2個体が接着，融合して遺伝情報となるDNAを交換し合うことがある．これを**接合**とよび，広義の有性生殖と考えることができる．接合後の増殖は，通常の無性生殖と同じであるが，接合の前と後と間で，つまり親世代と子世代との間で，遺伝的な情報が変化することになる．

遺伝情報の交換ではなく，二つの細胞が融合して生殖することでも，親世代と子世代との間で遺伝的な情報が変化する．単純に細胞の融合を繰返すと，遺伝情報が増える一方となるが，あらかじめ融合する前にDNA量を半減させる解決策（減数

分裂）を発明したのが，真核生物のなかの原生生物である．減数分裂によって
DNA量あるいは染色体数を半減させて生じる細胞を**配偶子**という．この配偶子を
使った生殖が狭義の**有性生殖**である．配偶子が細胞融合することを**接合**，生じた細
胞を**接合子（受精卵）**という．受精・受精卵は，卵と精子のように形態，運動性，
大きさの異なる配偶子間で起こる細胞の融合をさすときに使われる用語である．ク
ラミドモナスのように，区別できない同じ大きさの同形配偶子を使った有性生殖も
ある．生物は突然変異によって新しい遺伝的な形質を獲得してきた．これを交換し
合う有性生殖は，多様な遺伝形質の組合わせを子世代へ容易に伝えられるので，環
境への適応能力に優れ，進化のうえでたいへん有利である．

　なお，配偶子や未成熟の卵などが接合・受精を経ずに成長し一個体となることを
単為発生とよぶ．ミツバチの雄やアブラムシのように単為発生個体によって多数の
クローン個体を生成することを**単為生殖**とよぶ．配偶子の形成時に第一減数分裂で
遺伝子の組換えが起こるので，単為生殖でも，世代間で遺伝情報が変化する．

▌ 6・3　配偶子の形成

　動物は，卵と精子の二つの大きく性質の異なる配偶子をつくる．**卵**は運動性はな
く，大型で，内部にミトコンドリア，リボソーム，タンパク質，mRNA，卵黄など，

■ 有性生殖の適応的意義

　雄をつくらずに増殖する単為生殖や無性生殖は，増加効率だけをみると有性生殖よりもはるかに有利である．仮に雌の産んだ卵から次世代の雄と雌が1:1で生じた場合，次世代の雌の個体数は単為生殖した場合の半分である．これは"雄をつくるコスト"とよばれている．

　コストがかかるにもかかわらず，有性生殖は生物界で広くみられる．たとえば，単為生殖で増えるアブラムシでも季節の終わりには雄と雌が現れ，有性生殖して次世代の母親をつくるし，原生生物のゾウリムシは普段は二分裂で増加するが，数十回に1回程度の割合で2個体が接合し，核を融合して新たなゲノムをつくる．有性生殖には雄をつくるコストの不利さを上回る何らかの有利さがあることと考えられる．これを説明する以下のような理論が提案されている．① 有利な対立遺伝子を短期間に同一染色体に取込むフィッシャー・マラー効果，② 有害な対立遺伝子を短期間に同一染色体に集めて集団から淘汰によって排除するコンドラショフ効果，③ 相同組換えで遺伝的多様性を高めて増加率の高い病原体に抵抗するハミルトン効果（赤の女王説）などがあり，これらは相互に連動すると考えられている．

受精後の活動，遺伝子発現，個体発生に必要な成分を多量に含む細胞である．対して，**精子**は移動能力をもち，内部の細胞質を最小限にとどめた小型の細胞である．ともに個体発生の初期に分化して生殖巣内部へと移動した**始原生殖細胞**から生まれる．卵は受精後の個体発生の準備を整えた栄養豊富な細胞であり，精子は DNA を運ぶことに特化した細胞であるといえる．精子に比べ，卵をつくるには圧倒的に大きなコストがかかる．卵，精子をつくる個体を，それぞれ，雌，雄とよぶ．

1 個体が雌と雄の両方の特性を同時に，あるいは時期をずらしてもつ雌雄同体のグループ（環形動物や線形動物など），環境によって雌雄が変化するグループ（は虫類，魚類），遺伝的に雌雄が決まるグループ（昆虫，鳥類，哺乳類）など，雌雄の決定機構は非常に多様である．哺乳類では一般に，Y 染色体上にある精巣決定因子，あるいは性決定遺伝子タンパク質によって未分化の生殖巣が精巣へと分化するスイッチが入る．精巣へのスイッチが入らない場合，そのまま生殖巣は卵巣へと分化する．

6・3・1 精子と精子形成

a. 精子の構造　動物の精子は，アメーバ型精子をもつ線虫などの例外はあるが，一般に小型の細胞で，1 本の鞭毛をもち溶媒中を遊泳する能力をもつ．動物の多くが，この精子の形態を共通してもつことから，原生生物の襟鞭毛虫類から多細胞の海綿動物が派生しそれをもとに動物が進化したと考えられている．これはゲノム解析からも裏付けられている．精子の形態は，先端部に先体胞をもち，ヒストンに代わり精子独特のタンパク質（プロタミン）によって小さくコンパクトに凝縮した DNA を含む頭部，運動のための ATP を産生するミトコンドリアを含む中片部，微小管束でできた軸糸とよばれる運動器官を内部に含む尾部に分かれる（図 6・4）．

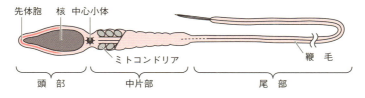

図 6・4　哺乳類（脊椎動物）の精子の構造

尾部の鞭毛が屈曲変形するときに生じる水流によって精子は活発に遊泳する．哺乳類の場合，この運動の原動力になる ATP はミトコンドリアでの呼吸のほかに，解糖系由来のものも重要な役割を担っている．

b. 減数分裂と精子形成　精巣として分化を始めた生殖巣内の始原生殖細胞を**精原細胞**とよぶ．精原細胞は体細胞分裂を繰返して増殖を続ける一方で，個体が成長し，ある適切な時期になると，その一部が減数分裂を始める．減数分裂を開始した精原細胞を**一次精母細胞**，第一分裂を終えたものを**二次精母細胞**，第二分裂を終了したものを**精細胞**とよぶ（図6・5）．多くの動物で，精原細胞と精細胞は，核分裂は終了しても，完全には細胞質が分裂せず，互いにつながった状態でとどまることがわかっている．そのため最終的には4〜32個の細胞が連絡し合った状態の精細胞が生じる（図6・6）．

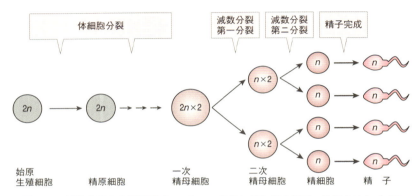

図6・5　減数分裂から精子形成へ　$2n$，n はそれぞれ核の複相，単相を示す（p.52参照）．×2は，それぞれの染色体セットが二つあることを示す．精原細胞は体細胞分裂を繰返し，そのなかから減数分裂を開始するものが現れる．減数分裂を開始する一次精母細胞はDNAの複製が完了しているので，ここでは $2n$ の倍量の $2n×2$ と表現してある．

精細胞はその後，細胞質の容積を急速に減少させる．同時に，核の中のDNAヒストンをプロタミンへ置き換え，ゴルジ体から先体胞が生じ，中心小体（中心粒）を基部として鞭毛を成長させ，遊泳運動に適した形状の**精子**が完成する．精子形成のなかで，精細胞から精子への変化を特に**精子変態**とよび，この過程でさまざまな遺伝子の発現も休止させる．哺乳類の場合，精原細胞から精子変態まで，精巣の細精管内で内側へと細胞を移動させながら連続的に進行する．そのため，雄成体の精巣内では，常にさまざまな分化過程の精子が存在することになる（図6・6）．

6・3・2　卵と卵形成

a. 卵の構造　卵は精子と比べて大型で，運動性はない．また，受精後の個体発生の環境に適応し，分類グループごとに特徴ある異なった分布と量の卵黄顆粒

6・3 配偶子の形成

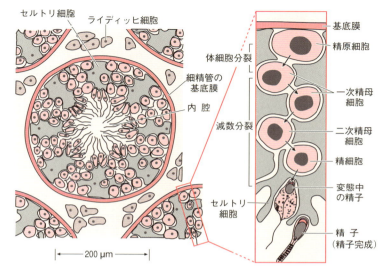

図6・6 細精管の構造 精巣の中には管状の細精管があり，変態を完了した精子はその内腔を通って外へ出される．精原細胞は細精管の基底膜側に位置し，減数分裂を行い精子が完成すると内腔側へと移動する．精子を囲むセルトリ細胞は，精子の形成過程で必要な栄養分などを精子へ補給する役割を担う．細精管外のライディッヒ細胞はホルモン分泌機能をもつ．ともに体細胞である．

を含んでいる．卵の細胞膜は，表面に多糖類の殻やゼリー層，栄養細胞や沪胞細胞などの保護層，受精時に必要となる受精膜や酵素類を含む表層粒の層など，分化した形態をもつ．このような表層の構造を一般に**卵膜**とよぶ．卵細胞膜に最も近い，主として糖タンパク質でできた膜を**卵黄膜**という（図6・7）．卵黄膜には精子と特異的に結合する受容体も含まれる．

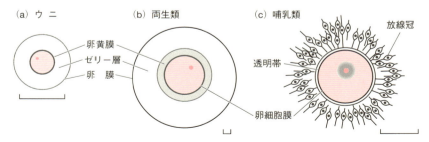

図6・7 卵の構造を示す模式図 卵はさまざまな細胞，膜によって取囲まれているものが多い．(c) 哺乳類卵では卵黄膜のことを特に透明帯という．バーは100 μmを示す．

b. 減数分裂と卵形成　　卵巣として分化を始めた生殖巣内の始原生殖細胞が体細胞分裂を繰返しそこから卵が分化する．その点では，精母細胞と同じである（図6・8）．しかし，個体発生のある決まった時期までに，増殖した卵母細胞のなかから大半が退化し消失する．何らかの理由で淘汰された少数の細胞だけが減数分裂を開始する．哺乳類の場合，減数分裂が第一分裂前期まで進行し，そのまま雌個体が十分成長するまで（ヒトでは，思春期とよばれる時期まで）待機することになる．この時期の細胞を**一次卵母細胞**とよぶ．

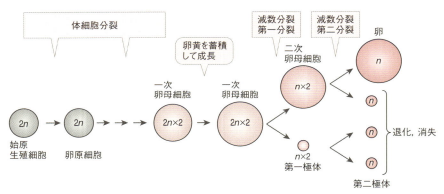

図6・8　**減数分裂から卵形成へ**　卵形成過程で起こる減数分裂では，2回の極端な不等分裂が起こる．その結果，1個の卵母細胞，1個の卵しか生じない．また，一般に第一減数分裂前期で減数分裂は停止し，この間に細胞は大きく成長する．$2n, n$ はそれぞれ核の複相，単相を示す．×2は，それぞれの染色体セットが二つあることを示す．

雌個体が成長し成熟する過程で，一次卵母細胞は卵黄，タンパク質，RNA などを蓄積して成長するとともに，取囲む濾胞細胞の助けも受けて成長を続け，大型の核をもつものが出現する．このような一次卵母細胞の核を**卵核胞**とよぶ．卵核胞をもつ細胞では，細胞質内で生合成や転写が盛んに行われており，受精後に必要となる mRNA，リボソーム，その他のタンパク質がこのとき合成される．ここでつくられる RNA やタンパク質には，細胞内で偏った分布をするものがある．これらの偏りが次世代の始原生殖細胞の分化に関わる例が知られている．受精後の成長に重要な役割を担うタンパク質と脂質の源となる卵黄は，卵細胞自身が合成するのではなく，肝臓や脂肪体など他の場所でつくられた物質が運ばれて形成される．

c. 卵成熟　　卵巣内で成長した一次卵母細胞が減数分裂を完了して，卵として受精可能な状態になることを**卵成熟**とよぶ．一次卵母細胞から卵へと変化する引き金となる因子を**卵成熟促進物質**とよぶ．雌個体の成熟の度合いに加え，動物種に

よっては季節や栄養状態の変化などがきっかけとなり，性腺刺激ホルモンが分泌される．このホルモンにより刺激された沪胞細胞がつくり出す因子によって，一次卵母細胞の内部で卵成熟促進因子が合成される．これが停止している一次卵母細胞の減数分裂を再開させる．このとき，動物種によっては，明確な形態的な変化，卵核胞の崩壊反応が起こる．

精子形成と異なる卵成熟の大きな特徴は，第一，第二減数分裂ともに卵母細胞が極端に非対称な細胞分裂，不等分裂を行う点である．減数分裂で生じた核の一方は少量の細胞質とともに卵細胞の外部に放出される．その結果，もとの卵母細胞は細胞質をほとんど失わずに減数分裂を完了できる．第一，第二減数分裂で放出される細胞をそれぞれ，**第一極体**，**第二極体**という．蓄えてきた卵細胞内の重要な成分をほとんど失わずに，DNA遺伝情報のみを半減させることができる．極体放出によって卵形成が完了する．

6・4　受　精

形成された精子と卵が細胞融合する過程を**受精**という．遺伝情報の融合が起こり，次の子世代が生まれ，個体発生の始まりとなる重要な過程である．受精において，精子と卵の遺伝情報を間違いなく融合させるための，二つの重要な機構がある．種間の適合・不適合によって間違った細胞間，間違った生物間での受精を避ける機構，また重複した受精によって複数の余分な遺伝情報が卵の中に入らないようにする機構である．受精する環境は，体内・体外，水中・陸上など，動物の種類ごとに大きく異なるが，ここでは人工的な受精が容易で，最も詳しく現象の解明が進んでいるウニの受精について紹介する．

体外受精を行う動物の精子が雄個体から体外へ放出される現象を**放精**という．同じように雌の個体から卵が放出される現象を**放卵**という．放卵・放精のタイミングを個体間で同期させることで，異種間での受精を避けることができる．一般に，ウニなどの無脊椎動物は，生息環境や性成熟の季節も種ごとに限定させている．このような生殖行動上の分離が一つの生殖隔離（§13・3・1参照）となって異種間の受精を防いでいる．

放精された精子は，一般に卵膜から放出され種ごとに異なる走化性物質に反応して，遊泳方向をコントロールしながら卵へと接近すると考えられている．実際に卵へ接近して，無事受精できる確率は非常に低いため，それを補うように，卵や精子の数は非常に多い．ウニの場合，精子は $10^{10} \sim 10^{11}$，卵は $10^8 \sim 10^9$ が一個体から放精・放卵される．

6・4・1 受精の過程

a. 先体反応　卵表面にあるゼリー層と接触できた精子で最初に起こるのは，精子先体胞のエキソサイトーシスと，アクチンフィラメントの伸長による先体突起の形成で**先体反応**とよばれる（図6・9）．先体胞の内部には，卵のゼリー層の糖タンパク質を分解する酵素が含まれ，ゼリー層を突破して卵黄膜と接触する．卵黄膜

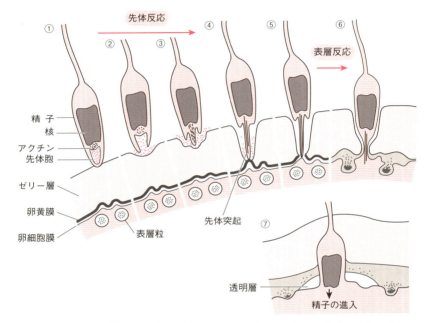

図6・9　ウニの受精過程　① 精子が卵のゼリー層に接触し，② 先体反応をひき起こす．③ 先体胞後部にアクチンフィラメントが形成され，④ 先体突起が伸長し，⑤ 精子頭部の膜と卵細胞膜が接触し融合する．続いて，⑥ 表層粒が崩壊を始め，内容物が卵黄膜と卵細胞膜の間に分泌されて，卵黄膜を押し上げる結果，⑦ 透明層が生じる．精子はその後，卵の中へと移動する．

表面には，エキソサイトーシスで露出した精子頭部のタンパク質と結合できる種特異的な受容体があり，同種の精子のみが卵に結合できるようになっていると考えられている．さらに，精子先体に含まれる卵黄膜（タンパク質）分解酵素の働きによって，卵の細胞膜と接触できるようになる．

b. 膜電位変化と Ca^{2+} 濃度変化　精子が卵細胞膜に接触することで，まず卵の膜電位が変化する．未受精卵の膜電位は負の値を示しているが，精子の結合の直

後に正に転じ,その後,ゆっくりと負の静止電位に戻る(図6・10).この膜電位の変化に続いて卵細胞内のCa^{2+}濃度の上昇が観察される.膜電位変化が近くの表層粒からの細胞質へのCa^{2+}放出を促すので,精子が接触した場所から周辺部へとCa^{2+}濃度変化の波が伝播してゆく.細胞内で濃度が上昇したCa^{2+}は,その後のタンパク質合成,DNA合成など,受精後のさまざまな変化を誘導する引き金となる.表層粒は同時にエキソサイトーシスを起こし,内容物のムコ多糖類とタンパク質分解酵素が,卵黄膜と卵細胞膜の間に放出される.この一連の反応を**表層反応**とよぶ(図6・9参照).

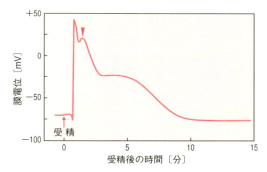

図6・10 ウニ卵細胞膜の受精時の膜電位変化を調べた実験例
受精すると卵細胞膜の膜電位がいったん負から正に転じた後で,ゆっくりと負の膜電位を示すようになる.下向きの▼は受精膜が形成されるときを示す.[S.Obata, H.Kuroda, Cell Struct. Funct., **14**, 697–706, Fig.1(1989)を改変]

c. 受精膜形成 表層粒から放出されたムコ多糖類は海水を吸収して膨潤し,卵黄膜を内側から押し上げる.同時に,海水中のCa^{2+}と反応して硬化し,**受精膜**とよばれる硬い膜を形成する.

d. 細胞膜の融合と核融合 表層反応を起こすのと同時に精子の鞭毛運動は停止するが,精子頭部の細胞膜と卵細胞膜とが融合し,卵細胞質内へとゆっくりと移動する.卵細胞質内の卵の核を雌性前核(n),侵入した精子の核を雄性前核(n)とよぶ.雄性前核の付近にある中心体から伸びた微小管が雌性前核まで達すると,二つの前核が融合して接合子核($2n$)となる.侵入した精子のミトコンドリアはやがて分解されるので,次世代のミトコンドリアはすべて卵由来のものだけとなる.

6・4・2 多精防止機構

卵が複数の精子と多重に受精してしまうことを**多精**という.一倍体(n)の配偶

子を組合わせて $2n$ の次世代個体が生まれるが，多精となった個体は $3n$ や $4n$ など
の倍数体となる．植物では倍数体は必ずしも生存に不利ではなく，新しい種が生ま
れるきっかけにもなる．しかし，ウニをはじめ動物では一般に，発現する遺伝子の
量的なバランスを欠いたり，複数の活性化した中心体が同一の細胞内で競合して均
等な染色体の分離ができなくなるなど，通常の発生が難しくなる．

イモリやクラゲなどでは，複数の精子が受精したあとで，卵細胞内で雄性前核の
一つを選別することで，倍数体の問題を回避している．ウニでは多精を防ぐ二つの
機構が知られている．最初に働くのは膜電位変化による多精防止機構である．実験
的に卵の膜電位を消失させるだけで受精できなくなることから，仕組みは不明だが，
膜電位によって卵と精子の膜融合が制御されていることがわかった（図 6・10）．
受精後，数分以内に膜電位は通常の値に戻るが，このときには，受精膜が形成され
ている．受精膜は，卵を機械的に保護すると同時に，物理的に次の精子が受精して
侵入できないようにする二番目の多精防止機構として働く．

▌6・5 発 生 の 概 略

たった一つの単純な形の卵から，私たちの体のようにきわめて複雑な構造をつく
ることができるのはなぜか．かつて "精子の中に小さな体が詰まっている" とした
前生説が信じられたのは，裏を返せば仕組みが複雑すぎてわからないことを "こび
と" に丸投げしたともいえる．20 世紀に入り，遺伝学・生化学・分子生物学が大
きく発展して，この難しい仕組みが徐々に明らかになってきた．

受精卵から発生を進める過程では，細胞数を増やすための卵割に加え，パターニ
ング，形態形成，細胞分化の三つが重要である（図 6・11）．

パターニングとは胚のどの部分を何に（頭や手足，背や腹など）するかを決める
ことで，体軸を決め胚葉を形成する．体軸には前後軸，背腹軸，左右軸の三つがあ
り，胚で決められた体軸は，そのまま成体に引き継がれる．胚葉には内胚葉，中胚
葉，外胚葉の三つがあり，それぞれ分化する器官が決まっている（§6・11・1 参照）．
一般にパターニングは胚内に mRNA やタンパク質の濃淡をつくることによって行
われる．

こうしておおまかな部域が決められても，卵は丸いままである．ヒトを含め，動
物の多くは袋や管，きわめて細かく複雑な構造をたくさんもっている．これをすべ
て物質の濃淡のみで決めることはとても無理である．そこで，胚は個々の細胞をダ
イナミックに動かすことで組み分けし，複雑な構造を新しくつくり出す．これを**形
態形成**とよぶ．

こうして配置がだいたい決まった後，ようやく個々の機能を果たすための，細胞の"つくり込み"が行われる．たとえば筋肉はサルコメアを構築し，ホルモン分泌細胞はホルモンをつくったり細胞外に分泌するための仕組みを備えるため，さまざまな（そしてその細胞に特徴的な）遺伝子の発現を活性化する．これが**細胞分化**である．

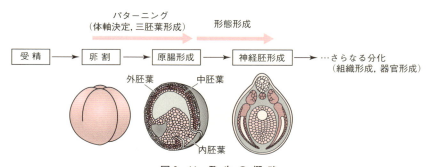

図6・11 発生の概略

6・6 発生のはじまり

6・6・1 卵　割

受精後しばらくすると，受精卵は細胞分裂を開始する．このとき，分裂ごとに細胞の大きさはどんどん小さくなっていく．このような受精後の細胞分裂を**卵割**とよび，卵割によって生じた細胞を**割球**とよぶ．動物の卵は，大きさも，含まれる卵黄の量も，卵割の進み方も種によってさまざまである（図6・12）．卵割に影響を与える因子には，卵黄の量や分布，細胞分裂装置の位置などがある．卵の部位は地球にたとえて名付けられていて，卵黄に富む方の半球を植物半球，少ない方を動物半球とよび，動物半球側の極点を**動物極**，植物半球側の極点を**植物極**とよぶ．動物極を上に，植物極を下に描くのが慣例である．

ウニや両生類胚の場合，卵割が始まってしばらくの間，割球同士は密着せず，球の集合体のようにみえる．卵割が進むと胚の内側に隙間ができ，その隙間は拡大して胚内に大きな空間を生み出す．これを**胞胚腔**といい，胞胚腔をもつ胚を**胞胚**という（図6・12）．このような特徴は多くの動物で共通しているものの，すべての動物で同様であるとは限らない．発生初期の胚の様子は動物により大きく異なっている．

6・6・2 初期発生と遺伝子発現

受精直後，胚は細胞数を速やかに増やすため卵割に注力し，他のこと（たとえば新しい遺伝子の転写）はなるべく行わない．そのために，受精後すぐに必要なmRNAやタンパク質は受精前からあらかじめ卵の中に準備しておく．これらを**母性mRNA**，**母性タンパク質**とよぶ．受精直後，多くの遺伝子の転写は停止している．中期胞胚期になり卵割のペースが落ち始める頃，胚の核からの遺伝子の転写が盛んになる．

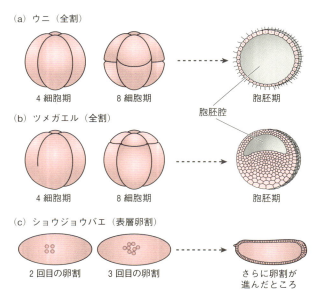

図6・12 動物の卵割様式 (a) ウニ（全割），(b) ツメガエル（全割），(c) ショウジョウバエ（表層卵割）では受精後しばらくの間，核だけが分裂し，細胞質分裂は起こらない．その後，大部分の核は胚の表面に移動し，核と核との間に仕切りができて，胚の表面が1層の細胞で覆われるようになる．

6・7 パターニング ―― 体軸と三胚葉の形成

脊椎動物の初期発生の研究には，胚が簡単に入手できること，大きくて扱いやすいなどの理由で，両生類胚が多く使われてきた．ここではカエルを例にして，パターニングから形態形成までの胚発生の仕組みを説明する．

6・7・1 背腹軸の決定

両生類の背腹軸決定には，精子が卵に進入する位置が大きく関係している．精子は動物半球のどこかから進入する．受精後しばらくすると，卵の表層だけが進入点から植物極の方向に30°ほど回転する（**表層回転**）．すると，植物極に存在していた背側因子が，表層回転によって精子進入点の反対側の帯域（動物半球と植物半球の境界付近）に移動し，結果的にそちらが胚の背側になる（図6・13）．

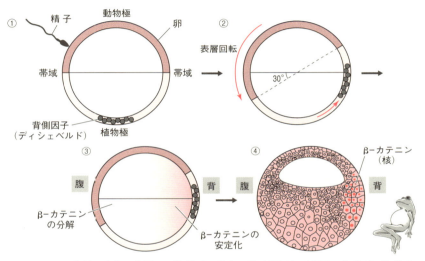

図6・13　背側の決定の仕組み　① 精子の進入，② 表層回転（表層のすぐ下に伸びている微小管が動くことによって回転する），③ 図の右側が背側となる，④ 原腸形成（§6・8・1参照）直前の胚における核に移行したβ-カテニン（赤丸）の分布．

背側因子が何なのかは，議論がありいまだ確定はしていないが，候補の一つがディシェベルド（Dsh）とよばれるタンパク質である．Dshが運ばれた帯域では，β-カテニンという別のタンパク質が壊されずに蓄積され，核に移動して背側に特徴的な遺伝子の転写を促す．胚の逆側ではβ-カテニンによる転写は促されないので，背と腹の違いが生じる．

なお，前後軸については，動物極の方向が前（頭）側，植物極の方向が後（尾）側となる．なぜそうなるかについては§6・8・2で述べる．

6・7・2　中胚葉誘導

体軸が決められていくのと同時，あるいは少し遅れて，胚に**三胚葉**（**外胚葉**，**中胚葉**，**内胚葉**）が形成される．海綿動物などを除く多くの動物は三胚葉がつくられ

たあと，それぞれが決められた組織に分化していく．これら三つの胚葉のうち，中胚葉だけは後からできる．

胞胚期の両生類胚から，将来中胚葉になる帯域部分を除去したら，中胚葉由来の組織はできなくなりそうである．しかし，実際には中胚葉が形成される（図6・14）．しかも，中胚葉は必ず外胚葉（動物極側の細胞）から生じてくる．これは，植物半球から動物半球に対して中胚葉形成のためのシグナルによる働きかけが起こったためと考えられ，これを**中胚葉誘導**という．一般に，ある組織あるいは細胞が別の組織あるいは細胞に働きかけて，その発生の方向に影響を与えることを**誘導**という．

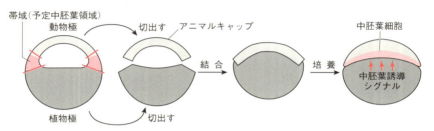

図6・14 中胚葉誘導実験 正常発生では，予定中胚葉細胞は動物極と植物極の中間領域である帯域にできる．この領域を除去して，動物極側と植物極側を切出す．それぞれを単独で培養すると，どちらからも中胚葉は生じない．しかし，両方を重ねて培養すると，植物極側に接する動物極側由来の細胞から中胚葉細胞ができる．

中胚葉を誘導する能力をもつタンパク質はいくつか知られているが，重要な働きをすると考えられているのは**ノーダル**（Nodal）という分泌タンパク質である．ノーダルタンパク質は帯域で発現し，中胚葉の形成に働くと考えられている．ノーダルとよく似たタンパク質のアクチビンも中胚葉誘導活性をもつ．アクチビンはまた，アニマルキャップの未分化細胞を濃度依存的に20種類以上のさまざまな器官へ分化誘導する．

その後，原腸形成の時期に，三胚葉の位置がそれぞれ大きく変わり，胚の表面に残る細胞（外胚葉），胚の内側で原腸の壁(上皮)となる細胞（内胚葉），そしてそれらの間に位置する細胞（中胚葉）の三胚葉がはっきり区別できるようになる．

6・8 形態形成 —— 原腸形成と神経発生

中胚葉誘導の後，原腸形成が始まる．胚の内部に袋状や管状構造をつくる原腸形成は受精後の最初の大きな形態形成であり，単に原腸がつくられること以上の意味がある．

6・8・1 原腸形成の過程

胞胚期が終わると，胚の帯域より少し植物極寄りに原口ができ，ここを起点に表面の細胞がくるりと内側に折り返すように胚内に入り込んでいき，胚の表面を裏打ちする．この過程によって，新しい隙間が胚の中につくられる．これが**原腸**である．胞胚腔は原腸形成によって押しつぶされてなくなってしまう（図6・15）．

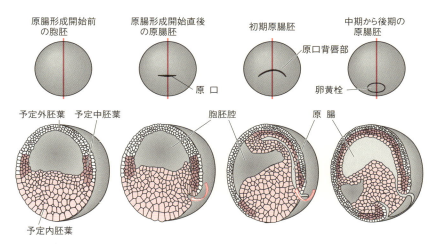

図6・15 両生類の原腸形成 ここではカエル胚の原腸形成の様子を原腸形成直前から順を追って模式的に示す．上段: 胚の背側表面から見た図．下段: 原腸形成時の細胞の動きを断面図で示す．濃い赤の細胞は中胚葉，ピンク色の細胞は内胚葉，白い細胞は外胚葉を示す．

両生類の原腸形成はさまざまな種類の細胞運動・細胞変形が組合わさって起こる．図6・16に示すような細胞運動が原腸胚期に同時に起こることで，胚の構造はにわかに複雑になる．原腸ができ，中胚葉が外胚葉の内側に，胚の正中線に沿って配置される．成体の構造は，こうしてつくられた基本構造をより細かくつくり込んだもの，ともいえる．

6・8・2 オーガナイザーと前後軸形成

原腸形成によって胚の内部に入り込んだ背側中胚葉の領域は**オーガナイザー（形成体）**とよばれる．オーガナイザーは，それ自身が脊索などになるだけでなく，周辺の外胚葉や内胚葉に働きかけて基本的な体の形づくりに重要な役割を果たす．その一つは**神経誘導**である．背側中胚葉と外胚葉が接触した部分（の多く）は神経組織になる．脳だけでなく，私たちの体中をくまなくはう末梢神経もすべて，このと

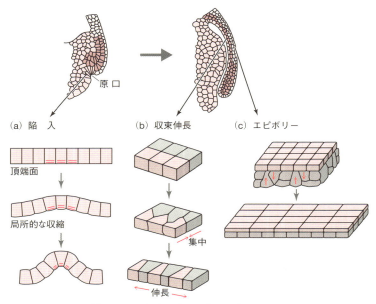

図 6・16 原腸形成における細胞の変形・移動 (a) 原口では，細胞の表面側が収縮し，結果としてシート状の細胞群がくぼむ（陥入）．(b) 原口から胚内に入り込んだ細胞は，胚の正中線に向けて集まるような動きをすることで細胞群全体が細長くなり，結果的に伸長が起こる（収束伸長）．(c) 入り込まない外胚葉は，細胞の形が扁平になることによって，胚を覆い被す（エピボリー）．

きに誘導された"ひとかたまり"の神経組織に由来する．同時に，神経は脳を含む前方の神経，そして脊髄神経など後方の神経につくり分けられる．その理由は，陥入したオーガナイザーの性質の違いによる．最初に胚内に潜り込むオーガナイザーは，神経誘導シグナルに加え，頭部形成を促すシグナルも同時に出す（図 6・17a）．一方，あとから潜り込むオーガナイザーは，神経誘導シグナルだけを出し，頭部形成シグナルを出さない（図 6・17b）．

オーガナイザーが出す神経誘導シグナルは，外胚葉に多く存在して表皮化を促すシグナル分子である骨形成タンパク質（BMP）の働きを阻害するコーディンやノギンというタンパク質であることがわかっている．また，頭部形成シグナルも，後方化を促すシグナル分子 Wnt タンパク質の機能を阻害するサーベラスやディコップというタンパク質であることが知られている（図 6・17c）．私たちにとって一番大切な"脳"は，表皮化を阻害し，さらに後方化を阻害した結果つくられていると

6・8 形 態 形 成

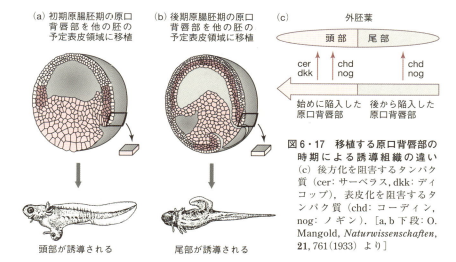

(a) 初期原腸胚期の原口背唇部を他の胚の予定表皮領域に移植

頭部が誘導される

(b) 後期原腸胚期の原口背唇部を他の胚の予定表皮領域に移植

尾部が誘導される

(c) 外胚葉　頭部　尾部

cer dkk　chd nog　chd nog

始めに陥入した原口背唇部　後から陥入した原口背唇部

図6・17　移植する原口背唇部の時期による誘導組織の違い　(c) 後方化を阻害するタンパク質（cer: サーベラス, dkk: ディコップ），表皮化を阻害するタンパク質（chd: コーディン, nog: ノギン）．［a, b 下段: O. Mangold, *Naturwissenschaften*, **21**, 761 (1933) より］

■ **ウニの原腸形成**

　ウニの原腸形成は，カエルの胚とは違って透けているため，これまでよく調べられてきた．発生が進むと，植物極側の細胞の一部が胞胚腔中にこぼれ落ち，続いて胚の植物極がくぼみ始める．くぼんだ部分の細胞はさらに縦方向に伸長し，結果として植物極から動物極側に向かって管が伸びていく．これが原腸である．その後，原腸の先端は下図のように胚の細胞層に接触し，そこに口ができる．最初にくぼんだ植物極側は肛門となる．このような原腸形成の結果，三つの胚葉が区別できるようになる．胚の外側に残った細胞が外胚葉，原腸を構成する細胞が内胚葉，そして胞胚腔にこぼれ落ちた間充織細胞が中胚葉である．

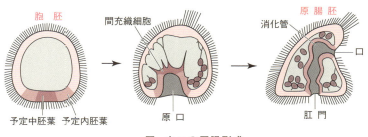

胞胚　　間充織細胞　　原腸胚　消化管　口

予定中胚葉　予定内胚葉　原口　　肛門

図　ウニの原腸形成

いうのは興味深い．なお，濃度勾配を形成して体の位置情報を生み出すこのような因子は**モルフォゲン**とよばれる．BMPやWnt，そしてショウジョウバエの発生で後述するビコイドやナノスもモルフォゲンの一種である．

6・8・3 神経発生

原腸形成によって誘導された神経領域は，平たくなって**神経板**という構造をつくる．やがて，神経板の両側に**神経褶**とよばれるひだができ，のちに両者は融合して管状の構造である**神経管**をつくる（図6・18）．前方の神経管は，その後くびれができてやがて脳へと分化する．後方は脊髄神経となる．両方とも中枢神経系である．それ以外の外胚葉は，個体の表面を覆う表皮となる．神経板と表皮の間には，**神経堤**とよばれる一群の細胞が形成され，神経管形成後に表皮・神経管の双方から離脱して末梢神経や頭部の軟骨，色素細胞といったさまざまな種類の細胞に分化する．

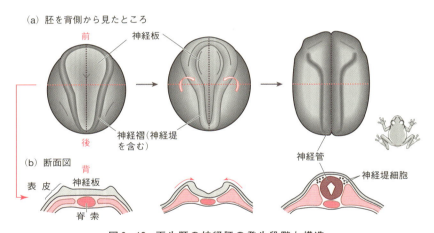

図6・18　両生類の神経胚の発生段階と構造

6・9　誘導の連鎖

内胚葉からのシグナルによって外胚葉に中胚葉が誘導されるのは中胚葉誘導，中胚葉からのシグナルによって外胚葉に神経が誘導されるのは神経誘導である．このような誘導は，その後もさまざまな器官形成の過程で連続して起こる．これを**誘導の連鎖**という．器官形成の一例として眼の形成を図6・19に示す．

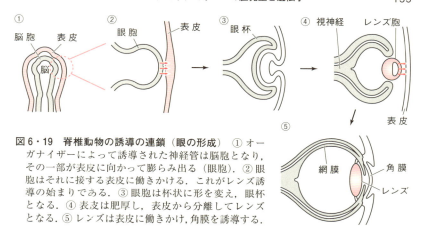

図6・19 脊椎動物の誘導の連鎖（眼の形成） ① オーガナイザーによって誘導された神経管は脳胞となり，その一部が表皮に向かって膨らみ出る（眼胞）．② 眼胞はそれに接する表皮に働きかける．これがレンズ誘導の始まりである．③ 眼胞は杯状に形を変え，眼杯となる．④ 表皮は肥厚し，表皮から分離してレンズとなる．⑤ レンズは表皮に働きかけ，角膜を誘導する．

6・10 ショウジョウバエの胚発生と遺伝子

発生をつかさどる遺伝子とその役割について最も早くから解明が進んだ生物はキイロショウジョウバエであり，脊椎動物における発生と遺伝子の関係を研究する土台となった．ここでは，キイロショウジョウバエで明らかにされた発生をつかさどる遺伝子と，発生との関係について説明する．

6・10・1 ショウジョウバエの発生

まず発生の概略を見てみよう（図6・20）．ショウジョウバエ（以下ハエとする）の卵は，受精後しばらくは核の分裂だけが起こり多核体となる．その後，核は胚の表面に移動し，一つずつ細胞膜で仕切られて，表面に1層の細胞をもった細胞性胞

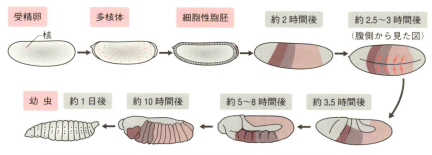

図6・20 キイロショウジョウバエの初期発生　受精卵から幼虫になるまで．

胚となる．ついで，腹側の正中線に沿った領域が胚の内部に陥入し，内層という中胚葉組織となる．内層の前後の細胞は，内層より遅れて胚の内部に入り，前後で互いに向き合う方向に伸びてつながり消化管となる．内層ができた後，胚は後方に向かって伸長するが，卵殻に囲まれているため，まず背側に，次に前側に向かって伸びる．その後，胚は短縮する．このとき，体の前後軸に直交する方向に規則的に溝が生じ，14 の体節ができる．各体節は，頭，胸，腹の形態的特徴をもつようになる．

6・10・2 前後軸を決める遺伝子 —— 母性遺伝子

発生に必要な遺伝子産物は受精前，卵形成の過程で，卵細胞に蓄えられている．ハエの卵では，転写因子をコードするビコイド（*bicoid*）遺伝子の mRNA が卵細胞質の最前方だけに蓄積される．一方，卵細胞質の後方には，ナノス（*nanos*）遺伝子の mRNA が蓄積する（図 6・21a）．それ以外にも，ハンチバック（*hunchback*）やコーダル（*caudal*）の mRNA が胚全体に分布している．これらの母性 mRNA が，前後軸に沿って形態の異なる体節をもつハエの体づくりのもととなる．mRNA の

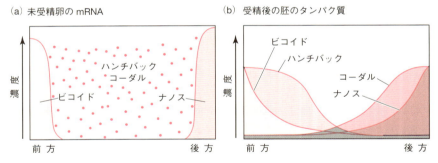

図 6・21　ショウジョウバエの前後軸決定に関わる遺伝子の mRNA とタンパク質の分布
灰色は四つのタンパク質が重なり合っている部分を示す．

偏りは，細胞内でレールのように配向された細胞骨格上を，モータータンパク質によって輸送されることでつくり出される．受精後，蓄えられていた mRNA の翻訳が始まり，ビコイドタンパク質が前方だけで，ナノスタンパク質が後方だけでそれぞれつくられ，胚内にタンパク質の濃度勾配ができあがる．細胞性胞胚の頃，四つのタンパク質は図 6・21b に示すように分布する．これらの種類や量の組合わせにより，次の体節をつかさどる遺伝子の発現領域が決まる．

6・10・3 前後軸に沿う体節をつくる遺伝子 —— 分節遺伝子

分節遺伝子は前後軸に沿った体節の形成をつかさどる遺伝子群で，母性タンパク質によって活性化される．時期によって，**ギャップ遺伝子，ペアルール遺伝子，セグメントポラリティ遺伝子**の三つに分けられる．発現は，前後軸に直交する帯状で，ギャップ遺伝子が数本の幅広の帯状，ペアルール遺伝子は7本の縞状，セグメントポラリティ遺伝子は14本の縞状の発現領域と，だんだん細分化されていく（図6・22）．母性遺伝子の働きによってギャップ遺伝子が活性化され，ペアルール遺伝子の発現パターンを決め，さらにセグメントポラリティ遺伝子の発現領域を決めるといった遺伝子発現の連鎖によって，胚の前後軸に沿って繰返し構造の位置が決められ，体節ができていく．

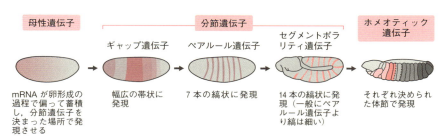

図6・22 キイロショウジョウバエの初期発生をつかさどる遺伝子

6・10・4 各体節を個性化する遺伝子 —— ホメオティック遺伝子

ハエにおいて，胚の前後軸に沿ってできた体節をそれぞれ特徴づけることに働くのが**ホメオティック遺伝子**である（図6・23上）．ホメオティック遺伝子は8個あり，いずれも転写因子をコードする．それぞれの遺伝子が発現する胚の領域は分節遺伝子によって決められ，前後軸に沿って決まった範囲の体節で発現する．発現しているホメオティック遺伝子の種類や発現の強さが体節ごとに異なることで，肢がはえる，頭部になる，といった異なった特徴をもつようになる．

ハエのホメオティック遺伝子と相同な，他の動物の遺伝子を総称して**ホックス（*Hox*）遺伝子**という．ホックス遺伝子はほぼすべての動物門でみられ，動物だけがもつ遺伝子であると考えられている．多くの場合，染色体の比較的狭い領域に複数のホックス遺伝子が並んでおり，その並び方と，体の前後軸に沿った発現様式には相関がある（図6・23下）．ホックス遺伝子は，動物の形づくりと進化にきわめて重要な遺伝子である．

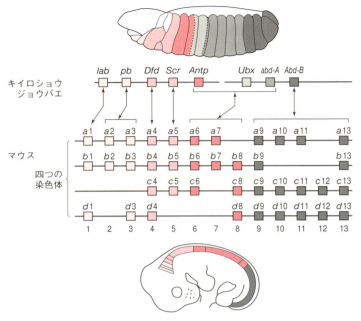

図 6・23 キイロショウジョウバエとマウスのホックス遺伝子 ホックス遺伝子の染色体上での並び方と発生過程での発現が模式的に表してある．マウスには四つの染色体にホックス遺伝子の集まりがある．アルファベットは遺伝子名，数字はホックス遺伝子のグループ分けを示している．

6・11 体の完成 —— 細胞分化と器官形成

6・11・1 各胚葉からできる器官

両生類胚で神経胚から発生がさらに進むと，胚は全体に細長くなり，胚の後部が伸びていく．その先端を**尾芽**といい，この時期の胚を**尾芽胚**という（図 6・24）．尾芽胚期には，さまざまな組織がつくられ，器官の形成が進む．各胚葉からできる器官は，以下のとおりである．

a．外胚葉　神経管と表皮ができる．神経外胚葉は，神経管となる．神経管の前方は膨らんで脳に，その後方は脊髄となり，神経組織が生じる．さらに脳の一部が突出して眼がつくられる（図 6・19 参照）．表皮外胚葉からは，皮膚の表皮，眼のレンズ，角膜，鼻の上皮細胞などができる．

b．中胚葉　胚を前後軸に対して直交する横断面で見たとき，脊索に最も近い中胚葉である体節からは，筋肉，脊椎骨，皮膚の真皮ができる．中間中胚葉から

は腎臓のもととなる腎管ができる．そして側板からは，胸部では心臓，その他の場所では，消化管の上皮および消化管から膨れ出してできる器官の上皮を取囲む結合組織や平滑筋が生じる．

c. 内胚葉　内胚葉からは，咽頭，食道など消化管の上皮組織ができる．また，これらの管の一部が膨れ出て，甲状腺，肺，肝臓，膵臓などの上皮組織ができる．

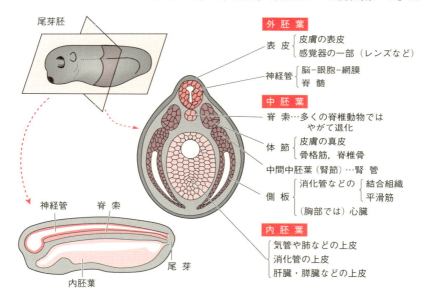

図6・24　三つの胚葉からつくられる組織，器官のまとめ　尾芽胚を正中線（左下）とで縦断した断面，胚の中央で横断した断面（中央）の模式図を示す．さらに外胚葉，中胚葉，内胚葉に由来する部分と，それが将来どの組織，器官になるのかを右側に示す．

6・11・2　器官形成と細胞分化

器官のつくられ方はさまざまである．たとえば，脳は一つの胚葉だけからつくられる．消化管は，上皮と間充織，そして神経細胞など複数の異なる胚葉に由来する細胞・組織が集まってつくられる．また，腎臓のように異なる中胚葉組織が集まってできる場合もある．このように，発生の過程で異なった形態と機能をもつ細胞ができることを**細胞分化**という．

分化した細胞は，それぞれ異なった機能をもっている．その根幹には遺伝子の働きがある．生存に必須の生理機能に関する遺伝子群はどの細胞でも働いていると考えられるが，これに加えて，皮膚細胞はケラチンを，筋肉細胞はアクチンやミオシンを，消化管上皮細胞は消化酵素タンパク質を大量に合成するというように，分化

した細胞ではそれぞれに特徴的な遺伝子が働いている．つまり，ゲノムの中に含まれる多数の遺伝子のうち，それぞれの細胞ごとに決まった遺伝子群が働いている（図6・25）．これを**選択的遺伝子発現**という．

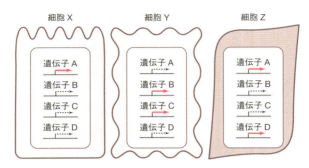

図6・25　選択的遺伝子発現　赤い矢印で示した遺伝子が発現している．

6・11・3　幹　細　胞

　通常，いったん分化した細胞は他の種類の細胞になれず，増殖のスピードも落ちる．しかし，たとえば皮膚の細胞が新しくつくり出せないと，けがは一生治らない．実際には，皮膚には新しく皮膚の細胞を生み出すことができる細胞が含まれている．そのような細胞を**幹細胞**とよぶ．幹細胞は，別の種類の細胞に分化できる**多分化能**と，それ自体が増殖できる**自己複製能**をもつ（図6・26）．幹細胞には神経幹細胞，造血幹細胞といったように，いくつかの種類がある．

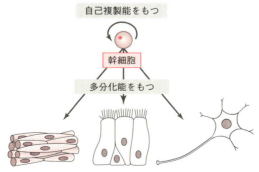

図6・26　幹細胞の特徴

　哺乳類の胞胚の中に存在する**内部細胞塊**とよばれる部分を取出し，自立的に増殖できる状態にしたものを**胚性幹細胞**（**ES 細胞**, embryonic stem cell）とよぶ．また，

■ クローンと iPS 細胞

英国の J. ガードンは，アフリカツメガエル成体の腸や水かきの細胞の核を，紫外線照射により核を不活性化した卵細胞に移植し，核移植卵が生殖能力をもった成体にまで発生することを示した（核移植実験）．その後，ヒツジでも成体の乳腺細胞を用いて核移植実験が行われ，実際に個体が発生することが示されている．これらの実験結果は，細胞分化後の細胞の遺伝子セットも，発生に必要な情報をすべて保持していることを示しており，選択的遺伝子発現の考え方を支持している．同じ個体から得られた複数の核を別々の卵に移植すると，それらから生まれた個体の遺伝情報はみな同じで（実際には，染色体上の状況は細胞ごとに完全には一致しない），このような動物をクローンとよぶ．

核移植実験のもう一つの意義は，一度分化した細胞の核も，卵細胞に戻せば受精卵にあったときの状態に戻せる（初期化する）ということである．2006 年に山中伸弥博士によってつくられた iPS 細胞は，分化した体細胞に，卵細胞で特徴的に発現する遺伝子のうち四つだけを人工的に導入することで，分化細胞が初期化されたものである．この細胞は，発生初期の細胞のように，ほとんどの細胞に分化することができる．山中，ガードン両博士は 2012 年にノーベル生理学・医学賞を授与された．

人工多能性幹細胞（iPS 細胞，induced Pluripotent Stem cell）は，分化した細胞に四つの遺伝子を導入することで幹細胞化した細胞である（上のコラム参照）．ES 細胞や iPS 細胞はさまざまな種類の細胞になる能力（多分化能）をもっているため，これらの細胞から望みの臓器・器官をつくり出して医療に応用するという，再生医療に広く用いられている．

7 動物の反応と調節（1）
刺激の受容と反応

　動物は，よりよい生息環境や食料を求めて，あるいは外敵から逃れるために移動するものが多い．彼らは環境の変化を鋭敏に感知し，素早く対応できる能力を長い進化の歴史のなかで獲得してきた．

　最も簡単な仕組みの一例として，単細胞の生物，ゾウリムシの障害物に対する回避行動が知られている（図 7・1）．遊泳中のゾウリムシの先端が障害物にぶつかると，細胞の先端部で電気的な信号が発生する．この信号が細胞全体に伝播し，細胞の中の Ca^{2+} 濃度を一時的に増やす．増加した Ca^{2+} に反応して細胞表面にある繊毛の運動方向を反転させて，ゾウリムシを後退させる．ここで起こる一連の反応をまとめると，① 刺激受容と電気的な信号の発生（先端部），② 信号伝達（電気的な信

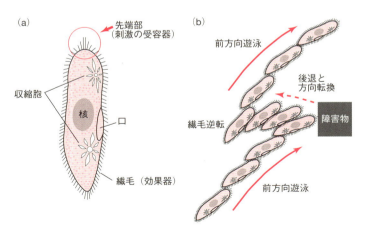

図 7・1　ゾウリムシの回避行動　単細胞生物でありながら，他の動物の感覚受容から反応までの間に起こるものと同じような情報の流れがみられる．障害物への衝突は，先端にある機械刺激受容器（感覚器）で感知され，細胞全体へその信号が伝わる．その信号によって効果器である繊毛は運動の方向を逆転し（繊毛逆転），後ろ向きに泳ぐ．短時間で繊毛の運動は元に戻り，向きを変えて再び前進する．

号と Ca^{2+} 濃度の変化), ③ 行動 (繊毛逆転) と, 三つの仕組みに分けることができる.

多細胞の動物はゾウリムシに比べるとはるかに複雑な体のつくりをしているが, その反応も, ① 感覚受容器による刺激受容, ② 神経系での信号伝達や情報処理, ③ 効果器 (作動体) への出力 (行動), という三つの段階に分けることができる.

感覚受容器 (感覚器) は光, 音, 温度など外界の環境 (**外部環境**), あるいは自分の姿勢や体温, 水分量などの体内の環境 (**内部環境**) の変化を感知して電気的な信号へと変換する役割を担う. この電気的な信号は脳 (**中枢神経系**) の**感覚野**とよばれる場所へ送られる (図7・2). 一般に新しい環境に最初にさらされる場所が動物の頭部である. そこに重要な感覚受容器を集中させ, また情報処理のための脳を配置することは, 素早く環境の変化に反応できる点で都合がよい.

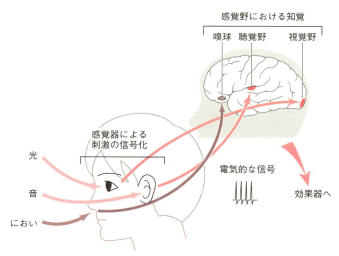

図7・2 感覚器と感覚野 眼, 耳, 鼻で受容した信号 (光, 音, におい) は, 感覚神経の興奮として大脳の中の決まった感覚野 (視覚野, 聴覚野, 嗅球) に伝わり, そこで初めて感覚が生まれる.

脳で処理された情報は電気的な信号として**効果器**へ伝達される. そのために運動神経 (§7・4・1参照) や自律神経 (§7・3・3参照) が全身に細かく張り巡らされ, 決まった効果器へ信号を伝える働きをしている. これらの仕組みは一定の規則に従って整然と働くことが重要である. その仕組みを順番に詳しく見てみよう.

7·1 感覚と感覚受容器

7·1·1 感 覚

感覚受容器はそれぞれ決まった種類の刺激（**適刺激**）だけに敏感に反応する（表7·1）. 刺激の強さ（刺激強度）に応じて電気的な信号を発生し，感覚受容器ごとに決まった特定の経路を使って中枢神経系へ信号を伝える.

表7·1 感覚受容器と感覚の種類

受容器の分類	刺激の分類	適刺激	受容器	感覚の種類
光受容器	電磁波	可視光	視細胞（網膜）	視 覚
機械受容器	機械刺激	音	蝸牛管（内耳）	聴 覚
		身体の傾斜	前庭（内耳）	平衡感覚
		身体の回転	半規管（内耳）	平衡感覚
		張力・筋長[†]	筋紡錘（筋）	—
		負荷・張力	腱紡錘（腱）	—
		圧 力 {	圧点（皮膚）	触 覚
			痛点（皮膚, 内臓）	痛 覚
化学受容器	化学物質	化学物質	痛点（皮膚, 内臓）	痛 覚
		臭い・香り	鼻（嗅上皮）	嗅 覚
		味	味覚芽（舌）	味 覚
		フェロモン	鋤鼻器	—
温度受容器	温度変化	高 温	温点（皮膚）	温 覚
		低 温	冷点（皮膚）	冷 覚

† 筋の長さの変化.

感覚受容器はある強さ以下の刺激には反応できない. 反応が起こる最小強度の刺激を**閾刺激**，その強さを**閾値**とよぶ（図7·3）. 刺激が閾値を超えると感覚受容器の細胞は電気的な信号（**受容器電位**）を発生する（§7·2·3参照）. 強い刺激では発生する受容器電位が大きくなり，その結果，中枢神経系へ伝わる興奮の頻度が上昇する. 閾値は常に一定ではなく時間とともに変化することが多い. 動物は最初に受容する刺激に敏感に反応し，やがて反応しなくなるが，これは閾値が上昇するためである. このように閾値が変化することを**順応**とよぶ. 逆に，刺激がなくなると閾値が下がって次の小さな刺激にも反応しやすくなる.

刺激の強さによって感覚受容器で発生する受容器電位の大きさが変わるが，その強さの情報は，電気的な信号（興奮）の頻度の違いとして感覚ニューロン（感覚神経）の繊維を使って脳へと伝えられる. 感覚受容器での刺激受容から，感覚ニューロンに電気的な信号が生じるまでの経路は大きく二つに分けることができる. 一つ

は，刺激を受容した感覚受容細胞自体が刺激強度に応じた大きさの受容器電位をひき起こし，さらにその大きさに応じた頻度の信号を発生して直接脳へと伝える方法である．これは嗅覚や痛覚などにみられる（図7・4a）．もう一つは，感覚受容細

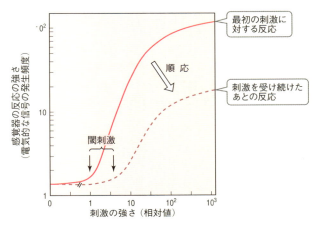

図7・3 感覚の強さと刺激の強さの関係 受容する刺激の強さがある一定の値（閾刺激）を超えると，感覚受容器は受容器電位を発生し，感覚ニューロンを使って脳へと電気的な信号（興奮）を送る．ある刺激の範囲では，刺激の強さ，脳の感覚野に伝えられる電気的な信号の頻度の関係(対数)はほぼ比例する．

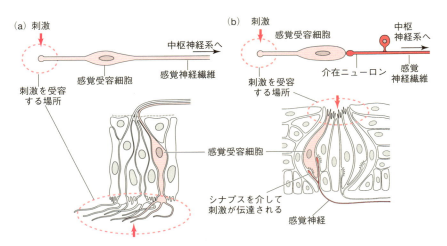

図7・4 感覚受容機構は2種類に分けられる (a) 感覚受容細胞(刺激を受容する細胞)自体が刺激に反応して中枢へ信号を伝える．嗅覚や痛覚など．図は嗅細胞の例．
(b) 感覚受容細胞が受けた刺激を，介在ニューロンを介して中枢へ信号を伝える．聴覚・視覚・味覚など．図は味細胞の例．

胞が発生する受容器電位が別の**介在ニューロン**へと信号を伝え，そこで生じる信号が脳へと伝えられる方法である．聴覚，視覚，味覚で知られている（図7・4b）．いずれの仕組みであっても，受容した刺激の強度と，中枢へ伝えられる信号の頻度との間には，図7・3に示すような関係があり，一般に，刺激が強くなると，その小さな変化を判別しにくくなる．

感覚受容器で発生した電気的な信号は，感覚の種類に応じて中枢神経系（脳）の特定の部位（感覚野）へと伝わる（図7・2参照）．視覚や聴覚などのように多数の並列した感覚受容細胞をもつ場合には，一つ一つの細胞で発生する信号が感覚野の別々の神経細胞へと伝えられる．脳の感覚野が信号を受取ることによって，そこで初めて感覚の種類が知覚される．

7・1・2 視　覚

生き物は光の明るさの変化を敏感に感知する**光受容器**や**光受容細胞**をもっている．光受容の仕組みは，クラミドモナスやミドリムシなどの原生生物，またクラゲやプラナリアのような簡単な体制をもった動物でもよく発達している．

眼は，多数の光受容細胞とレンズを組合わせることで，物体の形や色を判別できるようになっている（図7・5）．眼の光受容細胞は**視細胞**とよばれ，眼球の背面に

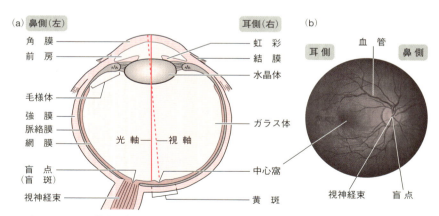

図7・5　眼の構造　(a) ヒトの右眼の水平断面を上から見た図．(b) 正面から撮影したヒトの右眼の網膜の写真．右側の白い部分は視神経が眼球に入ってくる箇所である．血管もここを中心に分布しているのがわかる．左側，血管の分布しない，やや暗い色の箇所が中心窩である．視細胞が高い密度で分布している．一般に眼の視点と中心窩を結ぶ視軸とレンズの光軸とは方向が異なる．

ある網膜の中に整然と並んだ細胞層を形成する（図7・6）．外界の景色はレンズによって**網膜**に投影され，視野の中で異なる場所から来る光は網膜上の別の視細胞を刺激することになる（網膜に投影される像は上下逆で，正しく認知できるのは脳での情報処理のおかげである）．視神経繊維は網膜から眼球の内部に向かって進み，一箇所に集合した後，眼球の外側に出て脳へとつながる．この網膜部分には視細胞がないので，光が当たっても感知できない**盲点**となる（図7・5参照）．

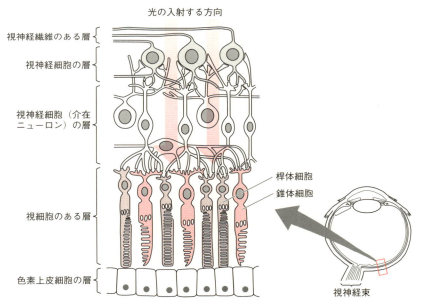

図7・6 網膜の構造 網膜の断面の模式図．光は視神経繊維，視神経細胞の層を通過して，色素上皮層に接して分布する視細胞（桿体細胞，錐体細胞）を刺激する．

ヒトの視細胞は，細胞の形の違いで桿体細胞と錐体細胞の二つに分けられる．**桿体細胞**はもっぱら視野の周辺部に分布していて，刺激の閾値が低く，おもに薄暗い環境で働く．青緑色の光を最もよく吸収する**視物質**（ロドプシン．タンパク質のオプシンと光を吸収するレチナールの複合体）をもつ．**錐体細胞**は桿体細胞に比べて閾値が高く，おもに明るい環境で働く．中心窩に非常に高い密度で分布しているのも大きな特徴である．青，緑，赤色のいずれかの光を最もよく吸収する色素をもった3種類の細胞があり，刺激される色の違いがあるために，色を識別する役割をもつ（図7・7）．

光の刺激を受けた視細胞の内部では，光を吸収する視物質の構造が変化し，cGMP（サイクリックGMP）の分解が起こる．この濃度変化が電気的な信号へと変換され，視神経繊維を経由して脳の視覚野へ伝えられる．このような外部から来た信号を変換して細胞内へ伝える物質を**セカンドメッセンジャー**という（p.151, コラム参照）．本章冒頭のゾウリムシの反応ではCa^{2+}がセカンドメッセンジャーとなっている．光によって構造変化した視物質はすぐには元に戻れないので，明るい場所では桿体細胞の視物質の量が減少して光刺激に反応しにくくなる（明るい所からいきなり暗い所へ行くと眼が見えない）．これを**明順応**とよぶ．逆に，暗い場所に長時間いると視物質が蓄積し光に反応しやすくなる（眼が慣れてうす暗い所でも

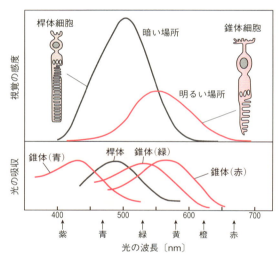

図7・7 光の波長と視覚 色（光の波長）に対する感度は明るさで大きく変化する．明るい場所では，青，緑，赤の光吸収曲線をもつ錐体細胞が主として働くので，ヒトの眼は赤い線で示すような感度曲線を示す．暗い場所では，桿体細胞のみがおもに働くので，明るい場所とは異なる感度曲線となる（黒い線）．

物が見えるようになる）．これを**暗順応**とよぶ．このように視細胞による閾値や吸収する光の違いがあるので，明るい場所と暗い場所で感知しやすい光の波長も変化する（図7・7）．

網膜および脳の視覚野では，複雑な情報処理が行われている．たとえば，盲点部分で見えないはずの空間の情報を補う，背景から動きの速いものを抽出する，縞模

7・1 感覚と感覚受容器　　　147

様の方向を敏感に認識する，左右の見え方の違いから立体的なイメージを認知するといった高度な情報処理も行われている．また，視神経細胞がもつ別の視物質を使い，明暗周期に対応した日周リズムが制御されていることもわかってきた．

7・1・3　聴　　覚

　動物は機械的な振動や圧力を敏感に感知する仕組みをもっている．このような感覚受容器は一般に**機械受容器**とよばれる．空中を伝わる音も，気体や液体の中を伝わる圧力の変化であるが，その振動を鋭敏に，しかも周波数の違いを分別して感知する仕組みをもった感覚受容器が耳である．

　耳の構造（図7・8a）は，集音の機能をもつ**外耳**，振動する**鼓膜**の動きを**耳小骨**の働きで増幅しながら卵円窓へ伝える**中耳**，卵円窓で受取った振動を周波数に分けて感知する**内耳**の三つに大きく分けられる．内耳の音を感知する部分は細長い部屋をもった3階建ての建物と見なすことができる（前庭階，中央階，鼓室階，図7・8b）．この建物がらせん形に巻き上がって**蝸牛管**を形成している．蝸牛管内はリンパ液で満たされている．中央階と鼓室階の間の仕切りは基底膜とよばれ，そこに2種類の**有毛細胞**がある（図7・8c）．内有毛細胞は，上を覆う膜（蓋膜）が振動するときに生じる水流に反応する．外有毛細胞は，自発的に振動して，この水流を増強する作用をもつ．

　鼓膜を振動させた音の振動は，前庭階の端にある入り口（卵円窓）から蝸牛管内部に入る（図7・8b中の上へ向かう赤い矢印）．その後，基底膜を振動させながら鼓室階へ抜け，前庭階の入り口とは逆の方向へ正円窓から出る．音の周波数の違い（音の高低）によって特定の場所にある基底膜だけが大きく振動する．その結果，音の周波数の違いによって，異なる場所にある内有毛細胞だけが刺激され，そこで電気的な信号が発生する．内有毛細胞が発した信号は，聴神経繊維を経由して脳の聴覚野へと伝えられ，そこで音の高低を知覚する．ヒトの耳は20〜20,000 Hzの範囲の音を聞くことができる．ネズミ，ネコ，コウモリは，さらに高い周波数（超音波）を聞くことができるが，基本的な耳の構造はまったく同じである．左右の耳で聞こえる音の音色や強さから音源の方向を判断する，雑音の中から注目する特定の音だけを聞き分けたりする仕組みは聴覚野にある．

7・1・4　平衡感覚

　耳の内耳には，聴覚とは別の機械的な刺激受容の仕組み，**平衡感覚**の感覚受容器がある．半規管と前庭器官からなり，それぞれ回転および傾きを感知する受容器である．感覚細胞は聴覚と同じような感覚毛をもつ．

半規管は内部にリンパ液を満たした三つの半円状の管が互いに直交する配置をとっている．体が回転すると，その運動方向に対応して三つの管の中のリンパ液が流動し，有毛細胞の感覚毛を刺激する（図7・9a）．前庭器官の内部もリンパ液で満たされており，有毛細胞の感覚毛が**耳石（平衡石）**を含むゼリー状の物質に接触

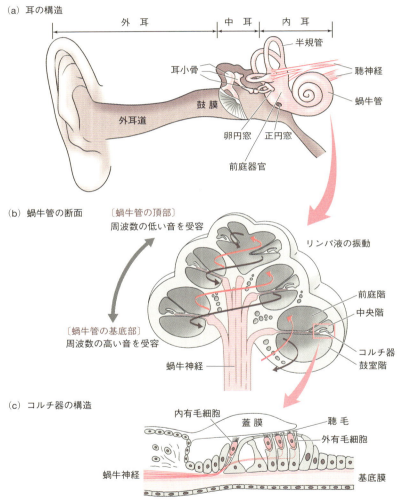

図7・8 **ヒトの耳の構造** (a) 内耳に，蝸牛管，前庭器官，半規管などの感覚受容器が存在する．(b) 蝸牛管の断面図．(c) コルチ器の構造．基底膜には場所ごとに異なる周波数を感知する細胞が並んでいる．

している.体が傾斜すると耳石の重みでこのゼリー状物質が一方向へ移動し,有毛細胞を刺激する(図7・9b).

体の姿勢を維持するには,腱紡錘,筋紡錘とよばれる受容器が感知する**体性感覚**[*1](**深部感覚**)も重要な働きをしている.腱紡錘,筋紡錘はそれぞれ腱,筋にあって,これらに働く力,変形,変形速度の大小を感知する機械受容器である.中にある感覚神経繊維が引き伸ばされることで電気的な信号を発生する仕組みをもつ.平衡感覚,視覚,体性感覚から来る信号を中枢神経系で統合することで,姿勢維持を行っている.

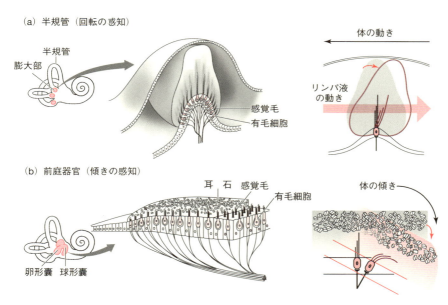

図7・9 聴覚細胞 (a) 半規管.内部のリンパ液は,慣性によって体の動きとは逆方向へ移動する.この水流が有毛細胞の感覚毛を変形させて,有毛細胞の電気的な反応をひき起こす.(b) 前庭器官.有毛細胞を使って重力による耳石の動きを感知する.

7・1・5 化学受容感覚:味覚,嗅覚

味覚や嗅覚は,化学物質を受容した感覚受容細胞が刺激されて電気的な信号を発生することから**化学受容器**とよばれている.特に鋭敏な化学受容の例として,カイ

[*1] 体性感覚には,このほかに皮膚で感じる痛覚,温度覚,触圧覚がある.

コガの雌のフェロモン（ボンビコール，§9・3・1参照）に対する雄の感覚受容器がある．雄の触覚にある感覚受容細胞にはボンビコールの分子だけに反応する受容タンパク質があり，風に乗ってやってくるフェロモン1分子であっても，敏感に感知すると考えられている．ナマズ，ウナギ，サケなどの魚類もアミノ酸などに対する化学受容感覚がよく発達している．

化学受容器の感覚受容細胞（図7・10）は細い突起をもっており，表面には決まった種類のにおい物質に結合する化学受容体がある．この受容体に化学物質が結合すると，cGMPやcAMPなどのセカンドメッセンジャーがつくられ，感覚受容細胞

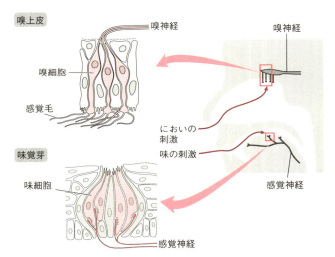

図7・10　味覚と嗅覚　種々の化学物質を受容するものを化学受容器という．味覚の受容器は水に溶けた化学物質を，嗅覚の受容器は揮発性の化学物質を受容する．性質の異なる多数の受容細胞があり，それぞれ受容する化学物質の種類によって反応の大きさが異なる．

の興奮をひき起こす（次ページのコラム参照）．受容体の種類は味覚，嗅覚ともに多種多様で，一つの物質が多種の受容体に結合する場合や，また多種類の物質に結合できる受容体もある．つまり，化学物質の種類によって興奮する感覚受容細胞のパターンが異なり，その信号が中枢神経系で処理されて，微妙なにおいや味を判別できるようになっている．フェロモンに反応すると考えられる**鋤鼻器**（両生類やは虫類では**ヤコブソン器官**とよばれている）が哺乳類の鼻腔内にも発見され，第三の化学感覚受容器として働いていると考えられている．

■ におい物質の受容体とセカンドメッセンジャー

におい物質がひき起こす刺激の信号は，**Gタンパク質**とよばれるタンパク質分子により増幅される．嗅細胞の感覚毛にある受容体ににおい物質が結合すると，それが刺激となり細胞内側のGタンパク質が活性化する．活性化したGタンパク質は，ATPをセカンドメッセンジャーとなるcAMPに変化させる別の酵素を活性化し，cAMPが多量に合成されるようになる．cAMPはCa^{2+}を細胞内へ流入させるチャネルを開かせ，これが嗅覚受容細胞の興奮をひき起こす．1分子のにおい物質であっても，化学反応によって複数のcAMPを生成し，細胞内部へ信号を増幅して伝えることができる．このようなGタンパク質共役型の受容体（GPCR）は多種類あり，細胞の外側から内側へのシグナル伝達機構としてさまざまな細胞でみられる共通した仕組みである．(p.173, コラム参照).

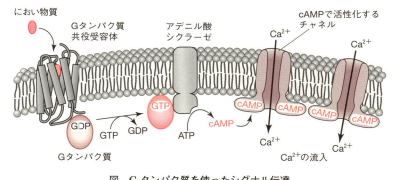

図 Gタンパク質を使ったシグナル伝達

7・2 神経とその働き

感覚細胞受容器によって受容された刺激は電気的な信号として中枢神経系へ伝えられる．この電気的な信号が最初に発生する仕組みは感覚の種類によって大きく異なるが，感覚繊維を通して中枢神経系へ中継される仕組みは同じである．神経細胞がその重要な役割を担っている．

7・2・1 神経細胞の構造

神経細胞は，電気的な信号を高速に，しかも遠く離れた特定の場所へも正確に伝える働きをもつ（図7・11）．神経細胞は核をもった**細胞体**と，そこから細長く伸びた突起である**神経繊維（軸索）**からなる．細胞体では，**樹状突起**とよばれる短い

突起で，あるいは細胞体によって直接，他の神経細胞からの信号を受取る．神経繊維は受取った信号を他の細胞へと伝える．軸索は多くの場合，シュワン細胞[*2]でできた神経鞘によって周囲が覆われている．シュワン細胞は軸索に何重にも巻き付いた髄鞘（ミエリン鞘）を形成している．髄鞘をもつ神経繊維を有髄神経繊維，もたないものを無髄神経繊維という．神経細胞のこのような特徴的な構造は，情報の入力・出力を行う一つの機能単位として働くので，ニューロン（神経単位）ともよばれる．

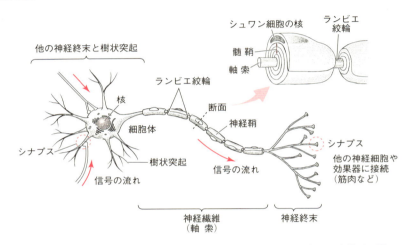

図7・11　神経細胞（ニューロン）　神経細胞は，核をもつ細胞体と突起構造（樹状突起，神経繊維）からなる．一般に樹状突起で隣接する別の神経細胞からの信号を受取り，興奮を神経繊維に沿って遠くの別の細胞へと伝える．

7・2・2　膜　電　位

　一般に細胞内は，細胞外に比べてカリウムイオン（K^+）が多く，逆にナトリウムイオン（Na^+）が少ない．神経細胞は，この濃度の違いを使って電気的な信号を発生させる仕組みをもっている．この仕組みで最も重要な働きを担うのは，細胞膜を貫通し，特定のイオンだけを通す孔の働きをする**イオンチャネル**とよばれる膜タンパク質である．この孔を急速に開いたり閉じたりすることで細胞内外のイオン濃度差による電気的な信号を発生させる．たとえば，K^+だけを通過させる**K^+チャネル**が開くと，細胞の内側から外側に向かってK^+が流れ出そうとする．その電流が，細胞の内側が外側に対して負となる電圧を生み出す．Na^+だけを通過させるNa^+チャ

[*2]　末梢神経ではシュワン細胞が，中枢神経ではオリゴデンドロサイトが軸索に巻き付いて髄鞘を形成する．

ネルが開けば，細胞の外側にNa$^+$が流入し，細胞内は正になる．

細胞内外の電位差を**膜電位**といい，通常は細胞外に対する細胞内の電位で正負の符合をつける．静止状態にある細胞ではNa$^+$チャネルは閉じているが，K$^+$チャネルはある程度開いた状態であるため，膜電位は約-80 mVであり，これを**静止電位**または**静止膜電位**とよぶ．細胞膜には，ATPのエネルギーを使いNa$^+$とK$^+$を能動輸送し（ナトリウムポンプ，§3・4・1b参照），これらのイオン濃度差を維持する仕組みが備わっている．その結果，静止電位は一定に保たれている．

7・2・3 神経の興奮と伝導

神経細胞が他の細胞から信号を受取り，その結果，膜電位がある閾値（約-50 mV）を超えると，もう一つの重要なイオンチャネルである**Na$^+$チャネル**が開く（図7・12）．Na$^+$はK$^+$と逆の濃度差があり，細胞の外側の方が多い．そのためNa$^+$チャネルが開くと，Na$^+$が細胞内に流入し，細胞内の膜電位が正（約$+35$ mV）に逆転する．この変化は1/1000秒の短い時間で急激に起こる．ここで生じる膜電位の変

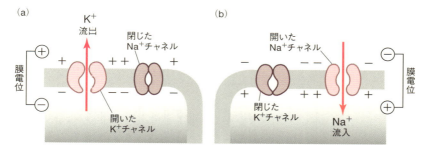

図7・12 膜電位が変化する仕組み 膜電位は，細胞膜にあるイオンチャネルの働きで発生する．チャネルは決まった種類のイオンしか通さない．(a) K$^+$は細胞の内側の濃度が高いので，K$^+$チャネルが開くとK$^+$の流れが外側に向かう電流を発生し，細胞の内側が負（$-$）となる．(b) Na$^+$は細胞の外側の濃度が高いので，Na$^+$チャネルが開くとNa$^+$が流れ込み，細胞の内側が正（$+$）となる．

化を**活動電位**，細胞が活動電位を発生することを**興奮**とよぶ（図7・13）．これまで感覚受容細胞や神経細胞で起こる電気的な信号とよんできたものは，すべてこの活動電位のことである．

活動電位は膜電位がある閾値を超えた場合にのみ発生する．また，活動電位の振幅は細胞内外のNa$^+$とK$^+$濃度差で決まるので，常に一定となる．その結果，**全か無かの法則**に従った性質が現れる（図7・14）．興奮は，神経細胞に外側から閾値を超すような電気刺激を人工的に与えることで誘発することもできる．フグ毒であ

るテトロドトキシンは,Na$^+$チャネルに直接作用して働かなくさせる阻害物質である.

Na$^+$チャネルが開くときの反応は,正のフィードバックで加速度的に起こることが大きな特徴である.つまり,いったん開いたNa$^+$チャネルは,その場所の膜電位を正へと反転させ,この膜電位変化が隣接する別のNa$^+$チャネルを刺激して開

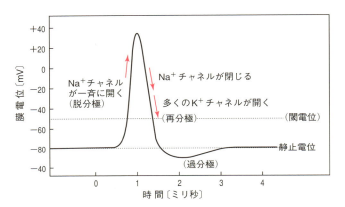

図7・13 活動電位 活動電位は,Na$^+$チャネルがまず開いて膜電位が負(−)から正(＋)へ,これに少し遅れてK$^+$チャネルが開くことで再び正(＋)から負(−)へと短時間に大きく変化する.

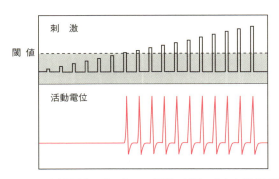

図7・14 活動電位の全か無かの法則 刺激の強さと活動電位の反応の大きさは比例関係にはない.閾値を超えると初めて興奮して活動電位が発生するが,それ以上刺激が強くなっても反応の大きさは変わらない.

かせ,さらに興奮をひき起こす.ドミノ倒しのように次々に同じ反応を誘起するので,長い神経繊維に沿って高速に同じ大きさの興奮が**伝導**する.Na$^+$チャネルのもう一つの重要な特徴は,時間経過とともに自動的に閉じて不活性化する性質である.

そのため，興奮の後，短時間ではあるが他の刺激に対して無反応の状態となる．これを**不応期**とよぶ．不応期があることで，すでに興奮が起こった場所へ逆行するようには伝わらない．

ある一箇所で起こった興奮が，神経繊維のより遠くにある Na^+ チャネルに影響を及ぼせば，それだけ興奮の伝導する速度は速くなる．有髄神経繊維の髄鞘は，電流の流れを絶縁する作用があり，興奮で生じた電流を，遠く離れている次の髄鞘の切れ目（**ランビエ絞輪**）まで跳躍して伝える．これを**跳躍伝導**とよび（図7・15），興奮が伝導する速度が著しく速くなる（10〜50 m/秒）．神経繊維が太い場合にも遠くへ電流が流れやすく，興奮の伝導速度が速くなる．通常の神経繊維が直径 1 μm にも満たないほど細いのに対して，イカの巨大神経繊維は太く，直径 1 mm もある．腹部の筋をいっせいに収縮させ，勢いよく海水をジェット噴射するのに役立っている．

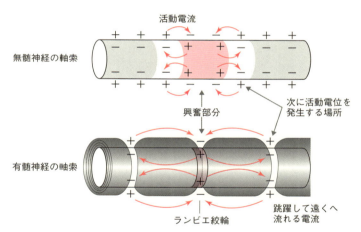

図7・15 興奮の伝導 神経繊維に沿って活動電位が伝播することを興奮の伝導という．神経繊維は太いほど伝導の速度は速い．また，髄鞘で覆われた神経繊維は跳躍伝導によって速い伝導が可能となる．図中の矢印は神経繊維に沿って流れる活動電流を示す．

7・2・4 興奮の伝達とシナプス

感覚細胞から神経細胞へ，神経細胞から神経細胞へ，神経細胞から効果器への興奮の信号は，**シナプス**とよばれる構造を介し，化学物質を使って伝わる．シナプスは，これらの細胞の間にみられる狭い隙間（シナプス間隙）と，その両側にみられる特殊な細胞膜からなる（図7・16）．興奮を伝える側をシナプス前膜，受取る側をシナプス後膜とよぶ．この間で興奮が伝わることを興奮の伝達，興奮を伝達する

化学物質を**神経伝達物質**とよぶ．

　神経伝達物質は，小さな袋状の構造であるシナプス小胞に入っている．シナプス小胞は神経細胞の細胞体でつくられ，神経繊維内を神経終末まで運ばれて，そこに蓄積されている．興奮が神経終末に到達すると，細胞内にCa^{2+}が流入し，その作用によりシナプス前膜とシナプス小胞が融合し，神経伝達物質がシナプス間隙に放出される（エキソサイトーシス，図3・11参照）．シナプス後膜側には，この神経伝達物質と結合する受容体やイオンチャネルが多数存在する．

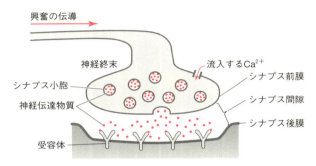

図7・16　**シナプス**　神経繊維の末端はシナプスを形成し，化学物質（神経伝達物質）によって他の細胞へ興奮が伝えられる．

　神経伝達物質には，アセチルコリン，アドレナリン，グルタミン酸やγ-アミノ酪酸（GABA），ATPなどがある．神経伝達物質ごとに受容体が異なり，さらに開閉するイオンチャネルの性質や流れるイオンの種類も大きく異なる．その組合わせは多種多様で，特に中枢神経系では複雑なネットワークによる情報処理の種類と深く関わっている．

　運動神経と筋の間のシナプスは，神経筋接合部とよばれ，神経伝達物質としてアセチルコリンが使われている．アセチルコリンは筋側でおもにNa^+を通すチャネルを開かせるため，筋細胞で活動電位が発生する．このような興奮を伝達するシナプスを**興奮性シナプス**，興奮性シナプスの後膜側で生じる電位変化を**興奮性シナプス後電位**（EPSP）とよぶ．逆に，シナプス後膜側の膜電位をさらに負に変化させる作用をひき起こすものもあり，これを**抑制性シナプス**，発生する電位を**抑制性シナプス後電位**（IPSP）とよぶ．シナプスでの信号伝達はシナプス小胞の融合や化学物質の拡散などを介して行われるので神経繊維上の伝導ほどは速くなく，5/1000秒ほどの遅れが生じる．これを**シナプス遅延**とよぶ．またシナプスにおける伝達の効率は一定ではなく，時間経過や刺激強度の違いで変化する．これを**シナプス可塑性**とよび，動物の学習，記憶，刺激への慣れや鋭敏化などの変化に深く関わっている．

7・3 神経系とその働き

　神経細胞間のシナプス結合は，一対一であることは少ない．多くの場合，複数の細胞から複数の信号を細胞体や樹状突起上のシナプスで受取り，その集合的な反応として興奮をひき起こす．神経細胞は，複雑なネットワーク（**神経系**）を形成することでさまざまな情報処理を行っている．

7・3・1 中枢神経系と末梢神経系

　脊椎動物の脳は働きによって，**大脳**，**間脳**，**中脳**，**小脳**，**延髄**に分けられる．**脊髄**は脳に続く円柱状の組織である（図7・17）．脳と脊髄を合わせて**中枢神経系**とよぶ．中枢神経系の役割は，情報の統合および反射の制御である．感覚細胞から脳や脊髄へ（求心性），逆に脳や脊髄から筋などの効果器へ（遠心性），直接あるいは間

大　脳	随意運動，感覚，言語，記憶，思考，判断など
小　脳	姿勢や運動の調節
間　脳	視　床　脊髄から大脳へ行く感覚神経の中継点 視床下部　体温，血圧，血糖値，食欲などを調節する中枢 　　　　　（下垂体と自律神経系の調節）
中　脳	瞳孔の開閉，眼球運動など
延　髄	呼吸運動，心臓の拍動，唾液の分泌
脊　髄	受容器や効果器と脳との間の興奮伝達の中継，反射などの中枢

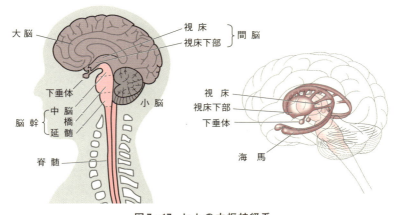

図7・17　ヒトの中枢神経系

接的に信号を送る神経は,中枢神経系への信号の入力・出力を担っており,**末梢神経系**とよばれる.脳や脊髄の中で,複数の神経細胞(介在ニューロン)を経由して情報が処理され,個体の正しい反応や行動がひき起こされる.

中枢神経系の中には神経細胞の細胞体と神経繊維が整然と並んでいるところがある.大脳や小脳の外層(皮質)は灰白色をしており,灰白質とよばれる.ここには細胞体があり,類似の役割をもった神経細胞が塊状になって集合している.内部(髄

■ 脳の構造の進化

脳の構造は,大きく嗅球・大脳・中脳・小脳・脊髄に分けられる.脊椎動物の脳の構成は同じであるが,体積の比率は進化の過程で大きく変わってきた.たとえば鳥類は相対的に視葉(大脳の一部)や小脳が大きい.これらが視覚処理や飛翔能力に深く関わる中枢であるためと考えられている.

また,鳥類や哺乳類の中でも脳の構造に著しい多様性がみられることから,生息環境や行動パターンによっても大きく変わると考えられる.たとえば社会的な行動をとる哺乳類では,大型の大脳をもつものが多い.なかでも,ヒトの脳について新しい研究がめざましい発展を遂げつつある.ヒトとチンパンジー間のゲノムの比較から,発現されるタンパク質の中で,わずか1個のアミノ酸の置換であっても脳の重要な機能変化をもたらしたと考えられる例が見つかっている.たとえば,神経組織の複雑なひだ構造をつくりやすくするもの,神経細胞の突起を長くするもの,神経細胞の増殖を促進するもの,神経伝達物質の合成・分泌に関わるもの,神経繊維の伸長や刺激の伝達速度をコントロールするもの,細胞分裂を制御する因子など,さまざまなものがある.

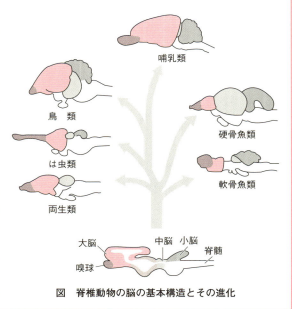

図 脊椎動物の脳の基本構造とその進化

質）は多くの神経繊維が走っていて白く見えるので白質とよばれる．

　動物の脳は，感覚野や運動野のように，いろいろな場所で複雑な情報処理を分担している．その仕組みは，大脳のいろいろな部分を電気で刺激したり，脳の障害によって働きの低下したヒトを調べたりすることで，少しずつ解明されてきた．ヒトの大脳では他の動物に比べて**新皮質**とよばれる部分が非常に大きく，感覚野や運動野のほかに，記憶，思考，意志，理解，創造，人格などの高度な精神活動に関係した**連合野**とよばれる場所が発達している．

　脊髄は脊椎骨の中央を走る円柱状の構造で，大脳とは逆に外側が白質，内側が灰白質となっている．神経繊維は束（**脊髄神経**）となって腹根（前根）と背根（後根）の二つの場所で脊髄の外と連絡している（図7・18）．脊髄神経には，腹根から出て骨格筋につながる運動神経，脊髄神経節と背根を通り脊髄へと連絡している感覚神経がある．

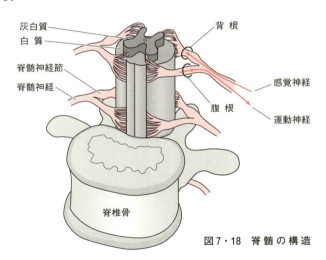

図7・18　脊髄の構造

　脊髄神経に対して，脳から直接感覚受容器や効果器をつなぐ神経を**脳神経**とよぶ．嗅神経，聴神経，動眼神経などのように頭部の感覚受容器や眼球の運動に関わるもの，迷走神経，顔面神経，三叉神経など頭部の運動や調節に関わるものなどがある．

7・3・2　反　射

　目の前に障害物が来ると目をつぶり，指先に熱いものが触れると思わず手を引っ込める．このように無意識的に速い反応を行う仕組みを**反射**とよぶ．反射はそれぞれの刺激に対して一定の反応しかできないが，瞬間的に素早く対応できるので危険

から身を守るのに役立っている．

　刺激が加わって，反射によって反応がひき起こされるまでの神経の経路（感覚受容器 → 反射中枢 → 効果器）を**反射弓**という（図7・19）．**反射中枢**はおもに脊髄，延髄，中脳にあり，大脳とは無関係の反応となっている．刺激に対して無意識に素早く対応できるのはこのためである．座った状態でひざの前面をたたくと足が上へとはね上がる．この**膝蓋腱反射**では，腱をたたいた刺激で膝の伸筋の中にある筋紡錘が刺激され，この興奮が脊髄内の一つのシナプスだけを介して筋の運動神経に伝えられることで，素早く反応する．動物が複雑な運動をするときもこの反射弓は重要である．たとえば机の上の鉛筆を取上げるときも，一つ一つの筋を収縮させる信号は大脳から直接意識して出されてはいない．腕が滑らかに動くのは，筋の受ける力や収縮の大きさを筋紡錘，腱紡錘で時々刻々と感知しながら，脊髄を経由した複数の反射弓が筋の収縮の強さをうまくコントロールしているからである．

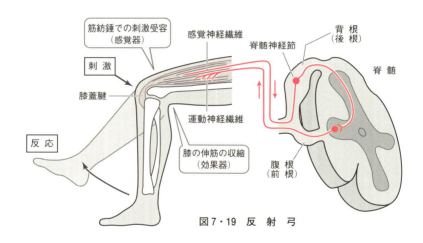

図7・19　反射弓

7・3・3　自律神経系

　末梢神経系のなかで，喜怒哀楽や栄養条件などによって変化する体の内部環境の調節に深く関わる神経系が**自律神経系**である．たとえば，心拍数や呼吸の速さは，安静にしているとき，眠っているとき，運動するとき，緊張したときなど，さまざまな体の状態で大きく異なる．これには無意識のうちに内部環境を一定に調節したり，体の準備態勢を整える仕組みが働いている．自律神経はこの調節を行い，**交感神経系**と**副交感神経系**に分けられる（図7・20）．

交感神経は胸と腰の部分の脊髄から出る末梢神経で, 普通, ノルアドレナリンという神経伝達物質を神経終末から効果器へ放出する. 副交感神経には, 中脳, 延髄から出て脳神経を通るものと, 脊髄下部から出ているものとがあり, アセチルコリンという神経伝達物質を神経終末から放出する.

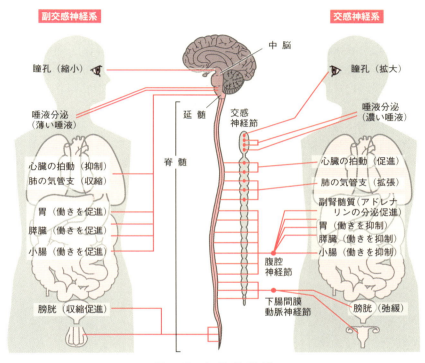

図7・20 自律神経系

多くの効果器は交感神経と副交感神経の両方の支配下にあり, 一方の神経が抑制すれば他方は促進するというように, **拮抗的制御**を行っている. たとえば心臓の拍動の頻度は, 交感神経の終末から放出されるノルアドレナリンによって速く, 副交感神経の終末から放出されるアセチルコリンによって遅くなる. 一般に, 交感神経は動物が闘争や逃走の準備に入ったとき, つまり精神的・身体的な緊張が必要なときに活性が高まる. 逆に休息中や睡眠中には副交感神経の活動が高まる. 自律神経系は内臓や血管などの効果器に直接作用するほかに, 内分泌腺と協同して血糖値や体温を調節するなど全身的な調節機構も支配している.

7・4 効 果 器

動物は,受容器からの信号を,神経系を使い情報処理した後で,さまざまな効果器へ出力することで応答する.効果器への信号も神経繊維を伝導する活動電位として伝わる.感覚受容器からの信号と同じように,信号の強度は伝わる活動電位の頻度で決まっている.動物はさまざまな効果器を使っているが,なかでも,姿勢を変えたり体を移動させたりするのに筋を効果器として使うことが多い.その制御には,骨格筋のように運動神経の活動によって直接収縮をひき起こす場合と,平滑筋や心筋の活動,繊毛運動のように,自律的に活動を速めたり遅くしたりという調節をする場合がある.

7・4・1 骨 格 筋

骨格筋は**筋繊維**とよばれる細長い細胞が束になったもので,両端が腱を介して骨とつながっている.筋繊維を顕微鏡で見ると 2〜3 μm の幅の縞模様(横紋)があ

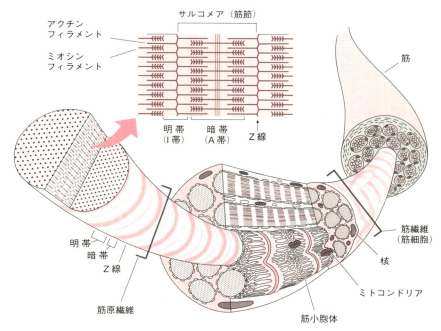

図 7・21 筋の構造 骨格筋の中にはサルコメアが周期的に配列しており,明帯と暗帯が縞模様として観察される.明帯はおもにアクチンフィラメントで構成され,ミオシンフィラメントと重なった場所が暗帯として観察される.

ることから**横紋筋**ともよばれる（図7・21）．**アクチンフィラメント**と**ミオシンフィラメント**が規則正しく並び，一つ一つの**サルコメア**（筋節）を形づくっている．筋肉が収縮するとアクチンフィラメントのみからなる明帯の幅が狭くなる．これは，アクチンフィラメントが暗帯のミオシンフィラメントの束の中へ滑り込んでいくためである（図7・22）．

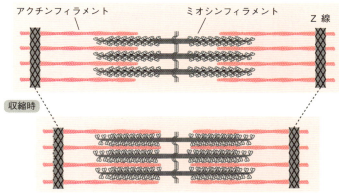

図7・22 筋収縮とサルコメア長の変化 筋収縮時には，ミオシンフィラメントがアクチンフィラメントの間へ滑り込むことでサルコメアの長さが短くなる．

骨格筋の収縮を制御するのが**運動神経**である．運動神経の終末は筋繊維に接続して神経筋接合部（シナプス）を形成しており，興奮すると神経伝達物質であるアセチルコリンを分泌する．筋繊維側のシナプス後膜がアセチルコリンを受容すると活動電位が発生する（図7・23）．この活動電位は筋繊維全体へ瞬時に伝導し，その結果，筋繊維内部にある**筋小胞体**からセカンドメッセンジャーとなるCa^{2+}が放出される．Ca^{2+}はアクチンフィラメント上のタンパク質に結合して構造を変化させ，ミオシンとアクチンの滑り運動をひき起こす．

7・4・2 心筋と平滑筋

心筋にも横紋が見られるが，骨格筋とは異なり，運動神経からの入力なしに自律的に収縮と弛緩を繰返す．横紋はないが同じように自律的で不随意的に収縮する筋として，消化管や血管の壁の**平滑筋**がある．これらの筋収縮の強さや速度は自律神経によって調節されている．意識的に動かすことのできる骨格筋を**随意筋**，無意識

に動く心筋と平滑筋を**不随意筋**ともよぶ．骨格筋が腱などを介して骨格を動かす仕組みをもつのに対して，心筋と平滑筋は筋そのものの長さの変化によって血液や食物を輸送する（図7・24）．

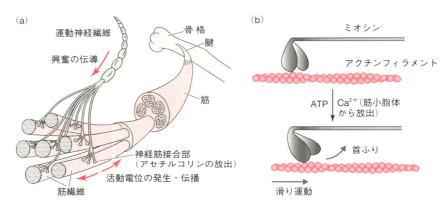

図7・23 運動神経から筋収縮へ （a）運動神経を伝わった興奮によって，筋繊維と間にあるシナプスからアセチルコリンが放出され，筋繊維の興奮をひき起こす．（b）筋繊維が興奮すると，筋繊維内部の筋小胞体から Ca^{2+} が放出され，ミオシンがアクチンと相互作用できるようになる．ミオシンの頭部はATPを加水分解しながら変形し，この分子変形がアクチンフィラメントの滑り運動をひき起こす．興奮から筋収縮に至るまでの一連の過程を**興奮収縮連関**という．

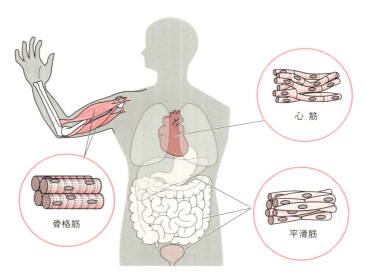

図7・24 筋の種類 筋には随意筋である骨格筋（横紋筋），不随意筋の心筋（横紋筋）や内臓筋（平滑筋）がある．

7・4・3 鞭毛と繊毛

ゾウリムシ，ミドリムシのような単細胞生物，精子の細胞などは，太さ約 0.2 μm の細い**繊毛**や**鞭毛**の波打ち運動によって移動する（図 7・25）．多細胞生物でも，気管の粘膜表面にある繊毛上皮，腎臓の細尿管，卵巣の輸卵管では，繊毛によって水流を起こし，粘液や卵などを運ぶ重要な働きをしている．効果器としての働きのほかに，外部の化学物質を受容して細胞内へ伝えるセンサーとしての繊毛の働きも着目されている．

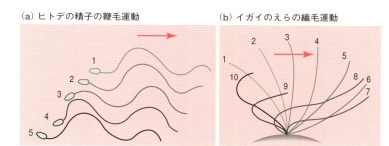

図 7・25 繊毛・鞭毛運動 繊毛と鞭毛の運動は，微小管が細胞の表面から突起して，くねり運動する運動器官として進化したものである．運動のパターンによって鞭毛運動(a)，繊毛運動(b) に分けられる（矢印は水流の起こる方向を示す）．しかし，基本的な構造は微小管が束になって独特の 9＋2 構造をしている点で同じである（図 3・19 参照）．ダイニンとよばれるモータータンパク質が，微小管を滑らせることで原動力を生み出す．ミオシンとアクチンフィラメントの関係に似ている．

7・4・4 その他の効果器

動物の効果器には，特殊な信号を出す器官として，光や電気を発生するように進化したものがある．これらは主として個体間の情報伝達の手段として使われている．ホタル，ウミホタル，クラゲ，深海魚など，光を発する動物は多い．ホタルは腹部に発光器があり，その中に神経刺激で発光する細胞をもつ．ルシフェリンという発光物質がルシフェラーゼという酵素の働きで分解されると，光が発生する．雌と雄との間の交信や仲間を識別するのに光の信号を使っている．

シビレエイは，横紋筋が変化した電気板とよばれる多核細胞が層状に積み重なった発電器官をもっている．外敵などが体に触れると神経伝達物質が分泌され，1 枚の電気板当たり約 150 mV，発電器官全体では 30〜80 V の電圧を発生し敵を撃退する．南米や南アフリカ産のシビレウナギには，約 500〜600 V にも達する電圧をつくり出すものもいる．泥で濁った沼に生息する魚のなかには，攻撃や防御のためで

はなく，発電器官から発する電流の小さな変化で餌を探したり，位置を確かめたり
するものもいる．そのような魚では，体外の微弱な電流を感知する電流感覚機能も
発達している．

　腺組織には，汗腺，涙腺，唾液腺，消化腺など自律神経の支配のもとでさまざま
な液を分泌する効果器がある．腺組織は上皮組織に由来するもので，分泌される液
は導管を通して外に出される．

8 動物の反応と調節（2）
ホメオスタシスと免疫

　動物体内の細胞や組織を取囲む環境を**内部環境（体内環境）**という．これに対して，動物が接している体の外側の環境を**外部環境（体外環境）**という（図8・1）．外部環境は一定ではなく，日照変化，気温・水温の変動，乾燥など，常に変動し，それに応じて内部環境も変動する．また，摂食，睡眠，運動，逃避や攻撃などの活動状態によっても内部環境は変動する．その変動が，体内の組織や細胞に直接影響することを防ぐために，内部環境を一定に維持する仕組みが存在する．この仕組みを**ホメオスタシス（恒常性）**とよぶ．ゾウリムシなど単細胞の生物でも，外部環境に応じて反応し，細胞内部の環境を一定にする仕組みがある．

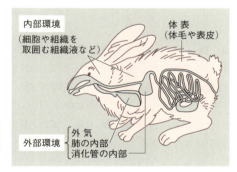

図8・1　内部環境と外部環境　動物の体内の中でも，肺・消化管の内側は外界と接した環境で外部環境に含まれる．

8・1　内部環境と体液

　脊椎動物の体の表面は表皮や粘液で覆われている．体を構成する細胞の大半は体の内側に収納されていて，内部環境となる液体（**体液**）に囲まれている（図8・2）．ヒトの場合，体重の約60％が体液である．体液の温度やpH，酸素や栄養分などの濃度は，細胞が正常な活動を続けるために，ほぼ一定に保たれていなければならな

い．体液は大きく細胞内液と細胞外液に分けられ，細胞外液には血しょう，リンパ液，組織液（間質液）などがある．無脊椎動物では開放血管系のため血しょうと組織液の区別は明確ではない．

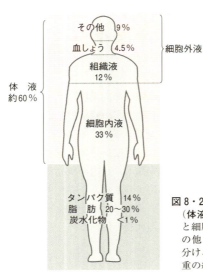

図8・2 ヒトの体重の約60％を水（体液）が占める　体液は細胞内液と細胞外液〔血しょう，組織液，その他（リンパ液，体腔液など）〕に分けることができる．血しょうは体重の約4.5％を占めている．

a. 血しょう　血液は赤血球，白血球，血小板などの細胞と，それ以外の液体部分である**血しょう**に分けられる．血しょうは，血球などとともに心臓のポンプ作用によって動脈，毛細血管，静脈を経て再び心臓へと絶えず循環している．ヒトの場合，安静にしていても約8000 L/日の血しょうが体内を循環している．血しょうの90％は水で，無機塩類（Na^+，Cl^-，K^+など）のほかに，タンパク質（アルブミンやグロブリンなど）やグルコース（血糖とよぶ）なども溶け込んでいる．アルブミンは血しょう内で最も量の多いタンパク質で，親水性が高く，血管内に水分を保持する役割を担う．栄養失調などで血しょう中のアルブミンが不足すると，血しょうと組織液の間の保水力のバランスが崩れる．その結果，腹腔内に水が蓄積し，手足などがむくむ．血液凝固や免疫作用に関わるタンパク質，ホルモンなども血しょう内に溶解している．

b. 組織液（間質液）　血しょうは薄い毛細血管の壁を通過して，細胞や組織の隙間へとにじみ出す．これを**組織液（間質液）**といい，組織内部で細胞を直接取囲む体液である．血しょう成分中の酸素，無機塩類，グルコースなどは水分と一緒に血管壁を通り抜けるが，タンパク質の大半は血管内にとどまるので，組織液

のタンパク質濃度は低い．組織液は，細胞へ酸素や栄養分を供給し，さらに老廃物を回収した後に，再び毛細血管へと戻る（図8・3）．血しょうと組織液の成分がこのようにして入れ替わることで，細胞や組織の周りの環境が一定に保たれている．

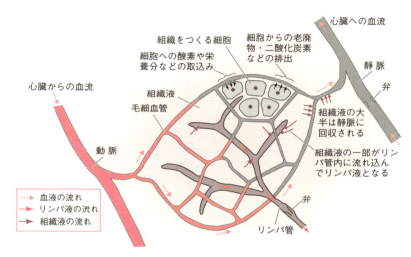

図8・3 組織の細胞，毛細血管，リンパ管の関係

c．リンパ液 組織液の一部は血液には直接戻らず，先端の閉じたリンパ管に流入し，リンパ液となる．リンパ管内には逆流を防ぐ弁が付いていて，筋肉の運動やリンパ管の収縮運動によって，リンパ液は一方向へゆっくりと流れる（図8・3）．全身のリンパ液は一つに集まって，やがて心臓の近くで静脈へと合流する．流れる速度は，すべての血しょうが1日にリンパ管の中をおよそ一巡する程度のゆっくりしたものである（2〜4 L/日）．リンパ液の中には，免疫に関わる細胞，**リンパ球**がみられる．血液中からリンパ管の内部へと移動した白血球が，外部から侵入してくる異物に備えている．

d．細胞内液 細胞内の液体成分を細胞内液とよぶ．細胞内液と細胞外液では無機塩類のイオン濃度が大きく異なる．細胞外はNa^+やCl^-が多く，K^+が少ないのに対して，細胞内はK^+が多く，Na^+やCl^-が少ない．細胞内のCl^-が少ない場合はアミノ酸やタンパク質の陰イオンが補っている．細胞の内側と外側のイオンの濃度差，および細胞内のpH（H^+濃度）の維持には，膜に埋め込まれた輸送タンパク質が重要な働きをしている．膜タンパク質による細胞の内外の輸送機構を図8・4に示す．

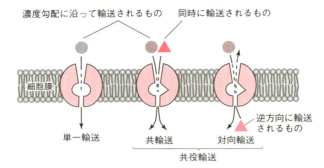

図8・4　細胞の内外の輸送機構　単一輸送は濃度勾配や浸透圧の差によって一つの物質を輸送する（赤血球のグルコース取込みや水分子の輸送）．共役輸送は Na^+ などが濃度勾配により拡散するエネルギーを使って，別の物質を輸送する．共輸送（小腸での Na^+ とグルコースの同時輸送）と対向輸送（Na^+/H^+，Cl^-/HCO_3^- などの交換）がある．このほかにATPのエネルギーを直接利用した能動輸送（p.38参照）も行われている．

　細胞膜を通して水分子を能動的に輸送する仕組みはなく，塩濃度の差によって生じる浸透圧差によって受動的に運ばれる．水分子は細胞膜を比較的自由に行き来できるが，細胞は水分子だけを透過させる**アクアポリン**とよばれる膜タンパク質の発現量を調整することで，細胞内の水分コントロールも行っている（図8・5）．

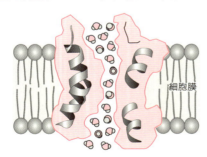

図8・5　アクアポリン　内部に水分子を一列に並べて通すトンネル構造をもつ膜タンパク分子で，浸透圧差に応じて水分子を輸送する．[K. Murata et al., Nature, **407**, 599–605 (2000) を改変]

8・2　呼吸とヘモグロビン

　細胞呼吸を行う細胞や組織は，特別な休眠状態にない限り，常に酸素を必要としている．酸素は，血しょうから組織液へは拡散によって運ばれるが，肺から組織へは，酸素と特異的に結合するタンパク質，**ヘモグロビン**（図2・8参照）を多量に内部にもつ赤血球が運搬する．赤血球の乾燥重量の90％はヘモグロビンである．ヘ

モグロビンは肺など周囲の酸素濃度の高い所で酸素と結合し，酸素濃度が低い組織で酸素を放出する（図8・6）．

ヘモグロビンの輸送効果を高めるうえで，解糖系の代謝産物であるビスホスホグリセリン酸（BPG）とボーア効果の影響は大きい．ミトコンドリアがなく，解糖系にだけ頼っている赤血球には多量に含まれる BPG が大切な ATP 供給源となっている．BPG は酸素とヘモグロビンの間の結合を弱めるため，赤血球から組織への酸素供給を早める働きをもつ．また，酸素消費の高い組織では CO_2 の産生により，HCO_3^- と H^+ が発生し pH が低くなっている．ヘモグロビンの酸素結合能力は低い pH では低下する特性があり，これを**ボーア効果**とよぶ．ボーア効果も活動の盛んな組織へ酸素供給するうえで都合が良い（図8・6）．

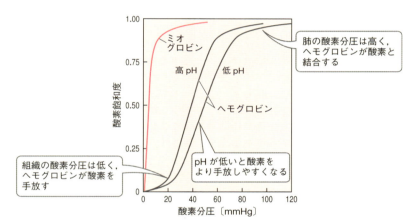

図8・6　酸素飽和曲線　酸素分圧とヘモグロビンの酸素結合量の関係を，飽和量を1として相対値で示したもの．酸素分圧や pH によっても結合量が変わる．筋繊維内のミオグロビンはヘモグロビンより，酸素に結合しやすい特性をもち，血液中より酸素を受取るのに都合がよい．

一般に気体の分子は，細胞膜を素早く透過する．ヘモグロビンから組織液内へ放出された酸素も拡散によって細胞内のミトコンドリアまで供給される．細胞から放出された CO_2 はそのまま血しょうに溶け込んで肺まで運ばれるものと，赤血球内で HCO_3^- となり運ばれるものとがある．気体分子の血しょうへの溶解度は低温で高くなる傾向があり，南極に生息するアイスフィッシュのように，単純に血しょう内に溶け込んだ形で酸素を組織へ運ぶようになった動物もいる．もちろん，この動物はヘモグロビンばかりでなく，赤血球までなくなっている．

8・3 内分泌系

ここでは，恒常性の仕組みのうえで重要な働きをもつ内分泌系の概要を解説する．

成長や発育，環境の変化に伴う生殖や行動の開始，食後の消化・吸収など，持続的な調節を行うために，動物はホルモンを使った調節を行っている．**ホルモン**は，分泌性の神経細胞，内分泌細胞，内分泌器官や内分泌腺から血液中に放出されるペプチドやステロイドなどの生理活性物質をさす．血液の循環とともに全身に行き渡り，10^{-9}〜10^{-8} g/L もの非常に低い濃度でも作用する．ホルモンによって内部環境の調節を行う仕組みを**内分泌系**という．内分泌系は自律神経系（§7・3・3参照）の支配下にある．

■ セクレチンの発見

ホルモンは最初，消化管から発見された．1902年，W.ベイリスとE.スターリングは，膵臓への自律神経を切断しても，胃酸が食物と一緒に十二指腸に運ばれると，膵液が分泌されることを発見した．さらに，十二指腸の断片に塩酸を加え，そこから得たしぼり汁を血管に注入する実験を行ったところ，同じような作用を示すことを見いだした．つまり，塩酸の刺激で十二指腸から分泌される物質があり，それが血液の流れに乗って膵臓に作用すると，膵液を分泌させると考え，その物質を**セクレチン**と名付けた．この発見の後に下垂体，甲状腺，膵臓ランゲルハンス島など，ホルモン分泌を専門とする内分泌腺や内分泌器官が発見された．また組織の中に散在する細胞からもホルモンが分泌されることがわかってきた．セクレチンは後者の例で，十二指腸のS細胞が分泌する．同じく膵液分泌を促進するコレシストキニン，胃酸の分泌と胃の運動を促進するガストリンなど，消化管にはこのようなホルモンを分泌する細胞が多数発見されている．

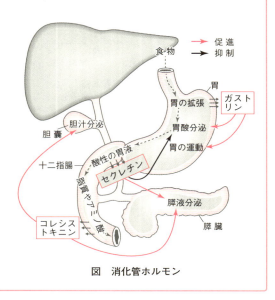

図　消化管ホルモン

8・3 内分泌系

分泌されたホルモンは,作用する器官や組織,ひき起こす反応も決まっている(表8・1).ホルモンが作用を及ぼす細胞や器官を標的細胞,標的器官という.標的細胞の表面には,特定のホルモンにだけ結合できる**受容体**があり,受容体をもつ細胞にだけ選択的に情報が伝えられる.この仕組みによって遠く離れた器官であっても,選択的に情報を伝え調節することができる.ホルモンと受容体の結合は強いので,微量でも正確な反応を標的器官にひき起こすことができる(下のコラム参照).また,アドレナリンの毛細血管への作用のように,皮膚(収縮)と骨格筋(拡張)で逆の作用をひき起こせるのは,一つのホルモンでも,異なる受容体を使い異なる

■ **ホルモン受容体とセカンドメッセンジャー**

グルカゴンやアドレナリンなどを受取った信号(シグナル)は受容体からGタンパク質へと伝達される.この仕組みは微量なホルモンの信号を増幅して細胞内部へ伝える役割をもち,この点で嗅細胞におけるセカンドメッセンジャーを介した刺激の増幅作用とよく似ている(p.151,コラム参照).セカンドメッセンジャーとして合成されたサイクリックAMP(cAMP)は三つの段階を経て,最終的にグリコーゲンを分解してグルコースを生成する酵素,ホスホリラーゼを活性化する.複数の酵素化学反応を介して,信号が増幅される.

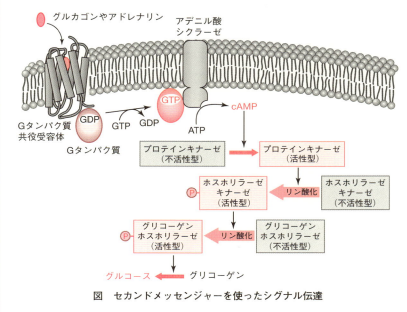

図 セカンドメッセンジャーを使ったシグナル伝達

表 8・1　内分泌器官とおもなホルモン

器官名	名　称†	標的器官・細胞	役　割
視床下部	甲状腺刺激ホルモン放出ホルモン (TRH)	下垂体前葉	甲状腺刺激ホルモンの分泌促進
	成長ホルモン放出ホルモン	下垂体前葉	成長ホルモンの分泌促進
	成長ホルモン放出抑制ホルモン [ソマトスタチン]	下垂体前葉, 消化管, 甲状腺	成長ホルモン・TSH・PRL の分泌抑制, 消化管ホルモンの分泌抑制
	生殖腺刺激ホルモン放出ホルモン	下垂体前葉	FSH・LH の分泌促進
	副腎皮質刺激ホルモン放出ホルモン	下垂体前葉	副腎皮質刺激ホルモンの分泌促進
	オキシトシン	下垂体後葉経由で分泌され中枢神経系, 子宮, 乳腺など へ	乳汁分泌, 子宮収縮, 母性・父性行動誘発など
	抗利尿ホルモン [バソプレシン]	下垂体後葉経由で分泌され腎臓や末梢の毛細血管へ	尿量を抑える, 腎臓での水再吸収促進, 毛細血管の収縮, 血圧上昇
下垂体前葉	甲状腺刺激ホルモン (TSH)	甲状腺	甲状腺ホルモンの分泌促進
	成長ホルモン	各所の体細胞・組織	成長・細胞分裂・修復の促進
	沪胞刺激ホルモン (FSH)	生殖腺 (卵巣, 精巣)	配偶子 (卵成熟, 精子形成) 形成の促進
	黄体形成ホルモン (LH)	生殖腺 (卵巣, 精巣)	卵巣・精巣ホルモンの合成・分泌促進
	副腎皮質刺激ホルモン (ACTH)	副腎皮質	副腎皮質ホルモンの合成・分泌促進
	プロラクチン (PRL)	乳腺, 子宮	乳腺の分化・発達, 乳汁合成, 妊娠維持
下垂体後葉	オキシトシン	(前述)	(蓄えて分泌するのみ)
	抗利尿ホルモン [バソプレシン]	(前述)	(蓄えて分泌するのみ)
松果体	メラトニン	視交差上核	概日リズム調節, 睡眠誘導
甲状腺	カルシトニン	骨	Ca^{2+} を取込み体液の Ca^{2+} 濃度を下げる
	トリヨードチロニン	各所の体細胞・組織	代謝・成長促進
	チロキシン	各所の体細胞・組織	代謝・成長促進
副甲状腺	副甲状腺ホルモン	骨, 小腸, 腎臓	Ca^{2+} の放出・吸収を促進し, 体液の Ca^{2+} 濃度を上げる

分泌器官	ホルモン	標的細胞・組織	働き
副腎髄質	アドレナリン，ノルアドレナリン	各所の体細胞・組織	心拍数・呼吸上昇，血糖値上昇，脳・筋・肝への血流量上昇，緊急体制への体の応答反応促進
副腎皮質	グルココルチコイド	各所の体細胞・組織	タンパク質・脂質の分解，抗炎症，免疫作用の抑制，糖新生，糖取込み抑制により血糖値を上げる
副腎皮質	ミネラルコルチコイド〔アルドステロン〕	腎臓	ACTH，アンギオテンシンII，K^+濃度で分泌促進される．Na^+の吸収促進，水再吸収促進，K^+とH^+の分泌促進（結果的に体液増加）
膵臓ランゲルハンス島	グルカゴン	肝臓	A細胞から分泌され，グルコース分泌を促進し，血糖値を上げる
膵臓ランゲルハンス島	インスリン	肝臓，筋	B細胞から分泌され，グルコース取込み，グリコーゲン合成を促進し，血糖値を下げる
膵臓ランゲルハンス島	ソマトスタチン	下垂体前葉，消化管，甲状腺	D細胞から分泌され，グルコース取込み，グリコーゲン合成を促進し，血糖値を下げる
膵臓ランゲルハンス島	膵ポリペプチド（PP）	胃，小腸	F細胞から分泌され，食後の消化管の活動を維持
精巣（男性ホルモン）	アンドロゲン〔テストステロン，ジヒドロテストステロン〕	筋，骨，性器，毛根	男性の特徴となる構造などを誘発
卵巣（女性ホルモン）	プロゲステロン，エストロゲン	子宮，乳腺，性器，毛根	妊娠の維持，子宮・乳腺の発達　女性の特徴となる構造などを誘発
心臓	心房性ナトリウム利尿ペプチド	末梢血管	心管を拡張させて血圧を下げる
腎臓	エリスロポエチン	骨髄（赤血球前駆細胞）	赤血球への分化促進
胃	ガストリン	胃	胃液の分泌促進，胃の運動促進
胃	グレリン	中枢神経，胃，小腸	成長ホルモンの分泌促進，食欲促進，消化酵素の分泌
十二指腸	セクレチン	膵臓，肝臓，胃	膵液の分泌促進，胃液の分泌抑制
十二指腸	胃抑制ペプチド（GIP）	膵臓，胃	胃液の分泌抑制，インスリン分泌促進
十二指腸	コレシストキニン	膵臓，胆嚢	膵液・胆汁の分泌促進
脂肪組織	レプチン	中枢神経	食欲抑制

† 〔 〕内は主要な成分を示す．

作用をひき起こす仕組みが存在するからである．ホルモンに似た分子構造をもち，受容体に結合して類似の作用をひき起こす物質もある．そのような外来性の物質は体内でホルモンと似た効果をひき起こして内部環境の調節を妨害するので，このような物質を**内分泌撹乱物質**とよぶ．

ホルモンの量は常に一定というわけではなく，体の活動状態に応じて正確な濃度調節が必要となる．この調節には，中枢から内分泌腺へと伝えられる指令によって制御する方法と，血液中に含まれるホルモンによって制御する方法の二つがある．脳の中心部にある**間脳**とよばれる部分が，ホルモン制御のうえで重要な中枢となっている．ここに体温・酸素濃度・血圧・浸透圧・血糖量などのセンサーが備わっている．たとえば，体液の浸透圧などの変化は，間脳の視床下部で直接感知され，その信号（シグナル）はおもに下垂体を経由する次の二つの経路で伝えられる．

一つは，**視床下部**の神経分泌細胞から血液中に分泌されたホルモン（放出ホルモン）が，**下垂体前葉**に運ばれて前葉の細胞を刺激し，前葉からのホルモン分泌を調節する経路である．甲状腺，生殖腺，副腎皮質などを刺激するホルモン，および成長ホルモンは，このようにして下垂体前葉から分泌される（図8・7）．もう一つは，視床下部の神経でつくられたホルモンが，軸索を通して**下垂体後葉**まで直接輸送さ

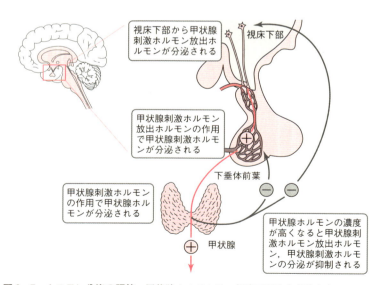

図8・7　**ホルモン分泌の調節**　甲状腺ホルモンは，視床下部から分泌されるホルモンによって分泌が促進される．甲状腺ホルモンが高濃度になると**負のフィードバック作用**によって分泌が抑制される．

れて蓄えられ，必要に応じて後葉から血液中に放出される経路である．バソプレッシンはその一例で，腎臓の集合管における水の再吸収を促進したり，毛細血管を収縮させて血圧を上げたりする働きをもつ．

季節の変化に応じて，動物は生殖器官など繁殖に関係した器官を発達させ，性ホルモンの分泌を促すと同時に，行動のパターンを変化させる仕組みももつ．この調節にも上述の二つの調節経路が使われる．さらに交感神経を使ったホルモンの分泌も恒常性の制御のうえで重要な役割を担う（§8・4・3，§8・4・4参照）．

8・4 内部環境の調節

8・4・1 浸透圧調節

水分は細胞の内外の化学反応を進める溶媒として重要である．細胞の内外，組織液と血しょう間，体液と外部環境との間で水は移動するが，その移動量は境界になる細胞膜，上皮組織，表皮の水やイオンの透過性と濃度によって決まる．外部環境の水分・塩分の環境は多様で，海水や淡水，また河口の汽水域のように海水と淡水が入れ替わる環境もある．乾燥する陸上へと生息域を広げたものもいる．内部環境の水分濃度を一定に保つために，生物はさまざまな浸透圧調節の仕組みを進化させてきた．

単細胞生物のゾウリムシは，細胞の外が外部環境（淡水）であり，内部環境は細胞内の細胞質である．細胞内の塩濃度が細胞外よりも高いため絶えず外部から細胞内へ水が侵入する．細胞膜には直接水分子を体外に排出する機能はない．収縮胞の周りにある集水管とよばれる管構造に，能動輸送によって Na^+ や H^+ を輸送し浸透圧を高め，それによって水分子を受動的に集めて周期的に細胞外へ放出することで細胞内の浸透圧の調節を行う．

多細胞生物でも，水分を回収する場所と，外部へ排出する場所は分かれている．最初に神経系や消化管を進化させたプラナリアにみられる**原腎管**は，繊毛運動による水流を使って体液を沪過して水分を回収する専用の細胞があり，体外へ開いた小孔を通して排出する（図8・8）．運び出す途中で，必要な栄養分などを体内へと**再吸収**する仕組みがあることもわかっていて，この原理は，後述するヒトの腎臓と同じである．一般に無脊椎動物は表皮の構造が不十分で，内部環境となる体液は外部環境と同じか，あるいは外部環境変化の影響を直接受ける**環境順応型**のものが多く，そのため生息環境は大きくは変えられない．節足動物や線形動物は，乾燥に強い表皮を獲得することで生息域を広げることに成功している．このような動物を**環境調節型**とよぶ．

図 8・8 プラナリアの原腎 繊毛運動で発生させた水流で体液をいったん沪過し，細い管を通しながら必要な物質を再吸収して，残りを尿として排出する．[S.S. Marder, "Essentials of Biology", 5th Ed., McGraw-Hill Education(2018)の図19.10を改変]

　魚類は環境調節型で，海水から淡水まで広い生息環境をもつ．海水魚の体液の浸透圧は海水の約4割しかなく，体内から絶えず水分が失われている．そのため，海水を飲んで腸から水分を積極的に吸収する．体に入ってくる塩類はえらと腎臓から排出し，体液の浸透圧を一定に調節している（図8・9a）．サメやエイなどの体液には，塩類の代わりに尿素が多く含まれ，これによって浸透圧を海水とほぼ同じ程度に保つ仕組みをもっている．淡水魚の体液の塩濃度は海水魚とあまり違わない．そのため，海水魚とは逆に，体表やえらから水が浸入したり，塩類が失われたりする．淡水魚は水をほとんど飲まず，濃度の薄い尿を多量に排出するとともに，えらから体内へ塩類を取込んで浸透圧の調節を行っている（図8・9b）．ウナギやサケ

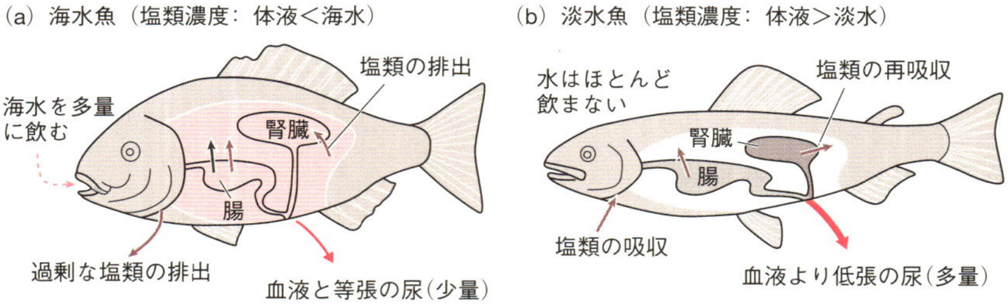

図 8・9 海水魚と淡水魚の違い 魚は生息する環境の浸透圧に応じた調節機構をもつ．海水魚は余った塩類をえらから排出し，淡水魚は腎臓の働きで濃度の薄い尿を排出する．→は塩類の流れ，→は水の流れを示す．

のように，淡水と海水との間を行き来する魚は，えらにおける塩類輸送の方向を切換えることで，浸透圧を調節できるようになっている．

　は虫類，鳥類，哺乳類は陸上への進出に伴って，乾燥によって水分が蒸発し，浸透圧が上昇するという危機に常にさらされている．そのため，水を通しにくいうろ

こや皮で体表を覆い,腎臓を使って濃い尿を排出するなど,水分を節約する方法がよく発達している.また,卵生の陸上動物は,水分の失われにくい構造の殻をもった卵を産む.

8・4・2 腎機能

体液中から必要な水分を失うことなく老廃物を除去し,同時に塩分濃度を調節するために陸生の動物は腎機能を発達させてきた.腎臓の機能は,沪過,再吸収,排出の三つに分けられる.

ヒトの腎臓は,**ネフロン**(**腎単位**)とよばれる管構造が集合してできている(図8・10).大まかに言えば血管と尿管が接した構造で,血管から老廃物を含む血しょう成分を尿管に移し(沪過),この沪液(**原尿**とよぶ)から必要なものを再び血管に戻して(再吸収),残りを尿として排出する(図8・11).

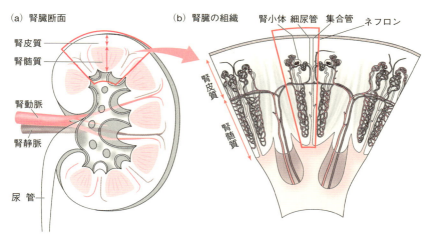

図8・10 ヒトの腎臓の構造 細尿管とよばれる管構造が並び,腎臓に入る血管から尿管へ血しょう成分を沪過して集め尿として排出する.

エネルギー源として重要なグルコースは,捨てずにすべて回収する機構が備わっている.細尿管壁を形づくる細胞の内側(原尿側)にはグルコースを取込む膜タンパク質が,外側(組織液側)にはグルコースを透過させる膜タンパク質があり,最終的に血しょうへ100%の回収が可能となる.血糖値が数mM(約200 mg/100 mL)を超えると,この原尿からの回収能力が追いつかず,尿内へとグルコースが漏れ出すことになる.これが糖尿病である.

細尿管にはNa$^+$と水分の再吸収の機構も備わっている.詳しくは述べないがヘ

ンレのループとよばれる折れ曲がった構造が非常に重要な役割を担う．ループ復路（腎髄質から腎皮質へ向かう管）ではNa^+排出活性が高く，結果的に組織液側のNa^+濃度が高く維持されている．逆に，ループ往路（腎皮質から腎髄質へ向かう管）には水だけを通すアクアポリンが多く，復路でつくられた浸透圧差によって水分子が組織液側へと吸い取られることになる．つまり，原尿はネフロンのループ状の部分を通過する間に，塩分と水分が同時に吸い出され，濃縮される（図8・11）．砂漠に棲む哺乳類はこのループが非常に長いものが多いことから，ループ構造は水分を再吸収する仕組みとして高い効率をもつと考えられる．

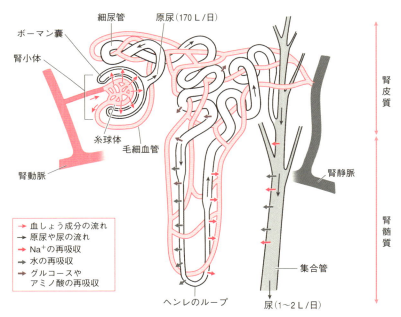

図8・11 腎臓での沪過と再吸収 血圧によって糸球体からボーマン嚢へ沪し出された原尿からNa^+と水，グルコースやアミノ酸は再吸収される．K^+やH^+，有害な有機物など，細尿管の内側へと排出される物質もある．

副腎皮質ホルモン（**アルドステロン**）は，細尿管でのNa^+能動輸送を高めることで水の再吸収を促進し，尿を減らす抗利尿作用を示す．下垂体後葉から分泌される**バソプレッシン**は，細尿管や集合管の水の透過性を高めることで尿量が減少する．細尿管には，組織液側から有害な有機物，K^+やH^+を取込んで排出する仕組みもある．

8・4・3 血糖値調節

血液中のグルコース濃度（血糖値）は，健常者では 100 mL 中約 100 mg であり，60 mg 以下になると顔面がそう白となり，けいれん，意識喪失などの症状が現れる．これはグルコースを唯一のエネルギー源とする脳の機能が低下するためである．低血糖とよばれるこの状態は命の危険を伴う．逆に，糖尿病が原因で血糖値が上がると，腎臓に負担を増やし，神経系，血管にさまざまな合併症をひき起こす．

血糖値は高からず低からずある範囲に収まるように，自律神経系とホルモンにより調節されている（図8・12）．食事から得られたグルコースはグリコーゲンとして肝臓などに貯蔵される．肝臓のグリコーゲンは必要に応じて分解され，グルコースとして血液中に出される（p.173，コラム図参照）．

食事後，血糖値が急激に上がると，膵臓ランゲルハンス島の B 細胞がこれを感知し，**インスリン**の分泌が高まる．また，血糖値の上昇は，視床下部でも感知され，副交感神経を通して B 細胞を刺激する．インスリンは脂肪組織や筋でのグルコー

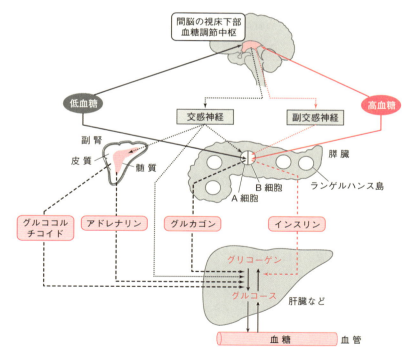

図 8・12 **血糖値の調節** 自律神経と内分泌系(ホルモン)の連携がみられる．低血糖に対しては複数の機構が働く．点線矢印は自律神経の作用，破線矢印はホルモンの作用を示す．

■ レプチンと血糖値調節

　インスリンは，膵臓B細胞から分泌され，血糖値を下げる効果をもつ唯一のホルモンとされている．しかし，脂肪細胞から分泌されるレプチンが発見され，血糖値を下げる別の仕組みがあるのではないかと考えられるようになった．

　レプチンは視床下部にある摂食中枢に結合し食欲を低下させるホルモンである．この仕組みはレプチンを合成できない肥満マウスがきっかけになって発見された．その後，レプチン受容体がないために肥満となるマウスも発見された．このマウスではレプチン分泌に対して負のフィードバックが働かないので血液中のレプチン濃度が高い．ヒトの肥満でも，血液中のレプチン濃度が高くなっている場合が多い．これらの発見から，レプチンは，摂食行動の調節に関わる重要なホルモンとして知られるようになった．

　注目すべき点は，レプチンと糖尿病との関係である．糖尿病には，インスリン依存型の1型，インスリン非依存型の2型に大きく分けられる．1型ではインスリン分泌が少ないために血糖値が上昇する．2型は，生活習慣病として知られる糖尿病で，インスリン感受性が低下している（インスリンに反応しない）ために血糖値が上昇する．この2型糖尿病患者のなかに，レプチン注射によって症状が改善する例が見つかった．レプチンが視床下部に結合すると，その信号が交感神経を介して，心臓，骨格筋，脂肪細胞などの組織へ伝わりグルコースの取込みを促進すると考えられる．これは，インスリンとは別の経路を使い血糖値を下げる機構である．

スの取込み，グリコーゲン合成を促進し，血糖値を下げる．

　運動中や空腹時に血糖値が下がると，いろいろなホルモンの分泌が促される．一つは，膵臓ランゲルハンス島のA細胞から分泌される**グルカゴン**で，低い血糖値が直接引き金となって分泌される．また，間脳の血糖調節中枢が刺激され，交感神経を通してA細胞を刺激する．グルカゴンは肝臓に働いて，グリコーゲンをグルコースに分解する反応を促進する．また，副腎髄質も交感神経から刺激を受けて**アドレナリン**を分泌する．アドレナリンは，肝臓や筋でのグルコース生成を促す．交感神経は同時に肝臓にも信号を出し，グリコーゲンの分解を促進して血糖値を上げる作用をひき起こす．飢餓状態が長く続くと，副腎皮質から分泌される**グルココルチコイド**によって肝臓でのグリコーゲンの分解が促進される．さらに筋などさまざまな組織に作用し，タンパク質や脂質の分解が起こり(糖新生)，血糖値を高める．

8・4・4　体温調節

　哺乳類や鳥類は，外界の温度が変化しても，体温をほぼ一定に保つことができる．外界の温度変化は，皮膚の温度受容細胞で受容され，視床下部の体温調節中枢に伝

わる．温度が下がると交感神経が興奮し，体表の血管を収縮させて皮膚の血液の量を抑えることで失われる熱の量を減らす．立毛筋を収縮させ，毛や羽毛を逆立たせて体表の断熱性を高め，体温を逃がさないようにすることもある．同時に骨格筋を収縮させて震わせ，熱を発生させる．寒さが続くと，**アドレナリン，チロキシン，グルココルチコイド**などのホルモンが分泌され，肝臓や筋の代謝が高まり，熱の発生が促される．（図8・13）．褐色脂肪細胞は，冬眠を行うげっ歯類やヒトの小児にあることが知られている組織で，交感神経の働きにより細胞呼吸の活性を上げて発熱する（次ページのコラム参照）．

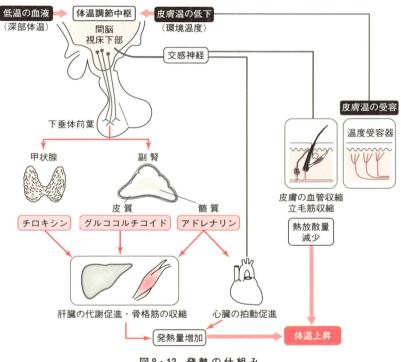

図8・13 発熱の仕組み

外界の温度が上がったときは，皮膚の毛細血管の血流を増やして放熱を促進したり，発汗を促し気化熱を利用して熱を奪うなど体温を下げる作用をひき起こす．多くの哺乳類にみられるパンティング（あえぎ）は，脳へ供給する血流を鼻の高速の呼吸を使って冷やす役割を担う．

■ 褐色脂肪細胞と体温調節

褐色脂肪細胞はげっ歯類の背側にみられる（図a）．呼吸活性を高めて発熱することができ，小型の動物では体温維持のうえで重要な役割を担う．細胞内に多くのミトコンドリアをもち，そのために茶褐色をしている（図b）．ヒトの胎児にも存在するが，大人では萎縮し痕跡的にしかない場合が多い．

冬眠をしている最中でも，交感神経を使ってこの褐色脂肪細胞の活動を促進し，体温を急激に上昇することができる．リスの1年間の体温変化を調べてみると，冬眠中（10月〜4月）であってもときどき急速な温度上昇を繰返している（図c）．この周期的な体温上昇は冬眠する多くの哺乳類でみられる現象であるが，その理由は正確にはわかっていない．

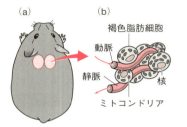
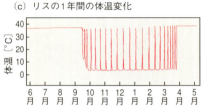

図　体温調節する組織：褐色脂肪細胞　(c)〔L.E. Epperson, S.L. Martin, *Physiol. Genomics*, **10**, 93-102（2002）より〕

8・5　生体防御と免疫

恒常性が保たれた快適な内部環境は外部から侵入した寄生虫，菌類，細菌にとっても居心地がよい．動物の体は，そのような他の生物やウイルス，または毒物など他の生物のつくり出した物質に侵入される危険に絶えずさらされている．そのような異物の侵入を防ぐ仕組みを**生体防御機構**，あるいは**免疫機構**とよぶ．さまざまな種類の異物侵入に効果的に対応するために，動物は免疫専門の細胞を進化させ，複雑な仕組みをつくり上げた．免疫機構に関わる細胞の多くが骨髄にある造血幹細胞からつくられる（図8・14）．

8・5・1　自然免疫──先天的な免疫機構

動物は体内へ侵入してくる不特定の異物に対して，防御する仕組みをもっている．これは生まれながらにもつ防御機構であり，侵入した物質によらないために，先天的な免疫機構，あるいは**自然免疫機構**とよばれる．

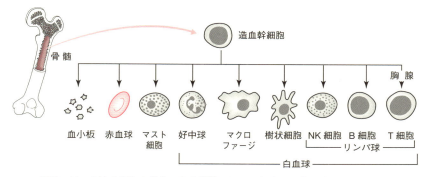

図 8・14 血液の細胞の分化 免疫機構に関わる細胞は，赤血球や血小板と同じように，骨髄の中にある造血幹細胞から生まれる．T細胞は骨髄から胸腺に移動して成熟する．

a. 物理的・化学的な防御機構 外部からの侵入に対して，皮膚やウロコ，またそこから分泌される粘液が最初の物理的な防御の仕組みとして働く．たとえば，私たちの肺の気管は，絶えず入れ替わる空気のために，ほこりや微生物が侵入しやすい場所の一つである．気管の内側には常に粘液が分泌され，上皮細胞にある繊毛の運動により肺の内側から口に向かって絶えず粘液の流れをつくり，入り込んだ異物を外に出している（図 8・15）．唾液や涙も，同じように外部からの侵入を防ぐ仕組みとして働く．唾液腺や涙腺からの分泌物には**リゾチーム**とよばれる細菌の細胞壁を分解する酵素が含まれている．また，皮膚から分泌される汗や胃液は弱酸性で微生物の繁殖を抑える．これらは化学的な防御の仕組みとして作用している．

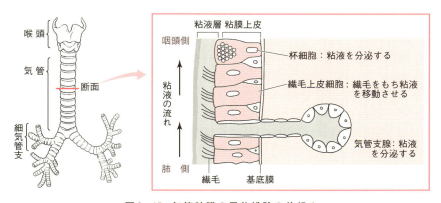

図 8・15 気管粘膜の異物排除の仕組み

b. 生物学的な防御機構　外傷は異物が最も侵入しやすい場所となり，適切な防御を施さなければ，容易に感染症を起こす．傷ができると直ちに血小板が集まり，**血液凝固反応**によって傷口をふさぐ．これは血液の損失を防ぐとともに，異物の侵入を防ぐ重要な自然免疫機構の一つである（図8・16）．外傷ではなく異物の侵入によって血管内に血栓が生じることもある．これは感染源を局所的に封じ込める役割を担うと考えられている．

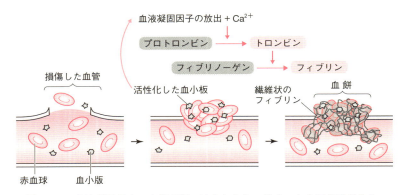

図8・16　血液凝固反応　血管が傷つけられると，近くの血小板が活性化し，血液凝固因子を分泌する．血液凝固因子と Ca^{2+} の作用で，血液中のプロトロンビンがトロンビンとなり，これがフィブリノーゲンからフィブリンへの繊維形成を促進する．フィブリンは赤血球を凝集させ，これが血餅を形成し出血を止める．

　ここまでの防御機構をすり抜け体内へ侵入した微生物や細菌などの異物に対しては，血液中の**白血球**が反応する．代表的なものが**マクロファージ**，**好中球**，**樹状細胞**である（図8・17）．これらの細胞は，血流に乗って体中を移動しており，出会った異物を**食作用**によって取込んで分解する．好中球やマクロファージは，取込んだ細菌の細胞膜を破壊するデフェンシンとよばれるタンパク質をもっている．なお，樹状細胞やマクロファージ，また上皮細胞の表面には，細菌のタンパク質やDNAなどを識別するトル様受容体（TLR）が備わっていて，さらなる防御機構（炎症反応や適応免疫）の活性化をひき起こす．

　マスト細胞は，骨髄から末梢血管組織に移動して成熟し，ヒスタミンを多く含む顆粒を細胞内にもつようになる．損傷した血管の周囲で，マスト細胞から分泌されたヒスタミンは毛細血管を拡張させ，血流量を増加させる．傷の周囲が赤くなるのはそのためで，これを**炎症作用**とよぶ．炎症作用は，血液凝固反応を促進して外傷部をふさぎ，損傷箇所へマクロファージなどの白血球を集まりやすくするほかに，

温度を上げて白血球細胞の活動を活性化する働きもある．また，マスト細胞やマクロファージは，**サイトカイン**とよばれるホルモン様の物質を分泌することで，他の白血球を引き寄せたり活性化したりする．

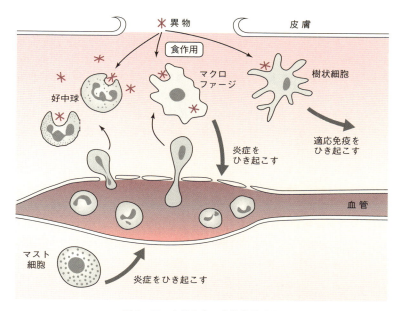

図 8・17　自然免疫の生物学的防御

　異物の認識には**補体**とよばれる血しょうタンパク質が働いている．肝臓で合成され，細菌などの異物の表面構造に特化した複数の種類があらかじめ準備されている．補体は細菌の膜に結合して殺傷するほか，異物に結合してマクロファージの攻撃の目印となる役割，免疫細胞を呼び寄せる役割がある．

　ウイルスなどに侵入された感染細胞やがん細胞に対しては，**ナチュラルキラー（NK）細胞**が排除する働きをする．NK細胞は感染細胞表面に起こる異常な構造変化を識別し，感染細胞が自ら死に至るような作用をひき起こす．この反応は一連の化学物質の活性化で起こり，**プログラムされた細胞死**，あるいは**アポトーシス**とよばれる．

8・5・2　適応免疫——後天的に獲得される免疫機構

　自然免疫の仕組みは，大半の異物を速やかに排除してくれる．しかし自然免疫を

巧妙に回避しながら侵入する寄生虫や微生物も多い．そのような異物に対しては，T細胞やB細胞などのリンパ球が別の仕組みで対応する．侵入を許してしまったのちに発揮されるこの仕組みを，後天的な免疫機構，あるいは**適応免疫機構**とよぶ．

適応免疫は，はじめにマクロファージや樹状細胞などが異物を取込んだことが刺激となってひき起こされるもので，異物の種類によって反応する細胞や仕組みが異なっている．また，侵入した異物を記憶する仕組みをもつために，1回目の侵入よりも2回目の侵入に対して，より強く反応できることが大きな特長である．反応するリンパ球の種類によって**細胞性免疫**と**体液性免疫**に分けられ，侵入された前歴に応じて反応の特性も変化する．

a. 自己と非自己　体に侵入してきた異物（非自己物質）と，もともと自分の体をつくっている物質（自己物質）とを区別する仕組みを**自己・非自己の認識機構**とよぶ．

適応免疫に関わるリンパ球，T細胞とB細胞の表面には異物を認識する受容体がある．リンパ球が認識する異物（非自己物質）を**抗原**とよび，個々のリンパ球は1種類の抗原に対応している．単純な化学物質から，ウイルス，細菌，寄生虫のDNAやタンパク質まで，抗原の種類は無限にある．それに対応するために，何千万ともいわれる多様なリンパ球が骨髄で用意される．B細胞は骨髄で，T細胞は骨髄からさらに胸腺に移動して特性を変え，成熟する．

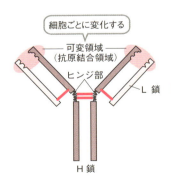

図8・18　抗体の構造　代表的な抗体の一つである免疫グロブリンG（IgG）の構造を示す．2種類のポリペプチド，H鎖（重鎖）とL鎖（軽鎖）が，四つのジスルフィド結合（━）でつながっている．抗原をつかむ"手"にあたる抗原結合部位の先端部分は細胞ごとにアミノ酸配列が異なり，これを可変領域とよぶ．

T細胞やB細胞が多様な抗原に対応できるのは，抗原を認識する受容体（**抗体**とよぶ，図8・18）の遺伝子を複雑に再編し，いろいろなアミノ酸配列をもつタンパク質として生み出す仕組みをもつためである（図8・19）．いったん起こった遺伝子の再編は元には戻らないので，それぞれのリンパ球は，ある決まった1種類の抗原にしか対応できないが，リンパ球ごとに異なる抗原を認識できる．

抗原となる異物の中で，抗体が結合する部位を**抗原決定基（エピトープ）**とよぶ．一つの異物に複数の抗原決定基が存在し，それぞれ異なる抗体が結合する場合もある．したがって，ある1種類の細菌であっても，それがもつ複数のタンパク質やDNAなどが抗原決定基となり，何十種類もの抗体，さらにその数だけの成熟したT細胞やB細胞があらかじめ待ち構えていて対処できるようになっている．

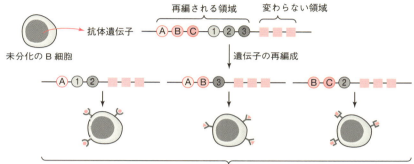

図8・19 リンパ球で起こる遺伝子再編 リンパ球が成熟するときに，抗体の可変領域をコードする遺伝子の部分で複雑な再編が起こり，多種多様な抗体をつくる．一つの細胞は1種類の決まった抗体しかつくらない．T細胞でも同じような遺伝子再編が起こる．

b. 適応免疫の開始 樹状細胞は，皮膚，鼻腔，腸管など外界と接する機会の多い組織の中で，自然免疫と適応免疫の間の橋渡しをする重要な免疫細胞である．

■ T細胞とB細胞

偶然，体毛がなく同時に胸腺がないヌードマウスとよばれる突然変異体が発見された．このマウスでは免疫機能が著しく低下しており感染症にかかりやすいことから，胸腺（thymus）由来のリンパ球が免疫に深く関わるのではないかと考えられるようになり，そのリンパ球がT細胞とよばれるようになった．このマウスでは，骨髄（bone marrow）由来のリンパ球（B細胞）は正常に分化しているにもかかわらず，B細胞が担当する体液性免疫の機能も失われていたことから，細胞性免疫，体液性免疫ともにT細胞が重要な働きを担っていることがわかった．胸腺と皮膚の上皮細胞には，細胞が分化するときにだけ共通して発現する特殊な遺伝子があり，この遺伝子に変異が起こったことで，偶然，特殊な外観のヌードマウスとして発見されたきっかけとなった．

マクロファージやNK細胞が分解した異物を取込むと樹状細胞は活性化されて，リンパ節へと移動する．リンパ節内で，樹状細胞は分解した異物の断片を抗原候補として細胞表面に差し出す．これを**抗原提示**という．抗原提示をした樹状細胞が，抗原と結合できるヘルパーT細胞と遭遇すると，ヘルパーT細胞を活性化する（図8・20）．

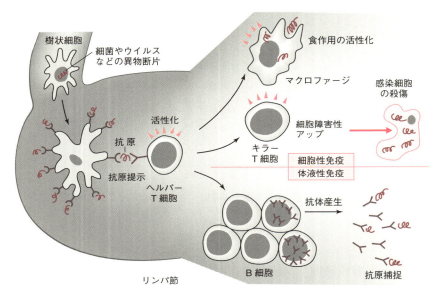

図8・20 **樹状細胞とヘルパーT細胞の間の抗原提示から始まる細胞性免疫，体液性免疫の仕組み** 樹状細胞は，感染場所で異物やその断片を取込み，それをもったままリンパ節内へ移動する．そこで取込んでいる異物を抗原として提示し，反応するヘルパーT細胞と遭遇することで，二つの適応免疫の仕組み，細胞性免疫と体液性免疫が働き始める．

活性化したヘルパーT細胞は，キラーT細胞やマクロファージ，B細胞を活性化する．ヘルパーT細胞の号令で適応免疫が動き出すのである．この一連の適応免疫反応の中で，キラーT細胞が関わるものを**細胞性免疫**，B細胞が分泌する抗体が関わるものを**体液性免疫**という．

樹状細胞の表面には，**主要組織適合遺伝子複合体（MHC）**とよばれる自分の細胞特有のタンパク質がある．このMHCとヘルパーT細胞側の受容体との結合を介して初めてヘルパーT細胞の活性化が起こる．これが自己と他の細胞を区別する重要な仕組みとなる．

c. 細胞性免疫 抗原提示を受けたヘルパーT細胞がキラーT細胞やマクロファージを活性化し，異物を排除する仕組みを**細胞性免疫**という．

キラーT細胞は細胞障害性T細胞ともよばれ，感染したウイルスを感染細胞もろとも殺傷する．殺傷する仕組みは前述のNK細胞と同じである．活性化したマクロファージは大型化し，食作用が活性化されてどちらも感染場所へ駆けつけて働く．

d. 体液性免疫 抗原提示を受けたヘルパーT細胞は，同じ抗原を認識するB細胞の増殖を活性化する．増殖したB細胞は形質細胞となり，盛んに抗体を合成して，血しょう内へ分泌する．血しょう中に分泌された抗体は，感染場所へ運ばれ抗原に結合する（**抗原抗体反応**）．抗体が結合すると，抗原が凝集して毒性が抑えられたり，ウイルスや細菌の感染力が低下する．同時に，抗体はマクロファージや好中球による食作用を促進させる働きもあり，これらの作用により血しょう内に浮遊した同種の異物が一掃される．

e. 免疫記憶 新しく侵入した抗原に対して最初に起こる適応免疫の反応を**一次応答**とよぶ．一次応答で増殖したT細胞やB細胞の一部は**記憶細胞**として体内に残るので，次に同じ細菌やウイルスの感染が起こると，素早く増殖して感染細胞を除去できるようになる．この適応免疫の反応を**二次応答**という（図8・21）．結核の検査で用いるツベルクリン反応は，この記憶細胞の有無を調べる検査である．

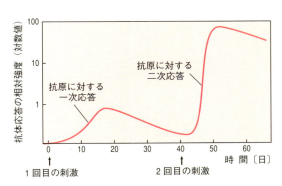

図8・21 **抗原の刺激と抗体の産生の関係** 2回目の抗原刺激に対して，抗体産生の速度が早まり，また抗体産生量も増える．

f. 免疫と疾患 免疫系が自分自身を攻撃してしまわないように，自己物質に反応するリンパ球は分化・成熟の過程で死滅させる機構がある．この仕組みを**免

疫寛容とよぶ．しかし，免疫寛容の対象となっているはずの自分の組織や細胞を構成する物質を間違って異物であると認識して適応免疫が働き，疾患をひき起こすこともある．これを**自己免疫疾患**とよぶ．多発性硬化症，バセドウ病，リューマチなど数多く知られているが，発症の原因は不明なものが多い．

また，体に無害なはずの異物に対して過剰な体液性免疫反応が起こることもある．これを**アレルギー反応**といい，アレルギー反応をひき起こす抗原を**アレルゲン**という．アレルギー反応は免疫グロブリンのなかでも **IgE** とよばれる特殊な抗体が仲介する．マスト細胞に結合した IgE とアレルゲンによる抗原抗体反応が刺激となって，**ヒスタミン**が分泌され血管を拡張させて赤い湿疹などをひき起こす．ハチに刺されるなど急激な抗原増加によってヒスタミンが過剰に分泌され，呼吸困難，喉のむくみ，血圧降下などを起こす免疫応答を**アナフィラキシーショック**という．死に至る可能性もあるが，ヒスタミンと反対の作用をもつアドレナリン注射などで反応を抑えることができる．

免疫反応が低下することを一般に**免疫不全**とよぶ．たとえばヘルパー T 細胞にだけ感染する**ヒト免疫不全ウイルス**（HIV）に感染すると，一定の潜伏期間を経過したのち，ヘルパー T 細胞が著しく減少する．その結果，適応免疫機能の全体が低下することになる．この疾患を**後天性免疫不全症候群**（**AIDS**）とよぶ．ヒトの皮膚などに付着しているカンジダ菌などの常在菌は，通常は免疫で抑制されていて増殖できないが，免疫の機能が低下した患者にとっては致命的な感染症となる場合もある．免疫不全の治療は難しいが，ウイルスの増殖を抑える抗ウイルス薬の投与を行うと症状を軽減できる．

9 動物の行動

動物の行動は第7章と第8章で学んだ脳−神経系の発達と深い関係がある．単細胞の生物や簡単な神経系しかもたない動物は単純な運動や行動しか示さないが，脳−神経系が発達した動物では，刺激に応じた自らの行動の結果をさらに記憶し学習して，次の行動を変えることもある．さまざまな動物の行動がどのように起こるのか，その仕組みを見てみよう．

9・1　動物の生得的行動——遺伝的にプログラムされた行動

動物は，環境からの特定の刺激を受けて**動機づけ**が高まる．動機づけとは，ある行動が誘発され（**解発**という）目標に向かって維持・調整される過程のことで，ヒトを含めて動物の行動の原因となる．動物の行動には，生まれつき備わっている遺伝的にプログラムされた定型的パターンを示す**生得的行動**[*1]と，経験や記憶による**可変的な学習行動**がある．両方の行動の実態は，感覚器への刺激→感覚器の刺激受容体→中枢の脳−神経系での処理→運動神経への伝達→筋肉の刺激による運動の一連の過程で発揮される．そのため，中枢の脳−神経系を経ない反射（膝蓋腱反射など）は行動には含めない場合が多い．

動物の一連の行動は，複数の**行動要素**（個々の動き）とその要素の現れる順序（行動の連鎖）によって機能し，形成される．具体的な事例を見ていこう．

9・1・1　信号刺激と行動要素の連鎖

まずはじめに，小鳥の繁殖行動を考えてみよう．春から初夏の繁殖期にある小鳥の行動は，繁殖期でない小鳥に比べて劇的に変化する．繁殖期の雄は雌からの刺激

[*1]　"本能行動" という術語は1980年代以降は行動学分野ではほとんど使われなくなっている．本能行動はその種に特有の定型的行動パターンと考えられてきたが，1960〜70年代のK. ローレンツやN. ティンバーゲンらの研究によって，本能行動にも個体間に遺伝的変異があり，自然選択により進化することがわかってきた．そのため，現在は "遺伝的にプログラムされた行動" とよばれている．さらに，生得的と思われていた行動にも学習や試行錯誤が関係して変異がみられることが明らかになり，"本能行動" は廃れていった．

に対してさえずりなどの求愛行動を示すが，繁殖期以外の季節では，その同じ刺激を受けても求愛行動をひき起こすことはない．これは繁殖期になると，日長や気温などの環境変化の刺激を受けて，繁殖に関わる視床下部から出る生殖腺刺激ホルモン放出ホルモンの分泌が雄雌ともに活発となる．これにより繁殖行動を開始する動機づけが高まる（§8·3参照）．つまり，動機づけは齢，季節や状況によって変わりうるのだ．

　繁殖行動のような遺伝的にプログラムされた行動を誘発する要因を**解発因（リリーサー）**とよび，色・形・におい・鳴き声などの刺激がそれにあたる．たとえば，イトヨ（トゲウオの一種の淡水魚）の雄は繁殖期になると腹部に赤い婚姻色を示し，縄張り内に水草を使って巣を作る．同じく腹部の赤い雄が縄張りに入ってくると，縄張り雄は攻撃して追い払う．赤い体色はライバルの雄を追い払う行動の**信号刺激（鍵刺激）**，つまり定型的な生得的行動を誘発する鍵となる刺激となっている．たとえば，イトヨの模型を縄張り内に導入すると，外形は雄にそっくりであっても赤色の体色を示さない模型では攻撃はしなかった（図9·1a）．しかし模型の下側を赤く塗ってみると縄張り雄は攻撃し，さらに，模型の形をごく簡単にして，単なる楕円形の模型に眼をつけ，下面を赤く塗るだけでも，縄張り雄は攻撃をした（図9·1b）．

　一方，腹部が赤くなく卵でふくれた雌に出会うと雄は攻撃せず，ジグザグダンスをして雌を巣へと誘い，雌はこの求愛ダンスに応じて巣に近づく．雄が巣をくぐる行動を見せ，それを受けて雌も巣に入り産卵し，雄は巣に入り直して放精する（図9·2）．

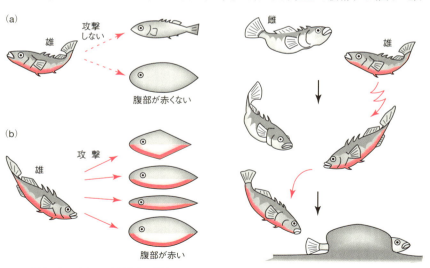

図9·1　イトヨが攻撃する対象　　　　　図9·2　イトヨの求愛行動

このように，一つの行動要素が相手の次の行動要素を引出す刺激となっており，次々に特定の行動を連鎖的にひき起こす．

9・1・2 行動要素に関与する遺伝子と脳−神経系

生得的行動に対する遺伝子の関与が明らかになった例として，キイロショウジョウバエの雄の求愛行動を取上げる（図9・3）．野生型の雄の交尾は，① 定位: 雌を見つけ，体の向きを合わせる．② タッピングと求愛歌: 雌の腹を触り，雌の出すフェロモンを感知し，左右の翅を振動させて羽音を出す．③ 交尾器への接触と交尾試行: 雌の交尾器をなめ，雌の背後に乗って腹部を曲げる．④ 交尾: 雌が求愛を受入れ，交尾が成立．

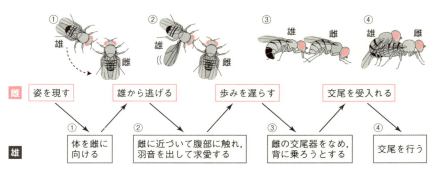

図9・3 キイロショウジョウバエの求愛行動 [イラスト提供: 佐藤耕世氏，山元大輔氏]

これらの行動要素にはそれぞれ特定の遺伝子が関与している．これはいくつもの突然変異系統によって明らかになった．たとえば，脳−神経系に特異的に働く性行動決定因子であるフルートレス（*fruitless*）遺伝子の変異体の雄は雌に求愛しなくなり，また別のサトリ（*satori*）遺伝子変異体の雄は，雌ではなく雄に積極的に求愛してしまう．雌では，ペインレス（*painless*）遺伝子（味覚器，嗅覚器，聴覚や重力感覚器官，脳などで発現）の変異体は雄への求愛受容率が高まる．ショウジョウバエの性行動では求愛歌を歌う雄特有の行動を支配する遺伝子が多く発現している．

9・2 定位行動と長距離ナビゲーション

動物は食物や快適な環境を求めて移動する．このとき動物は，環境中の刺激を目印にして特定の方向を定めており，これを**定位行動**という．動物の定位行動には，刺激源に向かって反射的に移動する**走性**（ハエの正の走光性，ゾウリムシの負の

走地性など)のような単純なものから,周囲の環境で獲物の位置を正確に定めて採餌したり,ハトの帰巣や鳥の渡りなど**長距離ナビゲーション**を伴うものまでさまざまである.

動物が特定の方向を定める定位や,大規模な移動の方角の決定,そして個体間のコミュニケーションなどには,どのような感覚器や脳-神経系が関係しているのだろうか.

9・2・1 夜行性動物の音源定位

メンフクロウは,真っ暗闇の中でも獲物が立てるわずかな音をたよりにその居場所を正確に特定し,素早く飛び立って捕らえることができる.小西正一は,**音源定位**におけるメンフクロウのすぐれた能力を実験的に解明した.

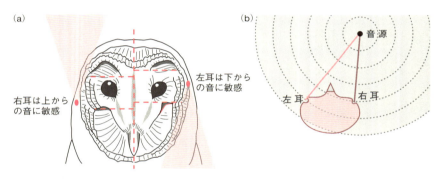

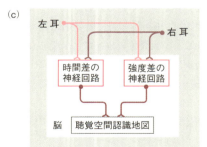

図9・4 メンフクロウの顔面と左右の耳の位置(a, b)と脳内の聴覚空間認識地図(c)
(a) 左右の耳で受取る音の強度が異なり,これが音源の高さを知るための手がかりとなる.(b) 音源の位置によって左右の耳に届く時間が異なるため,音源の方角を知る手がかりとなる.

メンフクロウの主食である野ネズミはもっぱら夜間に餌を探しに出るので,視覚による獲物の探索は夜間では難しい.メンフクロウは暗闇で狩りをする際,地面を調べるためにいくつもの止まり木を訪れる.実験的に暗闇状態で枯れ葉を敷いた床にネズミ大の紙のかたまりを置き,引きずってみると,メンフクロウは正確に紙の

かたまりを捕まえる．つまりメンフクロウは，獲物のにおいを嗅覚で感知するのではなく，体温が発する赤外線を感知して獲物を捕らえるわけでもない．

メンフクロウは高い枝に止まって地面めがけて飛び降り獲物を捕らえるので，水平面と垂直方向での自分自身と獲物の間の二つの角度（方位角と仰角）を知覚する必要がある．そこで小西らは，鳥が音源の音を聞き分けて頭をそちらに向ける角度を測定する装置を考案した．

メンフクロウは，左耳が右耳より高い位置にずれており，顔面のひだは音とその響きが耳に集中するような構造になっている．左耳は下からの音に敏感で，右耳は上からの音に敏感である（図9・4a）．到達する音の強度が左右の耳で異なること，さらにある方向からの音が左右の耳に届く時間が異なることを知覚できる（図9・4b）．試しに，左耳に栓をすると，フクロウは頭を標的よりも少し右上方の方向に向けてしまう．逆に右耳に栓をするとフクロウは標的よりも少し左下方を向く．どちらの場合も，耳栓をしっかりとはめるほど，誤差の角度が増大する．

この特殊な顔面の構造によって，メンフクロウは獲物が立てた音が両耳に達するまでの時間差と強度差，方向の情報を統合することにより，上下左右からなる聴覚の三次元の空間認識地図を脳内につくり上げ（図9・4c），暗闇でも獲物の方角や下向きの角度を正確に突き止めることができるのである．

9・2・2 伝書バトの帰巣と耳石器

伝書バトは見知らぬ遠い土地からでも巣に帰ることができる．ハトは太陽の方角と同時に地磁気も知覚して方角を決めており，その仕組みには耳石器が重要である．

図9・5 鳥の耳石器と壺嚢

耳石器は内側をリンパ液で満たされた袋状の器官で，クラゲのような刺胞動物から哺乳類まで広い分類群に存在し，重力や加速，遠心力などを感知する感覚器である．脊椎動物の耳石器では，耳石，耳石膜，感覚上皮と神経から構成される．耳石の組成は炭酸カルシウムの結晶であり，微量の磁性金属が含まれる．鳥やサケなど

帰巣行動を示す動物の耳石器にある耳石は，鉄やマンガンなどが包まれた炭酸カルシウムからなり，生体磁石とよばれる．伝書バトの耳石器内の壺嚢（図9・5）の耳石が感覚毛を刺激し，これが脳に伝わって方角を決めている．ハトの耳石器から脳に伝わる神経を実験的に遮断すると，ハトは帰巣できなくなる．また，耳石器の横に小さな磁石を埋め込むと，帰巣は大きく遅れるか不可能となったが，磁石を外してやると早々に帰巣した．

壺嚢は，魚類，両生類，鳥類に存在し，もともと空中を飛行したり水中を遊泳するときの高度や水深など三次元の感覚器であると考えられてきたが，地磁気を感じる感覚器でもあることがわかった．

▌9・3　動物のコミュニケーション —— 情報伝達

　動物のなかには集団で生活しているものもいて，その集団を**コロニー**や**群れ**とよぶ．これらの動物では，同種個体同士で情報をやりとりする**コミュニケーション（情報伝達）** が発達している．

9・3・1　昆虫のフェロモン

　動物の体内でつくられて体外へ分泌された物質が，信号刺激として同種の他個体の化学受容器で受取られ，その個体に特有な行動を起こさせる場合，この物質を**フェロモン**という．嗅覚の発達した哺乳類や昆虫ではいろいろな種類のフェロモンが知られている．代表的なものとして，カイコガの雌の性フェロモン（ボンビコール，雄を誘引する）とミツバチの女王物質〔女王の体表から発せられ，働きバチ（すべて雌）の繁殖を抑制し，さらに女王用の王台を作らせる〕を示す．これらは鎖状に連なる炭化水素であり，このような単純な構造の物質が他個体の行動の制御に使われている．

$$\text{ボンビコール}\quad CH_3-(CH_2)_2-CH=CH-CH=CH-(CH_2)_8-CH_2OH$$
$$\text{女王物質}\quad CH_3-CO-(CH_2)_5-CH=CH-COOH$$

　アリは地中に巣をつくるものが多く，嗅覚を利用したさまざまな**化学コミュニケーション**が発達している．餌場を探し当てた働きアリは，巣に戻るときに**道しるべフェロモン**を地面に残しておき，仲間を餌場へ誘導する（図9・6）．外敵に遭遇したときに分泌される**警報フェロモン**は，仲間に警戒を促す．

　また，アリや社会性のハチは，体表成分の組合わせで巣の仲間特有のにおいを識別できるので，同じ巣の仲間と別の巣の相手とを区別できる．たとえば，コハナバチの一種は女王バチと働きバチからなるコロニーをつくるが，巣の入り口にいる門

番のハチは，巣に進入する個体の血縁を体表成分の組合わせによって知覚し，巣に通してよい巣仲間と排除すべき非血縁の個体を判別している．血縁度が高い個体ほど通過率も高い（図9・7）．

図9・6 アリの行列［写真：© Teodoro Ortiz Tarrascusa/123RF］

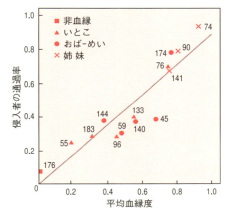

図9・7 コハナバチの巣仲間認識 別々に飼育しておいた血縁度がわかっているハチを，巣の入り口にいる門番バチに向かわせた実験．数値は繰返し数．[L.Greenberg, *Science*, **206**, 1095-1097（1979）より]

9・3・2 ミツバチのダンス言語

ミツバチは蜜のある花（蜜源）を探し当てると，巣に戻って仲間にミツバチ特有の尻振りダンスで蜜源の位置情報を伝え，その餌場へと誘導する．尻振りダンスは巣から餌場までの方位と距離を仲間に教えるので，**ダンス言語**とよばれている．

巣から100m以内の近場に蜜源がある場合は，**円形ダンス**によってその情報を仲間に伝える（図9・8a）．最初一方向に回り，次に反対方向に回るという動作を何度も繰返す．ダンスで興奮したほかの働きバチは，触角を踊り手に触れながらその後を追うが，そのときに新しい餌場から運ばれてきた蜜や花粉を食べたときに嗅いだにおいを記憶する．円形ダンスでは，方角や距離の情報は伝えられず，"巣の近くにこのにおいの源である一群の花がある"という情報だけが伝えられる．

一方，餌場が巣から100m以上遠い場合には**8の字ダンス**を行う（図9・8b）．8の字ダンスはやや複雑なダンスであり，尻を振りながら直進するパートの後で，右に回って元の位置に戻り，再び尻を振りながら直進するパートの後で，左に回って元の位置に戻る．このとき，巣板の鉛直上方と8の字ダンスの直進部分の方向とのなす角度 θ は，太陽の方向と餌場の方向とのなす角度 θ に相当する（図9・8b）．

また，尻振りダンスの直進部分のダンスの速度は餌場との距離を示し，速い直進ダンスは餌場が近いことを，ゆっくりであれば遠いことを意味する．

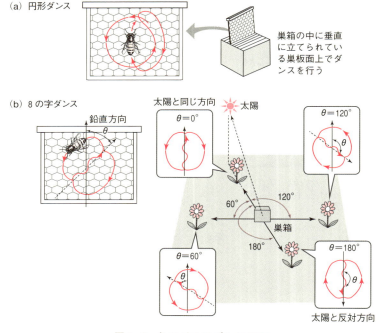

図9・8　ミツバチのダンス言語

セイヨウミツバチと近縁のアジアミツバチ（*Apis cerana*）のコロニーに，セイヨウミツバチの巣板（5000匹の働きバチが羽化する）を実験的に導入した研究がある．両種は8の字ダンスによる蜜源への距離の伝達情報が異なるのだが，導入されたセイヨウミツバチの8の字ダンスをアジアミツバチが学習することで，正確に蜜源を探し当てることがわかった．8の字ダンスは，遺伝的にプログラムされた行動だけでなく，可変的な学習行動が組合わされて成立しているのである．

9・4　学習と記憶

動物の行動は遺伝的にプログラムされたものばかりでなく，生まれてからの経験によっても変化する．これを**学習**という．脳-神経系の発達した動物では，特に刺激を学習したことによる行動の変化がしばしばみられる．

9・4・1 アメフラシのえら引っ込め反射

海産軟体動物のアメフラシは，背中に"えら"をもっており（図9・9），えらと水管の周辺を触れると慌ててえらを引っ込める反射を示す．これはどのような動物でも備わっている**忌避反射**の一種である．E. カンデルによる脳-神経系の学習と記

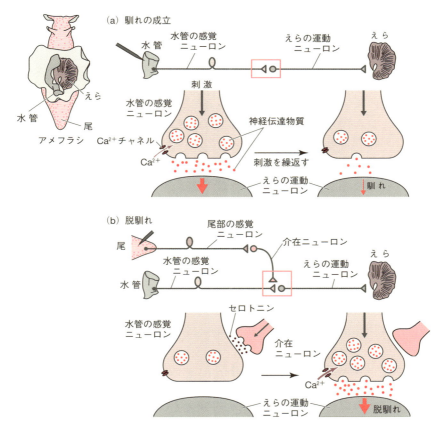

図9・9 アメフラシのえら引っ込め反射の学習に関わる神経機構 赤枠部分のシナプスの様子を拡大して示している．赤い矢印の大きさは興奮性シナプス後電位（EPSP）の強さを示す．

憶の研究では，このアメフラシのえら引っ込め反射が大いに役立った．アメフラシの中枢神経系は，神経細胞の数が哺乳類と比べてずっと少なく，組織を取出しても機能し，神経細胞自体が大きいので微小電極を入れる操作も可能だからである．

アメフラシは水管を触るなど機械的な刺激を与えるとえらを引っ込めるが，この刺激を繰返すと徐々にえらを引っ込めなくなる．これを**馴れ**とよぶ．その後，しばらく放置して再び刺激を与えるとえら引っ込め反射が復活するので，この反応は学習と記憶の一種であることがわかる．アメフラシの馴れ成立の神経機構を図9・9aに示す．刺激を受けると水管の感覚ニューロン末端の Ca^{2+} チャネルが開いて Ca^{2+} が流入し，小胞の神経伝達物質がシナプス間隙に放出される．それが運動ニューロンを刺激し，興奮性シナプス後電位（EPSP: シナプス後膜で発生する興奮性の膜電位変化，§7・2・4参照）が発生する．水管周辺の刺激を受け続けると，Ca^{2+} の流入が減少しやがて水管の感覚ニューロンからの神経伝達物質が減るためEPSPが小さくなり，運動ニューロンのシナプス電位は減少していき，馴れが生じる．

しかし，馴れを形成させた後に，尾部に強い機械的刺激（針で刺す）を与えると，えら引っ込め反射が復活する（**脱馴れ**）．さらに頭部や尾部に強い刺激（電極で感電させる）を与えると，普通では引っ込め反射を起こさない弱い水管刺激であっても敏感にえらを引っ込めたままになり（**鋭敏化**: 脱馴れが生じるのみならず，反射が2週間もの長期にわたって過敏に続くこと），害のある刺激に対して過敏になる．尾部での強い刺激で生じる脱馴れの神経機構を図9・9bに示す．尾部の感覚ニューロンに結合する促通性調節ニューロン（介在ニューロン）は，水管の感覚ニューロンとえらの運動ニューロンのシナプス前末端に結合する．介在ニューロンから放出されたセロトニンは，水管の感覚ニューロンを刺激し，Ca^{2+} の流入量が増えcAMPが生成される．cAMPはタンパク質リン酸化酵素A-CREB系を活性化させ，神経伝達物質放出量を増加し，えらの運動ニューロンへの増強作用をもたらすことで鋭敏化の長期記憶が起こる．

9・4・2 小鳥による求愛歌の学習

小鳥のさえずり(歌)は，繁殖期に縄張りを宣言し，雌への求愛のために発する音声である．これは，ふ化後のある一定期間内の学習によって獲得される．この歌学習には二つの段階がある．キンカチョウの場合は，① ふ化して約25～35日の間に，幼鳥はモデル（多くは父親）の歌を聴いて，歌の鋳型として脳に記憶する（感覚学習期）．② 約35～90日の間に幼鳥は実際に声を出して自分の音声（サブソング）を聴きながら，記憶したモデルの歌へと調整し，90日後の成鳥になると自分の歌を完成させる（運動学習期）．

実験的に，キンカチョウをふ化後35日目まで母親だけに育てさせ，その後，単独隔離した（期間は65日目，90日目，120日目までの3段階を設けた）．その後に，

父親とは別のモデルの雄の歌を聞かせたところ，65日目までの隔離ではモデルの雄の歌をかなりうまく学習したが，隔離が90日を過ぎると学習効果は下がった（図9・10a）．

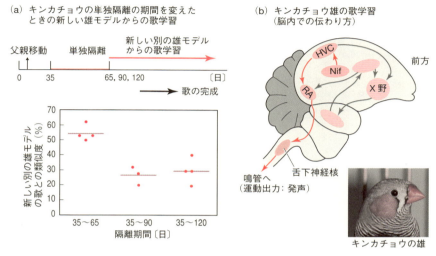

図9・10 キンカチョウの歌の分析 (b) 赤い矢印は鳴管を震わせる回路，灰色の矢印は歌の可塑性に関わる回路を示す．X野：大脳基底核，Nif：前脳回路の中間核，HVC：高次発声中枢，RA：外套弓状部大細胞核．［(b) 写真提供：池渕万季氏］

キンカチョウの求愛歌の学習には，脳内のいくつもの部位が関係する．前脳回路（外套-基底核-視床）の中間核（Nif）から高次発声中枢（HVC）を経てRA（外套弓状部大細胞核）→舌下神経核につながる神経系は，気管の分岐点に位置する鳴管を震わせる指令となる（図9・10b）．

9・4・3 連合学習とオペラント条件づけ

イヌに肉片を与えると唾液の分泌が起こる．I. パブロフは，肉片を与える直前にいつもベルを鳴らすようにすると（図9・11a），イヌはやがてベルの音だけでも唾液の分泌を起こすようになった（図9・11b）．このように，肉を見ると唾液の分泌が起こるという，本来の刺激（**無条件刺激**）によってひき起こされる反応が，もともと無関係だったベルの音の刺激（**条件刺激**）と結びつくことを**連合学習（古典的条件づけ）**という．

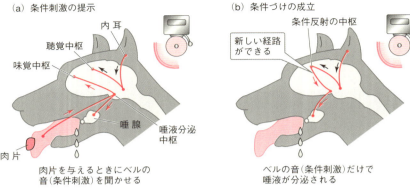

図9・11 パブロフの古典的条件づけ実験

■ 行動の発達と刷込み

オーストリアの K. ローレンツは，ハイイロガンの卵をふ化させ，それをガチョウに育てさせていたとき，ふ化直後のある時期に見た動くものをあたかも母親であるかのように記憶し，そのあとをついて歩くことを明らかにした（図a）．このような，生後のある時期に受取った刺激が，その後の特定の行動と結びついて記憶される現象を**刷込み**（インプリンティング）という．

刷込みが起こるのは，ふ化後の一定の時期に限られていて，ニワトリのひなでは，ふ化後約15時間頃に最もよく起こることが知られている（図b）．刷込みは，周りの状況を認識できるようになったふ化直後の一定時期に動物が身につける一種の学習であるが，いったん刷込まれると変更されにくく，生得的行動のような性質ももっている．

ただし，刷込みの機構に関するその後の研究はまったく進んでおらず，いまだに謎である．

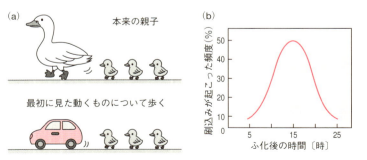

図 刷込み(a)と刷込みが成立する時間(b)

9・4 学習と記憶

　また，ミツバチは自然界で蜜が出ている花の色を覚えて，その花に何度も訪花する．ミツバチの食道下神経節には大きな1個の神経細胞があり，花の色と蜜の報酬を**連合学習**し，頭部の脳の視葉とキノコ体でその花の色を記憶する（図9・12a）．実験的に，青色の人工花には蜜が出ていることを学習・記憶させ訪花し続けるよう訓練された実際のミツバチに，突然，黄色の人工花に蜜が出るようにして，青い花には蜜が出ないように切替えて提示する．すると，ミツバチは少し試行錯誤したのち，すぐに黄色い花に訪花するよう，行動を迅速に切替えた（図9・12b）．この神経細胞をコンピューターで模した強化学習ネットワークモデルでも，実際のミツバチと同様の迅速な花色の切り替わりをしたので，動物の迅速な適応行動には，強化学習が重要であることがわかった．ミツバチは蜜という訪花行動の報酬と，感覚器から入力される花の色を結びつけて，どの花に蜜が出ているかを連合学習することで，さらに蜜を求めて自らの訪花行動を強化している．これにより，効率の良い訪花行動を起こすことで，変動する自然環境に適応している．

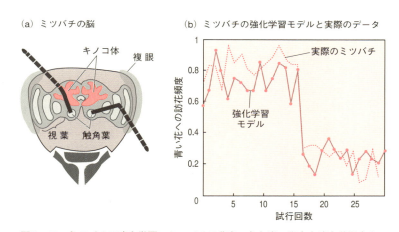

図9・12 ミツバチの連合学習　ミツバチは花弁の色と蜜の出方を連合学習する．

　このように，動物自らの行動が引き金となった結果，報酬による刺激や失敗による嫌悪刺激に適応して，自発的にある行動を行うような学習が成立する場合，これを**オペラント条件づけ**とよぶ．報酬を何度も得られれば，その行動は**強化**され，哺乳類では脳内の神経伝達物質ドーパミンによるドーパミン-報酬系が作動して，その行動を何度も繰返すようになる．昆虫ではオクトパミンがこの作用をつかさどる．逆に，行動の結果が失敗となる忌避刺激を受ける場合は，セロトニンなどが作用して，リスクの高い行動が控えめになる．

9・5　試行錯誤，洞察学習，社会的な学習

9・5・1　試行錯誤と洞察学習

洞察学習（見通し学習）は，推論に基づく高度な学習形態である．洞察学習とはゲシュタルト心理学の用語で，いま遭遇している状況を過去の経験に照らして，回り道する選択肢の方が有利だと判断できる能力である．これは普通，大脳の発達した哺乳類（霊長類など）や鳥類（カラスなど）がときどき示す学習であるが，まれに節足動物などにもみられる．注意したいのは，地上で獲物を引きずって運ぶジガバチなどは，障害物に遭遇すると遠回りするが，これは遺伝的にプログラムされた行動であり，洞察学習とはいえない．洞察学習の例としてハエトリグモの例をあげる．餌が取付けられた複雑な接近支柱と，餌のない空の柱を実験場とする（図9・13）．二つの柱の中間地点の穴から出てきたハエトリグモは，まず空間全体を見回す．

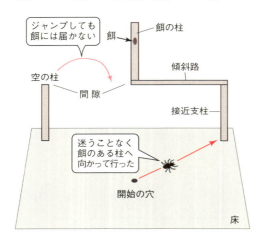

図9・13　ハエトリグモの洞察学習
穴から出て来たハエトリグモの歩行軌跡の一例．穴から出て来て，ときどき空の柱，傾斜路，そして餌へ交互に頭を向けながら，迷わずに接近支柱にたどり着いた．[M. Tarsitano, *Animal Behavior*, **72**, 1437-1442 (2006)を改変]

次に空の柱や餌に通じる傾斜路にしばしば頭を向けながらも，歩行は迷うことなく遠回りの餌の柱にたどり着く．ハエトリグモは空の柱からジャンプしても餌には届かないことを前もって推論している．つまり，餌と周囲の三次元構造物を見比べながら，頭の中だけで試行錯誤を繰返しながら遠回りして餌の柱に接近する選択肢を選ぶ．洞察学習の本質は，脳内で仮想の試行錯誤を繰返すことと考えられており，頭部神経節で小さなキノコ体しかもたないハエトリグモが，このような高度な推論判断が可能である点は驚きである．

同様に，チンパンジーなどは，天井から吊り下げられたバナナに手が届かない場合は，踏み台の代わりになる身の回りの箱を餌の下に高く積んで，その上に登って

9・5 試行錯誤,洞察学習,社会的な学習

バナナを取ったり,棒を竿のようにつないでバナナを叩き落とす(図9・14).これも現在の状況を過去の経験に照らして,脳内で仮想の試行錯誤をすることで,回り道する選択肢の方が有利だと判断して,踏み台や棒を探す洞察学習である.

図9・14 チンパンジーの洞察学習 (a) 高い場所に吊るされたバナナを取るために,身の回りにある箱を積み重ねて,そこに登ってバナナを取った.(b) 棒をつないで竿のようにして,バナナを叩き落とした.これらの行動は,何度も試行錯誤を繰返したあげくではなく,じっと考えて一挙にひらめいたことに注意.[W. Köhler, "Intelligenzprüfungen an Menschenaffen", Springer(1921) より]

9・5・2 個体学習,模倣,そして社会的な学習へ

個体の行動が群れの仲間によって相互に注視されることで,群れに共通の行動となる場合がある.たとえば群れのある個体が採餌の際に効率良く餌を得る行動を見た他の個体が,相手への注視とその個体の動機づけの向上によって,群れ全体に学習行動が触発されることがある.これを**社会的な学習**[*2]という.たとえば,チンパンジーのシロアリ釣りとそのための木の枝による道具の使用が典型的な事例である(図9・15a).この行動は,J. グドールによってタンザニアのゴンベ渓谷の群れ

[*2] "社会学習"の定義は研究分野によって捉え方が異なる.適応進化をベースにした行動生態学では比較的広く社会行動と見なす傾向があるが,動物心理学ではより厳密である.たとえばチンパンジーのシロアリ釣りでは最初の個体の採餌行動を注視することで,周囲の個体の動機づけが向上し,試行錯誤や洞察行動でその採餌行動を個体学習で迅速に身につけると考えられ,厳密な社会行動ではないとされている.よってここでは"社会的な学習"とした.

で発見された．この群れのシロアリ釣りは，しなる枝を適当な長さに切取り余分な枝葉を除去して，しごいて道具を作るところから始まる．その枝をシロアリ塚の入り口に差し込み，頃合いを見計らって抜くと，シロアリが枝に集まってしがみついているので，その釣り枝からシロアリだけ口でしごいて食べる．

(a) チンパンジーのシロアリ釣り　　　(b) 幸島のニホンザルの芋洗い

図 9・15　チンパンジーの学習行動　[(a) © Mark Higgins/Dreamstime.com, (b) 写真提供：吉田 洋氏]

　最初にこのシロアリ釣りの採餌行動を見いだした個体は，おそらく試行錯誤と洞察行動によって自力で成し遂げたのだろう．それ以降の群れの仲間たちは，効率良くシロアリを食べているその個体を注視し，その行動を真似る動機づけが向上し，この採餌行動が群れ全体に伝わったものと考えられる．これは，最初の個体が他個体に向けて直接その行動を教えたわけではない．

　似た事例は，日本の幸島のニホンザルによる海辺での芋洗いでも同様にみられており（図 9・15b），最初に芋洗い行動を示した個体（イモと名付けられた雌）も，自分の子供に積極的に教えたわけではない．波打ち際で芋を洗うと芋についた砂を流せる利点がある．おそらく，イモの子供たちが母親の芋洗い行動を注視することによって，動機づけがその行動に向き，試行錯誤や洞察行動で迅速に芋洗い行動が伝わったと考えられる．

　ヒト以外の動物での道具使用に関わる"真の模倣"（効率良く成果を得る相手のやり方と自分の行動とを比較することで，相手の行動の利点を知って積極的に模倣する）を介した社会的な学習は，チンパンジーでも実験的に1例だけ報告されている．この場合は，他者がより効率良く道具を使って行動しているのを見て，自分の技法を変えるという"行動の洗練"がみられた．

　この事例では，実験者がチンパンジーにストローを与え，壁に開けた穴の奥にあるジュースをストローで飲ませた．前もって"ストローで吸う"ことを教わった個

図9・16 チンパンジーによる"真の模倣"と技法の伝承 (a) アユムはストローをジュースに浸し、ストローを引出して先についたジュースをなめた。(b) 前もってストローでジュースを吸うことを実験者から教わったペンデーサの横で、アユムはストローの使い方をじっと見て模倣し、このあとストローを吸ってジュースを飲んだ。"ストローで吸う"技術が伝承された。[S. Yamamoto, T. Humle, M. Tanaka, *PLoS ONE*, 8(1), e55768(2013)より]

体と、教わらなかった個体を2頭ペアにして試行させる。教わらない個体は、最初はストローをジュースに"浸して"なめていたが、相手が"吸う"行動を示すと、それを間近で観察し、気づいて"吸う"ことをし始めた。いったんその行動を覚えると、"浸す"ことはしなくなった。このように、他者と自分の行動を比較して、自分の技法を改善する行動は、真の模倣の段階にあり、社会的な学習に近づいたといえる（図9・16）。このような過程を経て、技法は群れの中に伝承されていったと考えられる。

10 植物の基本体制と発生

10・1 植物の多様性と分類

植物は,葉緑体をもち,光合成を行う原生生物である単細胞の**藻類**から進化した(図10・1).葉緑体には光合成色素であるクロロフィル a が必ず含まれている.これは真核細胞が,光合成を行うシアノバクテリア(ラン藻)を細胞内に取込むこと(**細胞内共生**,p.47のコラム参照)によって藻類が誕生したからである.シアノバクテリアの細胞内共生が起こったのち,**緑藻類,紅藻類,灰色藻類**に分かれ,さら

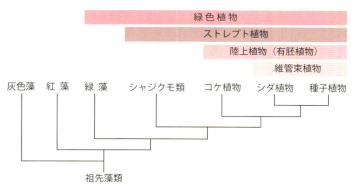

図10・1 緑色植物の系統樹 緑色植物の系統は陸上植物につながる系統(ストレプト植物)と狭義の緑藻につながる二つの系統に分けられる.有胚植物とは胚をもつ植物のことであり,コケ植物,シダ植物,種子植物が含まれる.

に他の真核細胞に共生すること(**二次共生**)で藻類は多様化していった〔**褐藻類**(コンブ,ワカメなど),**ハプト藻類,クリプト藻類**など〕.さらに緑藻類,紅藻類,褐藻類では多細胞化することで,大型化していった.やがて,緑藻類から分かれて,淡水で生育していた**シャジクモ類**から,陸上で生活する現在の植物に進化していったと考えられている.

植物とは，葉緑体において光合成を行う，おもに陸上で生活する多細胞生物を意味する．植物は維管束（p.215 参照）の有無，種子形成の有無などによって，**コケ植物，シダ植物，種子植物**に分類される．コケ植物を除く植物が**維管束植物**である．

a．コケ植物　コケ植物は維管束をもたず，胞子で繁殖する．私たちが見ている植物体は単相（n）の配偶体であり，配偶子（卵，精子）を形成する．受精によってつくられた胞子体（$2n$）は，速やかに減数分裂して，次代の配偶体となる．

b．シダ植物　シダ植物は胞子で繁殖する．維管束をもつが，道管がなく，仮道管のみをもつ．通常見かける植物体は胞子体（$2n$）で，減数分裂により形成された胞子が発芽して，**前葉体**とよばれる配偶体（n）となり，配偶子（卵，精子）を形成する．受精によってつくられた胞子体が発芽，成長して次代となる．

c．種子植物　種子を形成する維管束植物が種子植物である．配偶子は雄性の花粉と雌性の胚珠に分化している．花粉が胚珠に到達して受精し，受精後に胚珠が発達したものが種子である．種子は胚と初期成長の栄養となる胚乳（または子葉）が種皮に包まれた構造をしており（図 10·8 参照），乾燥，低温などの悪条件を休眠によってやりすごすことができる．種子植物は種子をつくり出したことで，陸上の広い地域に進出できるようになった．

種子植物には，胚珠がむき出しの裸子植物と，胚珠が子房に包まれた被子植物がある．**裸子植物**には，球果類（マツやスギなど），ソテツ類，イチョウ類，グネツム類の四つのグループがあり，シダ植物と同様に仮道管のみをもつ．球果類は裸子植物のなかで最も繁栄しているグループで，種子は一般に球果（たとえばマツボックリ）を形成する．通常，大量の花粉を放出し，風媒により受精する．ソテツやイチョウでは受精の際に精子が放出されることが知られている．

被子植物は花と果実という生殖器官をもつ種子植物である．最も多様化し，植物全体の約 90% にあたる 25 万種以上を含む．系統的には 2 枚または複数の子葉をもつ**双子葉植物**が先に分化し，1 枚の子葉をもつ**単子葉植物**が後から分化した．被子植物は特徴的な重複受精をする（§10·3·3 参照）．多くの被子植物には道管があり，根で吸収した水や無機物が効率的に運ばれる．花は，受精のための昆虫や鳥の誘因などさまざまな要因に伴って，大型化，複雑化している．

10·2　植物の基本体制

植物は水や栄養となる無機物を地下から，二酸化炭素や光を地上から吸収する．維管束はこれらの資源を効率良く植物体内で運ぶために発達した組織である．ここでは，その維管束植物のなかでも最も身近な被子植物を取上げる．

10・2・1 植物の器官

維管束植物の体は基本的に光合成を行う**葉**，水や無機物を吸収する**根**，葉を支え根と連結する**茎**，の三つの器官からなり（図10・2a），動物と比較すると単純な構造をしている．また，これらの器官は根系とシュート系（茎と葉）に大別される．根の先端と茎の先端には，細胞分裂を続けている**分裂組織**があり，分裂した細胞が成熟するにつれて縦方向へ伸びる．つまり，根も茎も先端ほど新しい細胞でできている．

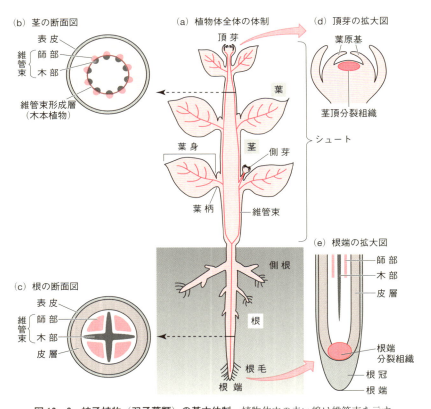

図10・2 被子植物（双子葉類）の基本体制 植物体中の赤い線は維管束を示す．(a) 頂芽と根端を結んだ方向に体軸が形成される．また側方には，葉，側芽，側根を分化する．(b) 茎の断面図．(c) 根の断面図．維管束系の木部と師部の配置は茎と根で異なる．(d) 頂芽の拡大図．茎頂分裂組織は葉の原基を形成しながら分裂を続ける．(e) 根端の拡大図．根端分裂組織で分裂した細胞は，維管束の細胞などに分化する．先端には根冠が存在し，分裂組織を覆い保護している．

a. 根 根は地下にあって，植物体を土壌につなぎ止め，水と無機物を吸収する．また，糖の貯蔵にも働く．根の先端には**根端分裂組織**があり，根冠で保護されている（図 10・2e）．主根から側根が生じ，この側根からさらに側根が生じることで複雑に分枝した根系が形づくられ，植物体を支えている．多くの植物では水と無機物の吸収はおもに根端付近で行われる．根端には莫大な数の**根毛**が出ており，吸収のための表面積を増大させている．さまざまな環境に適応するため，特殊な機能をもつ根を進化させた植物もいる．たとえば，強固な支柱となるもの（トウモロコシの支柱根）や，水や無機物を蓄えるもの（アカカブの貯蔵根），空気中から酸素を吸収するもの（マングローブの呼吸根）などがある．

b. 茎 茎は植物体の地上部を支え，効率的に太陽光を浴びられるように葉を配置する．茎の内部には維管束が通っており，根から葉に水分や無機物を運んだり，葉から根に光合成産物を運んだりする．葉がついている場所を節とよぶ．節と節の間を節間とよぶ．葉の付け根の上側には**側芽**が生じ，枝分かれをつくる．茎の先端には**茎頂分裂組織**（図 10・2d）があり，ここから葉と茎が形成される．

c. 葉 葉は太陽光を受けて糖質をつくる光合成器官である．平らな部分を**葉身**とよび，**葉柄**で茎に接続している．多くの単子葉植物では葉柄の代わりに，葉の基部が茎を包んで**葉鞘**を形成している．葉の維管束を**葉脈**とよび，葉の中を網目状に枝分かれして茎の維管束に連結している．葉の維管束は表側に木部，裏側に師部が配列した構造になっている（図 10・3）．ほとんどすべての葉は光合成のために特化しているが，光を受けること以外に，葉は大気とのガス交換，熱の放散，草食動物や病原体からの保護を行う．葉の形はさまざまで，特殊な機能をもつ葉を進化させた植物もいる．たとえば，サボテンの棘は葉が変形したものである．また食虫植物は虫を捕らえるように葉を進化させた．

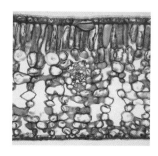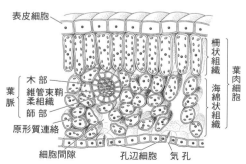

図 10・3 葉の構造 左はヤブツバキの葉の断面写真．[写真提供：福原達人氏]

214   10. 植物の基本体制と発生

葉の裏側には多数の**気孔**がある．気孔は半月形をした二つの**孔辺細胞**に挟まれた孔で，孔辺細胞が膨らんだり戻ったりすることで，孔の開閉を調節する．一般に気孔は光合成を行う昼間に開き，夜間は閉じる．また，光合成に必要な二酸化炭素が欠乏すると開き，空気が乾燥すると閉じる．孔辺細胞は内外のさまざまな環境刺激を統合して，光合成と蒸散のバランスを調節している．

葉の大部分は葉緑体を多数含む柔細胞である**葉肉細胞**でできており，葉の表側には細長い細胞が密に並んだ**柵状組織**を，裏側には細胞間隙に富んだ**海綿状組織**を構成している（図10・3）．葉肉細胞間の間隙は，気孔を通して外界とのガス交換がしやすい構造になっている．葉に当たった光は，まず柵状組織の葉緑体で吸収される．その後，球状の海綿状組織で屈折・散乱されることで光路長が伸び，海綿状組織の葉緑体にも効率的に吸収される．このように，葉は光を効率的に吸収しやすい構造にもなっている．

10・2・2 分 裂 組 織

植物の細胞は移動能力をもたず，また互いに細胞壁でつながれているので，動物と違って他の細胞との位置関係を大きく変えることはない．胚の時期を除くと，活発な細胞分裂を行っているのは，植物個体のごく一部の**分裂組織**とよばれる領域に限られる．分裂組織では未分化な組織が細胞分裂し続けることで，新たな細胞をつくり続けており，これを**無限成長**とよぶ．したがって，基本的に植物はどの時期でも，未分化および発達中の器官，そして成熟した器官をもっており，絶え間なく成長している．分裂組織は**頂端分裂組織**と**側部分裂組織**に大別される．

a. 頂端分裂組織　頂端分裂組織は先端を伸ばしていくものであり，茎頂にある**茎頂分裂組織**，根端にある**根端分裂組織**，そしてシュートの**側芽**がある（図10・2参照）．茎は伸び，葉は広がって光を受け，根は土壌中へ伸びる．この長さ方向の伸長成長を**一次成長**とよぶ．

b. 側部分裂組織　側部分裂組織は太さを増すものである．木本植物や多年草の茎や根では，一次成長が停止した部分でも太さは増加する．維管束の木部と師部の隙間をつなぐように輪のような分裂組織（**維管束形成層**）があり（図10・2b参照），木部を蓄積することで樹木や根を肥厚する．また表面にも形成層が存在し，樹皮の形成を行う（コルクはこの形成層が死んだ部分である）．このような肥大成長を**二次成長**とよぶ．

10・2・3 植 物 の 組 織 系

植物の基本的な器官である根，茎，葉はどれも，**表皮組織**，**維管束組織**，**基本組**

織の三つの基本的な組織から構成されている．これらの組織はそれぞれ**組織系**を形成し，植物体全体でつながっている．

a. 表皮組織系　　表皮組織系は植物体の外側を覆う防御壁である．草本植物の表皮は通常，1層の細胞層からなっている．葉や茎の表皮の表面には**クチクラ層**というロウの被膜があり，内部の組織を保護し，乾燥を防いでいる．ツバキの葉がつやつやと光るのは，クチクラ層が分厚いからである．また，葉の裏側の表皮組織では，光合成や水の蒸散に関わる気孔が分化している．

b. 維管束組織系（図10・4）　　維管束は**木部**と**師部**からなり，被子植物の木部の中ではおもに**道管**が，師部の中では**師管**が物質輸送の役割を担っている．

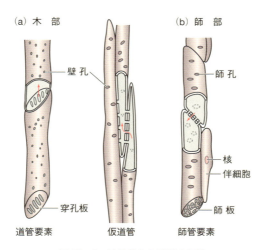

図10・4　被子植物の維管束組織

　木部は水と水に溶けた無機物を根からシュートへと下から上に運ぶ．木部を構成する細胞は，**仮道管**と**道管要素**とよばれる死んだ細胞である．細胞壁にリグニンを含むことで強化され，水輸送の張力に耐えるとともに，茎を支えている．仮道管も道管要素も水を通す構造になっているが，様式が少し違う．仮道管は細長い細胞で，仮道管同士が接している．水はおもに壁孔を通って細胞間を移動する．道管要素は一般に仮道管より太く短い細胞で，端と端で接して長い管を形成する．これが道管である．道管要素同士が接している面の細胞壁は穿孔板という孔が開いた仕切りになっていて，仮道管よりも水を効率的に運べる構造になっている．仮道管はすべての維管束植物にみられ，ほとんどの被子植物はさらに道管をもっている．

師部は光合成産物を葉から必要としている部位や貯蔵場所に運ぶ。木部とは異なり、師部をつくる細胞は成熟した段階でも生きている。被子植物の師部は、**師管要素**とよばれる細胞がつながってできた師管からなる。師管要素は生きてはいるが、核やリボソーム、液胞、細胞骨格を欠いていて、細胞の中を物質が通りやすくなっている。師管要素同士が接している面の細胞壁は、**師板**という多数の小さな穴が開いた仕切りになっていて、物質が通り抜けることができる。**伴細胞**は師管要素に寄り添う細胞で、師管の機能を助ける。

これら木部と師部は、葉、茎、根を貫いており、水分や栄養分の通路として、動物の血管のような役割を果たしている。維管束組織系の木部と師部の配置は植物によって異なり、茎と根との境界面で組替わる（図 10・2 参照）。

c. 基本組織系　植物において、表皮組織系の内側にある維管束系組織以外の組織を便宜的に基本組織系とよぶ。基本組織系は形態的・機能的にさまざまな組織が寄せ集まったものであり、まとまった特徴はない。おもに光合成を行うもの、貯蔵・貯水、分泌や通気に働くもの、組織間の境界となるものや植物体の支持に働くものなどがある。

10・3　植物の生殖と発生

10・3・1　植物の花器官の形成

栄養成長期におもに葉を形成しながら成長していた頂芽や側芽は、生殖の時期になると**花芽**となり、花器官を形成する。この移行の過程を**花成**とよぶ。花成は日長などの環境刺激と植物ホルモン（フロリゲン）などの内部シグナルの組合わせにより誘起される。被子植物の花器官は外側から**がく片**、**花弁**、**雄ずい（おしべ）**、**雌ずい（めしべ）**からなる（図 10・5a）。これらはどれも葉を変化させたものである。

シロイヌナズナの突然変異体の研究などから、花器官の形成には A, B, C の三つホメオティック遺伝子群が働き、それらが異なる調節タンパク質を合成して、花器官の形成に必要な遺伝子を制御していることが明らかになった。この仕組みを**ABC モデル**とよぶ。三つのクラス遺伝子は花器官の決まった領域で働く（図 10・5a）。A クラス遺伝子だけが働くとがく片が、A クラス遺伝子と B クラス遺伝子が一緒に働くと花弁が、B クラス遺伝子と C クラス遺伝子が一緒に働くと雄ずいが、C クラス遺伝子だけが働くと雌ずいができる。また A クラス遺伝子と C クラス遺伝子は互いに働く領域を排除し合っている関係にある。すなわち、A クラス遺伝子が欠損すると、すべての領域で C クラス遺伝子が働くようになり、その結果、がく片と花弁がない変異体となる（図 10・5b）。逆に C クラス遺伝子が欠損すると、

雄ずいと雌ずいができなくなる（図 10・5d）．B クラス遺伝子が欠損した変異体では，雄ずいと花弁ができなくなる（図 10・5c）．すべての遺伝子が働かないと，葉だけのような器官が生じる．変異体の身近な例として，雄ずいの場所に花弁が発現すると八重咲きとなる．

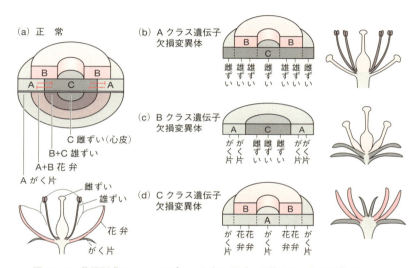

図 10・5　花器形成の ABC モデル　心皮は雌ずいを構造する基本単位である．

10・3・2　配偶子の形成

被子植物では，雄ずいで**花粉**が，雌ずいで**胚嚢**がつくられる．花粉と胚嚢から，それぞれ**配偶子**がつくられる（図 10・6）．

a. 花粉の形成　花粉は雄ずいの先端にある**葯**でつくられる．葯には花粉母細胞が多数詰まっており，1 個の花粉母細胞から 4 個の花粉ができる．まず，花粉母細胞（$2n$）が減数分裂をして 4 個の細胞（n）からなる**花粉四分子**となり，これが分離して**花粉**となる．花粉が成熟する過程で不等分裂が一度起こることで，のちに花粉管となる花粉管核（n）と，のちに精細胞となる雄原細胞（n）に分かれる（図 10・6a）．

b. 胚嚢と卵細胞の形成　雌ずいを構成する基本単位は**心皮**とよばれ，一つの雌ずいは 1 個または複数の心皮からつくられる．雌ずい（心皮）の基部は**子房**とよばれ，のちに種子となる**胚珠**を含んでいる．胚珠の中で**胚嚢**がつくられる．まず，**胚嚢母細胞**（$2n$）が減数分裂して 4 個の娘細胞を生じ，そのうち 3 個は退化し，

大きな1個が**胚嚢細胞**（n）として残る（図10・6b）．続いて核だけが3回分裂し，多くの被子植物では8個の核をもつ**胚嚢**となる．成熟した胚嚢では，図に示すように，のちに胚乳となる**中央細胞**（大きくて2個の核をもつ）と，両極に3個ずつの細胞に分かれている．**卵細胞**は受精後に胚となり，花粉管の誘導などに働く助細胞を従えている．反足細胞の役割はよくわかっていない．

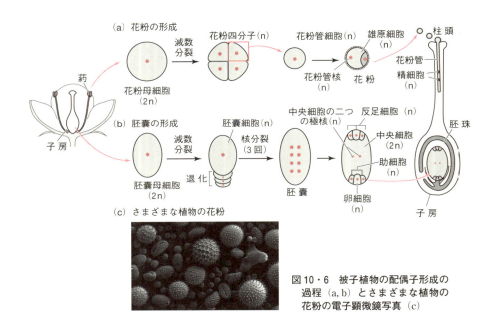

図10・6 被子植物の配偶子形成の過程（a, b）とさまざまな植物の花粉の電子顕微鏡写真（c）

10・3・3 受粉と重複受精

雄ずいの柱頭は花粉がつきやすいようにねばねばした構造をしている．柱頭についた花粉は，胚珠に向かって一斉に花粉管を伸ばす．花粉管の中で雄原細胞が分裂して2個の精細胞ができる．精細胞の1個は卵細胞と**受精**し，**受精卵**（$2n$）となる（図10・7）．もう1個の精細胞は中央細胞と融合し，**胚乳**（$3n$）をつくる．被子植物のこのような受精様式を**重複受精**とよぶ．

10・3・4 胚と種子の形成

受精卵は細胞分裂を繰返して，**胚**を形成する（図10・8）．発芽後に芽となる部分，根となる部分などが準備されている．胚珠の外皮は胚を保護する種皮となり，種子

10・3 植物の生殖と発生

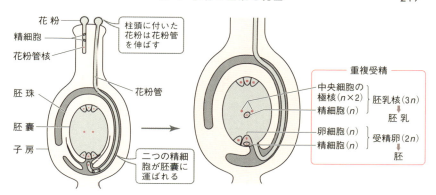

図10・7 被子植物の重複受精

が完成する．この段階で発生は止まり，胚は**休眠**に入る．種子の形はさまざまで，風に乗って遠くまで運ばれるための羽がついているものもある．なお，トウモロコシやイネの種子は**有胚乳種子**とよばれ，胚乳を発達させて種子の栄養貯蔵器官として働く．一方，シロイヌナズナのように種子の発生途中に胚乳の発育が停止し，退化・消失するものも多い．これらは**無胚乳種子**とよばれ，多くの場合，胚乳の代わりに胚そのものの一部である**子葉**に発芽時に必要な養分を蓄えている．

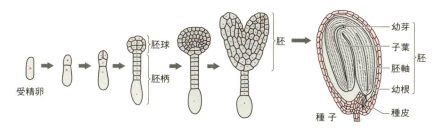

図10・8 被子植物（シロイヌナズナ）の胚発生

休眠した種子の状態は一般に乾燥や寒さに強く，発芽に適した環境が整うまでじっと耐えることができる．光，温度，水分，栄養などが適切な時期と場所で発芽することは重要であり，植物種によって発芽条件はさまざまである．また，発芽能力を維持できる期間も，植物種と環境条件によって，数日～数十年以上と多様である．

11 植物の環境応答

11・1 環境に対する植物の反応

　生物が生育している環境は刻々と変化している．動物のように自由に移動することができない植物は，環境の変化や周囲からの刺激を受容し，これに応答する仕組みを発達させている．たとえば，気孔は光や二酸化炭素濃度，乾燥など，環境条件の変化に応じて開閉する．環境になるべく適合した形質を，遺伝子自体を変えることなく発現させる能力を**環境応答（順化）**とよぶ．環境応答には瞬時に起こる反応も，何時間・何日もかかる反応もある．特に生育に不適な環境に対する応答は**ストレス応答**とよばれ，光，温度（高温や低温），乾燥，塩など，さまざまな環境に適応する機構を発達させている．

11・1・1　光形態形成

　光合成によりエネルギーを獲得する植物にとって，光は最も重要な環境因子である．植物の発生や分化は光によって，その形態や機能が調節されており，これを**光形態形成**とよぶ．たとえば種子植物の多くは光により発芽が促進され，このような種子を**光発芽種子**という．また芽生えは，明暗で顕著な形態の差を示す（図11・1）．暗所での芽生えは，胚軸が伸びて長くなり，子葉が黄色くなるのに対して，明所での芽生えは，胚軸が短く太くなり，子葉が発達して緑化する．このような形態変化

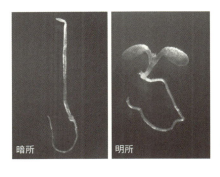

図11・1　植物（シロイヌナズナ）の芽生えにおける光形態形成

は光条件に対する環境適応であり，土の中のような暗所では胚軸を伸ばして光合成のための光を求めるのに対し，光エネルギーを受容できる明所では子葉を発達させ緑化し葉緑体を増やして盛んに光合成を行うとともに，胚軸の伸長が抑制されてしっかりとした芽生えになる．

植物は，光を感知する能力をもち，単なる明暗だけでなく，どのような波長の光が，どれだけの時間，どの程度の強さで，どちらの方向から照射されるかを巧妙に識別している．植物は光を光合成のエネルギーとしてだけでなく，環境からの刺激として感知することができ，この光刺激を受容する物質を**光受容体**とよぶ．最初の光受容体は光発芽の研究から発見された．光発芽に必要な光の波長は赤色光（600〜650 nm）で，赤色光照射後すぐに遠赤色光（700〜800 nm）を照射すると赤色光の効果は打ち消される（図11・2）．つまり光発芽は，赤色光－遠赤色光で可逆的な反

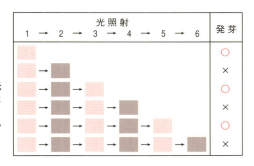

図11・2 種子発芽の赤色光（ ）と遠赤色光（ ）による可逆的な調節 赤色光による発芽促進効果は，ひき続いて照射された遠赤色光により打消される．

応であり，このことから光可逆的な光受容体，**フィトクロム**が発見された．フィトクロムは色素が結合したタンパク質で，赤色光を受容するPr型と遠赤色光を受容するPfr型が存在する（図11・3）．フィトクロムははじめにPr型（不活性型）として合成され，赤色光を受容することで活性型のPfr型に変換される．このPfr型が光発芽などの反応をひき起こす．Pfr型が遠赤色光を受容すると，再び不活性型のPr型に変換する．このPr型とPfr型の相互変換は，結合している色素の構造変

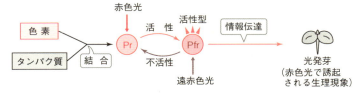

図11・3 フィトクロムの合成と光吸収による可逆的変換

化により起こり，この変化がフィトクロムのキナーゼ活性を調節することで，情報を伝達する．さらに青色光を受容する新たな光受容体，**クリプトクロム**や**フォトトロピン**などが光屈性や気孔開閉の受容体として見いだされている．

11・1・2 屈性と傾性

環境の変化に対する植物の反応には屈性と傾性がある．**屈性**は植物が刺激の方向や強さに応じて器官を屈曲する性質であるのに対して，**傾性**は刺激の方向とは関係なく刺激の強さで起こる反応で，植物の本来の構造や性質によって決まる，一定方向へ屈曲する性質である．屈性や傾性の多くは，植物体の部分的な成長速度の差（**偏差成長**）によって起こる．このような成長に伴う運動を**成長運動**という．屈性では，刺激のくる方向へ屈曲する場合を**正の屈性**，刺激がくる方向とは逆に屈曲する場合を**負の屈性**とよぶ．屈性には，それぞれの刺激に応じて光屈性，重力屈性，水屈性や接触屈性などがある．同様に傾性には，光傾性，熱傾性，接触傾性などがある．

a. 光 屈 性 植物は光合成を行ううえで，光合成器官である葉の向きを，光を受けるための最適な位置に調整している．植物は光受容体（§11・1・1 参照）で光を感知し，茎や葉を光刺激の方向に屈曲させる．この性質を光屈性とよぶ．茎や

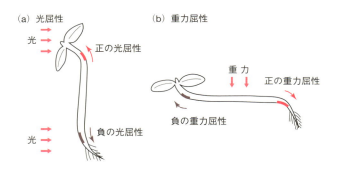

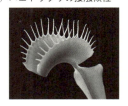

図11・4 **屈性と傾性** (a, b) ■と■はオーキシン濃度の分布を示す．〔(c) 左：© Achim Prill/123RF，右：© Vera Kuttelvaserova Stuchelova/123RF〕

葉は光刺激の来る方向に屈曲することから，正の光屈性である．一方，根は地中で水や無機物を吸収するため，光と反対の方向に屈曲する負の光屈性を示す（図11・4a）．この光屈性には後述する植物ホルモンのオーキシン（§11・2a参照）がおもに関与している．

b. 重力屈性　植物は重力刺激に対しても屈曲する．植物の地上部が光合成を行うためには，上方に成長していくことが重要である．植物体を横向きに置くと，茎は上向きに，根は下向きに曲がる（図11・4b）．この重力屈性における偏差成長もオーキシンが関与している．オーキシンの不均一な分布により，茎では下側の細胞のオーキシン濃度が高くなることにより，下側の細胞がより伸長し，結果として重力と反対方向に曲がって立ち上がる．根でも茎と同じことが起こっているが，根ではオーキシンに対する感受性が異なり，オーキシンによる細胞の伸長が阻害されるため，オーキシン濃度が高い下側へ屈曲する（§11・2a参照）．すなわち，茎は重力に対して負の重力屈性を示し，根は正の重力屈性を示す．

植物においても重力や平衡の感知に関与する**平衡石**が存在する．動物におけるカルシウム塩とは異なり，植物では細胞内の平衡石が重力により下方に集まることで，重力を感知している．維管束植物の平衡石は重いデンプン粒をもつ**アミロプラスト**とよばれる色素体で，根の根冠のコルメラ細胞に局在している．

c. 接触屈性　接触刺激に対する鋭敏な応答も，植物の生存戦略のうえでは重要である．大半のブドウやツタ植物は，支持体に素早く巻付くツルをもつ．ツルは何かに接触すると，それに反応してその相手に巻付く性質がある．これは正の接触屈性である．この性質によって，これらの植物は支持体を利用して，上方に向かって成長していくことができる．

d. 傾 性　花が昼に光に当たると開き夜に閉じる性質を**光傾性**とよび，光の当たる方向に屈曲する光屈性とは区別される．チューリップや桜の花では温度が高くなると開花する**温度傾性**の性質をもつ．またオジギソウが接触によって葉を閉じる性質は**接触傾性**という．これは細胞から水が流出し，細胞壁を押し広げようとする力（膨圧）が減少することで起こる．このような運動を**膨圧運動**という．ハエトリグサでは，葉の内側に二つの感覚毛をもち同時に2回の接触刺激があると素早く葉を閉じる接触傾性がある（図11・4c）．

▌11・2　植 物 ホ ル モ ン

植物の発生や成長，組織・器官の分化は，植物体内で合成され生理活性をもつ低分子化合物である**植物ホルモン**によって制御されている．動物ホルモンは，合成・

224　　　　　　　　　　　　　　**11. 植物の環境応答**

分泌される特定の器官から血液循環系で対象となる他の特定の細胞・組織・器官に移動して低濃度で作用するのに対し，植物ホルモンは，エチレンのように気体で植物全体に作用するものから，局所的にしか作用しないもの，あるいは非常に高濃度で作用するものもある．化学合成によって，あるいは微生物がつくり出す植物ホルモン様の物質を含めて**植物成長調節物質**とよばれることもある．

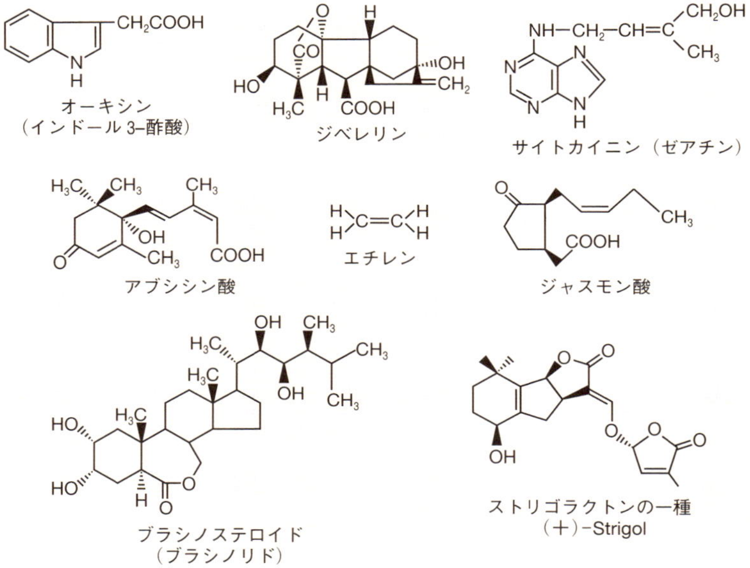

オーキシン
（インドール 3-酢酸）

ジベレリン

サイトカイニン（ゼアチン）

アブシシン酸

エチレン

ジャスモン酸

ブラシノステロイド
（ブラシノリド）

ストリゴラクトンの一種
（＋）-Strigol

図 11・5　植物ホルモンの構造式

　昔から知られている植物ホルモンには，おもに成長促進作用をもつオーキシン，サイトカイニン，ジベレリンと，おもに成長阻害作用をもつアブシシン酸，エチレンがある．これに加えて，ブラシノステロイド，ジャスモン酸，ストリゴラクトンなども植物ホルモンとして認められている（図 11・5）．また，FT タンパク質のようなタンパク質やペプチドも植物ホルモンとして作用することが新たに見いだされてきた．植物ホルモンの作用は多様で，作用する組織・器官によっても反応が異なる（表 11・1）．さらに複数の植物ホルモンが相互作用しながら，さまざまな調節に関わっている．ここでは古典的な五つの植物ホルモンについて述べる．

　a. オーキシン　　天然のオーキシンはインドール酢酸が最も豊富に存在し，

11・2 植物ホルモン　225

ほかにはインドール酪酸がトウモロコシなどに含まれている．オーキシンはおもに
シュート先端で合成され，先端から基部へのみ輸送され，逆方向へは輸送されない．
このような方向性を**極性**といい，極性に従った移動を**極性輸送**という（極性移動と
もいう）（図11・6a）．オーキシンの極性輸送は，細胞膜に存在するオーキシン排

表11・1　植物ホルモンの作用

植物ホルモン	物質名	おもな作用	特　徴
オーキシン	インドール酢酸 (IAA)，インドール酪酸 (IBA)，2,4-ジクロロフェノキシ酢酸 (2,4-D)，ナフタレン酢酸(NAA)など	細胞成長の促進 細胞分裂の活性化 頂芽優勢の促進 発根の促進 屈性（偏差成長） 維管束分化促進 エチレン生成　など	極性輸送を行う． シュートの茎頂分裂組織と若い葉で合成される．
ジベレリン	GA_1, GA_3 など	茎の伸長成長の促進 種子の発達・発芽促進 果実の発達促進　など	頂芽や根の分裂組織，若い葉，発達中の種子で合成される．
サイトカイニン	イソペンテニルアデニン (iP)，ゼアチン，カイネチンなど	細胞分裂の促進 頂芽優勢の抑制・側芽成長の促進 不定芽形成の促進 老化抑制　など	おもに根で合成され，他の部分へ輸送される．傷害などによっても合成が誘導される．
アブシシン酸	アブシシン酸 (ABA)	種子の成熟と休眠の促進 発芽阻害 気孔閉鎖 乾燥や低温ストレスに対する応答 落葉促進　など	ほとんどすべての植物細胞で必要に応じて合成される．
エチレン	エチレン(気体)	果実の成熟促進 落葉，落果促進 花成の促進 芽生えの肥大成長促進 傷害や病原体に対する防御など	気体状の植物ホルモン 植物の多くの部位で合成される．老化やストレスなどよって合成が促進される．
ブラシノステロイド	ブラシノライドなど（ステロイド）	伸長成長の促進 維管束分化　など	すべての組織に存在する．
ジャスモン酸	ジャスモン酸，ジャスモン酸メチルなど	虫害，傷害に対する応答 老化促進　など 貯蔵器官の形成促進	ジャスモン酸メチルは揮発性 傷害や虫害などにより，葉緑体脂質から合成される．

出輸送タンパク質が，細胞の基部側に集中して局在することで起こる（図11・6b）．オーキシンのおもな作用は，細胞伸長，頂芽優勢，発根の促進，細胞分裂の活性化などがあり，前述した光屈性や重力屈性にも関わっている．茎の光屈性では，光が当たっている側から陰側へとオーキシンが輸送され，オーキシンの濃度分布に差が生じる．オーキシンによる細胞伸長の促進作用により，光が当たっている側に比べて陰側が伸長し（偏差成長），茎は光の方向に屈曲する．

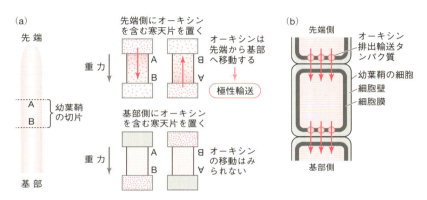

図11・6　オーキシンの極性移動　(a) オーキシンは重力の方向とは関係なく，幼葉鞘の先端側から基部側へと一方向に移動する．(b) オーキシンを汲み出す排出輸送タンパク質は通常，細胞の基部側に分布しており，そのためオーキシンは常に基部側に汲み出され，組織において一方向に移動する．

オーキシンの成長促進作用には顕著な濃度依存性がある．濃度が低すぎると目に見える作用が表れず，逆に高すぎると成長を抑制してしまう．最適な濃度は植物の器官によって異なり，大まかには根＜茎＜芽の順で最適な濃度が高くなる．茎で最適な濃度になっているときは，根では濃度が高すぎて成長が抑制されてしまう．根と茎での正負の異なる重力屈性は，この器官ごとのオーキシンに対する異なる感受性によって起こる．

またオーキシンは，茎頂分裂組織（図10・2参照）において葉の原基をつくる位置を決める重要な因子であることが明らかとなっている．植物では茎の先端にある頂芽の成長が，側芽の成長よりも優先されており，これを**頂芽優勢**という．頂芽優勢は茎頂で合成されたオーキシンが側芽の成長を抑制することで起こる．茎頂を取除くとオーキシンによる抑制が解除され，後述するサイトカイニンの合成が促進されることで側芽が成長すると考えられている．

11・2 植物ホルモン 227

オーキシンがもつ性質は植物の栽培などで有利に働くため，合成オーキシンであるナフタレン酢酸や 2,4-ジクロロフェノキシ酢酸（2,4-D）が農業や園芸などに用いられている．2,4-D は植物の異常成長をひき起こし，枯死に至らしめることから除草剤としても用いられ，ベトナム戦争のときには枯葉剤として使われた．

b. ジベレリン　　ジベレリンは，イネの背丈が異常に高くなる馬鹿苗病をひき起こすカビから発見された．ジベレリンは構造が多様で，GA_1 のように A に数字をつけて表記する．天然には GA_1 や GA_3 などがあり，その種類は 100 種類以上にのぼる．頂芽や根の分裂組織，若い葉，発達中の種子で合成される．ジベレリンの作用は，茎の伸長成長の促進，種子や果実の発達促進，休眠の打破など，多様な生理作用を調節している．また農薬として，種なしブドウの生産，果実の落下防止，成長促進などに用いられる．スギやヒノキの幼木をジベレリンで処理すると，花の形成を促進することができる．

c. サイトカイニン　　サイトカイニンは植物の組織培養で細胞分裂を誘導する因子として発見された．天然のサイトカイニンには，イソペンテニルアデニン，ゼアチン，カイネチンなどがある．サイトカイニンは根で合成され，道管によって地上部に運ばれる．一般的に分裂組織，未熟種子，形成途上の維管束系で濃度が高い．また傷害などによっても合成が誘導される．サイトカイニンの作用については古くから細胞分裂やシュート形成の促進が確認されていたが，そのほか，頂芽優勢を抑制して側芽の形成を促進したり，老化を抑制したりする作用をもつ．また組織培養では，オーキシンとサイトカイニンの量のバランスを調節することで，**カルス**とよばれる分化全能性をもつ細胞集団を形成させたり，根やシュートを分化させたりなど，組織の分化や器官形成の方向性を制御することができる．

d. アブシシン酸　　アブシシン酸は，成長阻害とストレス応答作用がよく知られていて，エチレンとともに**ストレスホルモン**ともよばれる．ほとんどすべての植物細胞で合成され，乾燥ストレスを受けた植物体や成熟した種子に蓄積するが，吸水や種子発芽によって速やかに減少する．アブシシン酸は種子休眠の促進，発芽の阻害，気孔閉鎖，乾燥・低温などのストレス応答，種子の成熟，落葉促進などの生理作用を示す．

e. エチレン　　エチレンは気体状の植物ホルモンである．気体なので，離れた植物にも容易に作用することができる．一般的に成長を阻害し，花芽形成も抑制するストレスホルモンである．エチレンは植物のいろいろな部位で合成され，老化や接触ストレスなどにより，その合成が促進される．エチレンの作用は，果実の成熟や老化の促進，芽生えの肥大成長促進，落葉促進，傷害や病原体に対する防御などがあげられる．応用的には，トマトやバナナの成熟促進，アイリスなどの球根の

休眠打破と花成の促進，パイナップルの開花促進に使われている．また茎を肥大させる効果を利用してモヤシの栽培にも使われている．

11・3 花芽形成と光周性

植物の茎頂分裂組織では，栄養成長の間はもっぱら芽や葉を次々とつくり出すが，日長の変化に応じて花芽を形成する生殖成長へ分化転換（花成）が起こる．

植物には，日長が長くなると花芽を形成する**長日植物**（コムギ，オオムギ，ホウレンソウ，ダイコンなど），日長が短くなると花芽を形成する**短日植物**（イネ，キク，オナモミ，アサガオなど），日長とは無関係に花芽を形成する**中性植物**（トマト，ソバ，キュウリ，インゲンマメなど）がある．実際に花芽が形成されるか否かは，日長ではなく，暗期の長さが重要である（図11・7）．すなわち，長日植物の花芽

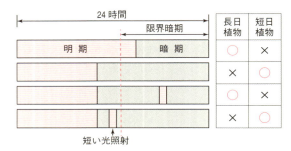

図11・7 花芽形成と光周性 長日植物は夜が限界暗期より短いとき花を形成する．長い暗期を短い光照射で中断すると花が形成する．短日植物は夜が限界暗期より長くなると花を形成する．暗期を中断する短い光照射は花芽形成を阻害する．

形成には，日長が長いことより短い夜間が重要であり，同様に，短日植物には連続した長い暗期が必要である．短日植物の花芽形成や長日植物における花芽形成の抑制に最低限必要な暗期の長さを**限界暗期**という．限界暗期の長さは植物によって異なる．このように，明期と暗期の変化に応じて植物が示す現象を**光周性**という．年周期的に変化する外的要因には，日長のほかに気温があるが，気温は日長に比べて不安定であることから，光周性は季節変化を感知するうえで重要である．これらの光環境の感知にも光受容体であるフィトクロムやクリプトクロムが関わっている．また植物のなかには冬の低温環境にさらされることで開花能力が誘導されるものが

11・3 花芽形成と光周性

あり，これを**春化**という．

　その後の研究により，日長を感知するのは葉であり，花芽が形成されるのは茎頂であることから，葉から茎頂へ日長の情報を伝達する**花成ホルモン**（フロリゲン）の存在が提唱された．実際に，葉で日長が受容されることでフロリゲンの実体であるFTタンパク質が合成され，師管を通って茎頂分裂組織に運ばれたのち，花芽形成を促すことが明らかとなっている．

12 生　　　態

12・1　環境と生物の生活

　すべての生物はさまざまな要因から影響を受けている．それらは日射量や気温，湿度，土壌中の栄養塩濃度などの物理的・化学的要因（**無機的環境要因**）だけでなく，他の生物の存在によって受けるさまざまな影響（**有機的環境要因**）も含まれる．このように，生物の生活に影響を与える外界のすべてを**環境**という．これらの環境要因は，時間的にも空間的にもさまざまに変化する．

　環境は一方的に生物に対して作用するだけではない．生物（特に植物）の生活の結果が無機的環境を変えることがあり，この働きを**環境形成作用**という．たとえば，植生の遷移では火山の噴火で生じた溶岩原に最初の植物や地衣類が侵入して定着すると，その落葉の分解によって局所的に土壌化が進み，次に続く新たな別の植物種の侵入を促進する．このように，生物種の存在自体が環境条件を新たにつくり変える作用を示す．

12・2　個体群の成り立ちと個体数変動

12・2・1　個体群とは

　同じ種に属する生物は，どの個体も生息場所，餌や養分のとり方，繁殖期などが共通しており，個体同士は密接な関係をもちながら生活している．ある地域に棲んで相互作用し合う同種の生物集団を**個体群**とよぶ．同種であっても，山脈，大きな河川，あるいは市街地などで隔てられた地域に棲む個体同士は，生活上の直接の関係はないので，別々の個体群（地域個体群）に分かれる．たとえば，中国地方のツキノワグマは山地や河川で隔てられた四つの**地域個体群**に分かれている（図 12・1）．

　個体群を調査するときには，ある範囲の区画や生息地を設定し，その中にいる同種個体の集まりを一つの個体群と見なすことが多い．設定する調査区域は，その中の集団がその種の個体群特性（環境の利用の仕方，個体の分布，年齢構成，密度な

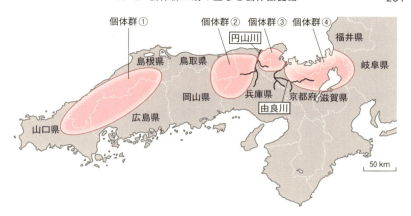

図12・1 中国地方から近畿地方にかけてのツキノワグマの地域個体群の分布
DNAの分析により遺伝子の交流がほとんどない四つの個体群が確認された．個体群②と③は円山川で，個体群③と④は由良川で，それぞれ分けられている．[T. Saitoh et al., Popul. Ecol., **43**, 221-227(2001)を改変]

ど）を反映する必要があるため，そのサイズは種によって，また調査目的によって異なってくる．一般的には体が大きく移動性の高い動物ほど広い調査域を設定する．

12・2・2 動物個体群の成長と密度効果

個体群の大きさは，その広さではなく個体数の密度で表され，1個体が産む子の数や出生後の個体の死亡率，他地域との移出入などによって決まる．個体群密度が高まるにつれ資源が不足してくるので，出生が抑制されたり，死亡率が増加することによって，個体群の増加に歯止めがかかる．

たとえば，一定量の培地を入れた容器にキイロショウジョウバエを少数入れ，定期的に古くなった培地を同じ量の新しい培地と取替えて飼育し続けると，個体数はどんどん増えるが，やがて増え方が鈍り徐々に頭打ちになって，ついにはほぼ一定の個体数に到達する（図12・2a）．これが個体群密度の飽和値で，**環境収容力**とよばれる．個体数の時間的増加を個体群の成長とよび，資源の量が一定のときに得られるS字形の曲線を，**ロジスティック曲線**とよぶ．この曲線を表す式は，個体当たりの増加率 r と環境収容力 K の二つのパラメーターをもち，次のように表される（N は個体群密度，t は時間を示す）．

$$\frac{dN}{dt} = r(1 - \frac{N}{K})N$$

一般に個体群密度が高まると，食物や生活空間などの資源の取合いが激しくなり，これが個体の成長の妨げ，出生率の低下と死亡率の増加，移出する個体の増加につながる．つまり，個体群密度の増加そのものが原因となって，それ以上の増加が抑制される．これを**密度効果**という．過密状態では，強い密度効果により増殖が抑制されて個体群は減少に向かい，低密度では密度効果も弱いので個体群は増加する（図 12・2b）．こうして食物や生活空間の利用可能な量に応じた個体群の大きさが一定レベルに定まる．これを**密度依存性**による**個体群の調節**という．

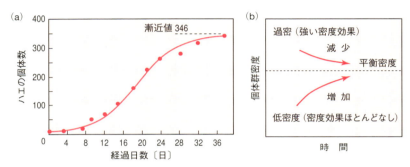

図 12・2　個体群の成長と密度効果　(a) 一定量の培地を定期的に与えた容器の中のキイロショウジョウバエ成虫数の時間的変化．[R. Pearl, "The Biology of Population Growth", New York: Alfred A. Knopf (1925) を改変]　(b) 密度効果による個体群の調節の模式図．

ただし，食物などの資源量が気候変動などで大きく変化する（**密度非依存性**が強い）環境では，密度に依存した個体群の調節が効きにくく，個体群の大きさは環境の変化に応じて大きく変動する．

12・3　生活史の特徴からみた個体群

個体群は通常いろいろな発育段階や年齢にある個体から成り立っている．個体群における各発育段階や年齢の個体数分布を**齢構成**という．齢構成は，出生率や死亡率に大きく関係し，生物がどのような繁殖と生存のスケジュールを示すか，という生活史の特徴も，この齢構成があるために生じてくる．

12・3・1　生存曲線

自然界では，産まれた卵や子のうち親になるまで生き残るものは少ない．多くの個体が，気候の激変や天敵による捕食のため途中で死亡する．出生した卵や子が時

間とともに減少していく様子を表したものが**生存曲線**である．生存曲線の形は，片対数グラフにすると，L字形，右下がり直線，逆L字形の3種類に分かれる（図12・3）．この違いは，どの時期に死亡率が高いかという生物の生活史特性と関係している．一般に，海産無脊椎動物や外洋性の魚など産んだ卵を保護せず産みっぱなしの生物では，幼生や稚魚のときの死亡率が非常に高いL字形になる．一方，哺

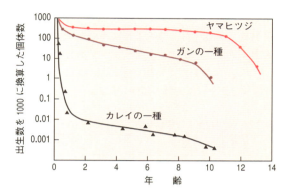

図12・3　魚（カレイの一種），鳥（ガンの一種），大型哺乳類（ヤマヒツジ）に代表される生存曲線の三つの形　魚では卵から稚魚にかけての死亡率が高いL字形，大型哺乳類では老齢になるまでほとんどが死なない逆L字(I)形，鳥類は一定率で直線的に減少する中間の形を示す．[伊藤嘉昭, "動物生態学", p.45, 古今書院(1976)より]

乳類など親が子を保護する生物では，誕生直後がやや死亡率が高いものの子供から老年になるまでの生存率が高く維持される**逆L字形**になる．鳥類・は虫類などは中間のパターンで，齢とともに一定の死亡率で死んでいくので，片対数グラフでは右下がり直線になる．

12・3・2　環境に応じた生活史特性の進化

　一般に，気候や資源量などの変動が激しく幼生期の死亡率の高い環境では，1個の卵や1匹の子を小さくする代わりに，たくさん産んで広く分散させる**小卵多産型**の方が，どれかが生き残る確率は高くなり有利となる．この型の生物は，たとえばイエバエやモンシロチョウなど害虫とされている小昆虫や，無脊椎動物や外洋性の魚（イワシやサンマ）などのように，小型で成長が早くて世代時間が短く，あるものは一生の終わりに一挙に産卵して死ぬ，などの諸形質がまとまって進化する（表

234　　　　　　　　　　　　12.　生　　　態

12・1）．このように，増加率の高さが有利となる環境条件での自然選択を**r選択**と
よぶ（R. マッカーサーによる．rはロジスティック曲線の増加率を表すパラメー
ターである）．

　逆に，気候や資源量が安定している環境に棲む種では子が生き残る確率は高いの
で，少数でもよいから大きな卵や子を産み，大きな個体に育て，資源を確実に獲得
できる競争力をもたせる**大卵少産型**が有利となる．子の生存や成長をより確実にす
るため親が繁殖のための縄張りをつくり，その中で卵や子を保護するなどの諸形質
がまとまって進化する（表12・1）．このように高い競争力が有利となる環境条件
での自然選択を**K選択**とよぶ（Kはロジスティック曲線の環境収容力を表すパラ
メーターである）．この型は，大型の鳥類や哺乳類のように，寿命が長く，毎年少
しずつ何年にもわたって子を産み続ける傾向がある．

表12・1　環境の変動の程度で比較した個体群の変動パターンと進化する形質[a]

	変動の大きな環境	安定または周期性のある環境
個体群の変動	平衡レベルを示さず，個体数が減って低密度になったり，大発生して高密度になったり，大きく変動する．	平衡レベル付近でほぼ一定した個体数を示す．あるいは緩やかな周期性を示すが，変動幅は小さい．
進化する形質	早い発育 高い内的自然増加率 繁殖開始齢が早い 小さい体 1回の繁殖で全部の卵を産み尽くす性質 小さい卵や種子を多産する 　（小卵多産型） 卵は産みっぱなし	ゆっくりした発育 高い競争能力 繁殖開始齢が遅い 大きい体 何回も繁殖する性質 大きい卵や種子，子を少し産む 　（大卵少産型） 親が卵や子を保護する傾向がある

a) E.R. Pianka, "Evolutionary Ecology", 2nd Ed., p.122, Harper & Row（1978）より．

　環境に応じた生活史特性の進化の例として，表12・2に北米に生息する植物ガマ
の近縁な2種の生活史形質の相異を示す．この表では，カナダとの国境に近いノー
スダコタ州産の *Typha angustifolia* と，メキシコとの国境に近いテキサス州産の *T.
domingensis* を，ともにニューヨーク州の実験環境に植えて比べたものである．も
ともとの生息地であるノースダコタ州は，テキサス州に比べて霜が降りない日が少
なく，その変動係数が大きい不安定な環境である．このようなノースダコタ州産の
T. angustifolia は，草丈が低く早く成熟し，小さな地下茎（栄養繁殖）を多数つけ，
さらに小さな穂（種子繁殖）を多数つけて，より多くのエネルギーを配分して，そ
の環境の不安定さに適応している r 選択的な種である．逆に，*T. domingensis* は反
対の性質をもち，相対的にみて K 選択的な種になっている．

表 12・2 米国北部に分布するガマの一種 *Typha angustifolia*（ノースダコタで採取）と南部に分布する近縁種 *T. domingensis*（テキサスで採取）をニューヨーク州の同一条件下で生育させたときの 2 種の生活史形質の相違[a]

元の生息地の環境特性	ノースダコタ（北方）	テキサス（南方）
成長に適した日数	短　い	長　い
霜のない日数の変動係数	大きい（不安定）	小さい（安定）
生息地の株密度	低　い	高　い
同一条件での形質	*T. angustifolia*	*T. domingensis*
開花までの日数	44	70
平均茎高〔cm〕	162	186
株当たりの平均地下茎数	3.14	1.17
地下茎 1 本の平均重量〔g〕	4.02	12.41
株当たりの平均穂数	41	8
穂の平均重量〔g〕	11.8	21.4
1 株の穂の総重量〔g〕	483	171

a) S.J. McNaughton, *Am. Nat.*, **109**, 251(1975) より.

12・4　縄張りと社会性

12・4・1　縄張りと親による子の保護

　棲み場所や餌をめぐって同種の個体同士が競争する場合，ある範囲の場所を積極的に防衛する動物がいる．この防衛される空間のことを**縄張り**という．縄張りの機能は，採餌専用（アユなど）と繁殖用とに分けられ，繁殖用はさらに巣とその周りの狭い範囲だけを防衛するもの（カモメやツバメなど）から，求愛・交尾・造巣・採餌に至る広い防衛地域を示すもの（シジュウカラ，タカやワシ，ライオンなど）までさまざまである．

　繁殖用の縄張りについては，多くの鳥類，哺乳類が巣周辺の地域を防衛することはよく知られている．雌を引寄せるために縄張りをつくる動物はほかにも多く，両生類ではウシガエル，魚類ではトゲウオやベラ科の魚，昆虫ではカワトンボなどがその例として知られている．

　縄張りには集団の個体数を一定に保つ効果がある．シジュウカラの縄張りは，多少の違いはあるものの，どれも似たような大きさである（図 12・4a）．そのため，縄張り所有者の数はこの森全体でほぼ一定数に限られる．実際，実験的に六つのつがいを取除いたところ，3 日後には四つの縄張りが周辺部からの侵入者によって埋められていた（図 12・4b）．縄張り所有者のみが繁殖できるので，一定数の縄張りに制限されていることは，年が変わっても結果としてその動物集団の個体数を一定に保つことになる．

縄張りをもち，その中で子育てすることは，多大な労力をかけて親が子を世話することになる．その場合，産みっぱなしにする動物に比べて，はるかに少ない数の子や卵しか世話できないであろう．親にとって造巣や防衛，給餌のコストが余分にかかるからである．その結果，親は大きな卵や子を少し産んで，それらが確実に成長できるように世話する方向（大卵少産型のK選択的種，§12·3·2参照）に進化すると考えられる．

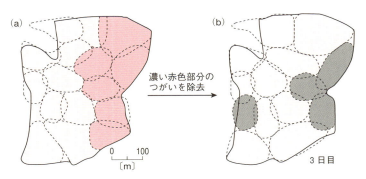

図12·4　シジュウカラの縄張りの分布(a)と置き換え実験の結果(b)
実線は森の縁．破線で囲まれたおのおのの地域が縄張りである．(a)の濃い赤色部分の縄張りをもつ6つがいを人為的に除去したところ，3日目には(b)のように他のつがいが縄張りの位置を少し変えるとともに，周辺部から新たに4つがいが入って縄張りを得た（灰色の部分）．［J.R. Krebs, *Ecology*, **52**, 2 (1971) より］

多くの場合，子は成長した後は巣から出ていく．しかし，巣立って親元を離れても，適当な場所がすべて他個体の縄張りで埋め尽くされていて，新たに縄張りを得るのが難しい環境では，親元に留まり弟妹の世話をしながら親からその縄張りを譲り受けるのを待つ個体（**ヘルパー**）が出てくる．これが発展して縄張りが継続的に保持され，さらには世代が重複し，しだいに長続きする血縁集団が進化してきたと考えられている．

12·4·2　動物における社会性

a．昆虫やクモ・ダニの社会性　昆虫やクモ・ダニの社会性は，おおまかに前社会性，亜社会性，真社会性の3段階に区別される．

前社会性（単独性ともいう）とは親が卵を産みっぱなしにするもので，親子世代の重複や子の養育などはいっさいみられない．チョウやガ，トンボ，カブトムシ，バッタなどが典型例である．

亜社会性とは，親が産んだ子や卵のもとに一定期間留まり世話をするものである．水棲のコオイムシは，雌が雄の背に卵を産み付け，ふ化するまでその雄が卵を世話する．朽ち木食性の昆虫には亜社会性の例が多い（クロツヤムシ，クチキゴキブリ）．いずれも親と子（若虫）はともに朽ち木に掘られた孔道の中で生活し，親は天敵（ムカデなど）から子を防衛し，またセルロースを分解する微生物の混じった吐き戻しやふんをふ化したばかりの子に与える．朽ち木は窒素源の摂取という点では著しく効率の悪い餌で，朽ち木食性の昆虫では成虫になるのに数年を要することが珍しくない．そのため子が親とともに生活する期間が長く，ときには発育段階の異なる複数の子供グループ（兄弟姉妹関係にある）が親と一緒に生活していることもある．

1980年代頃から，血縁者同士複数の親子が共同で巣を作り，集団生活するハダニやクモなどが発見されて（その血縁集団を**コロニー**という），亜社会性から次の真社会性への進化の途上として考えられている（図12・5）．

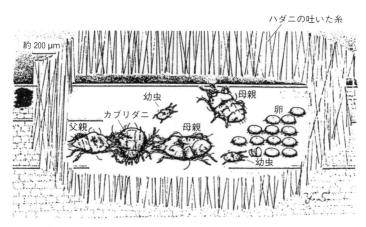

図12・5　タケスゴモリハダニのコロニー　父親1匹と母親数匹，幼虫と卵からなるコロニーにカブリダニが侵入し，親が防衛しているところ．
［図版提供：齋藤　裕氏］

真社会性は，親子世代が成体期に重複し，生殖虫と不妊虫とに**カースト分化**（階級分化）がみられ，子が親を世話する特徴をもつ．典型例はミツバチやアリで，その社会は一部の生殖虫（女王）と多数の不妊カーストである働きアリ・働きバチ（ワーカー），アリの場合はさらに兵隊（ソルジャー）から構成される（図12・6）．ほかにスズメバチやアシナガバチなどの狩バチ系統のハチ，マルハナバチやコハナ

バチなどハナバチ系統のハチ,シロアリ(アリではなく等翅類の昆虫)などが真社会性である.いずれの場合もコロニーは血縁者(親子,兄弟姉妹)の集団からなる.

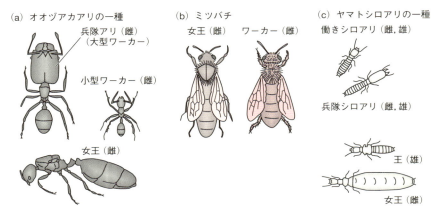

図12・6 真社会性昆虫の各カーストに属する個体 (a) オオヅアカアリの一種. (b) ミツバチ. (c) ヤマトシロアリの一種. アリ,ハチでは不妊カーストはすべて雌だが,シロアリの不妊カーストには雄と雌の両方がいる. [伊藤嘉昭,山村則夫,嶋田正和,"動物生態学",p.168,蒼樹書房(1992)より]

b. 脊椎動物の社会性 親が巣を作って卵や子を養育することは,鳥類や哺乳類では一般的である.大型の哺乳類は繁殖のために特定の巣を作ることは少なく,代わりに**群れ**で生活する.群れの血縁関係という点で,ライオンの社会を見てみよう.ライオンの群れは数頭の雄親と十数頭の雌親,そしてその子からなり,雄親同士は兄弟関係にある.息子たちは成長すると育った群れを出て放浪し,やがて兄弟で連合を組み,他の群れを乗っ取る.血縁関係のない子はすべて殺し(子殺し),新たにそこの雌と繁殖するのである.これに対して,リカオンやジャッカルでは,群れ創設の雌雄ペアを中心に,子供が群れから離れずに弟や妹を世話し(ヘルパー),血縁者同士の大きな集団になっていく.群れのヘルパー数が多いほど,子供の生存率が上がる.

12・5 異種間の相互作用

ここからは,異なる生物種同士の関係(**種間相互作用**という)がどのようなものかをみていこう.異種間の相互作用は,似たような資源をめぐる**競争**(**種間競争**),食う-食われる関係の**捕食**,搾取し搾取される関係の**寄生**,そしてともに相手に利益を与え合って一緒に生活する**共生**がある.

12・5・1 種間競争とニッチ

細菌の入った培地を餌にして2種のゾウリムシ Paramecium caudatum と P. aurelia を飼育すると，まもなく P. caudatum が個体数を減らし滅びてしまう（図12・7a）．これは，生息環境における餌や生活場所の利用の仕方（これを**ニッチ**，または**生態的地位**という）が似ている異種の個体間に競争（この場合は**種間競争**）が働くからである．必要とする資源が似ているほどその2種間のニッチの重複は大きくなり，種間競争は厳しくなって2種は平衡状態では共存が難しくなり，早晩，どちらかの個体群が競争により消滅してしまう（**競争的排除**）．

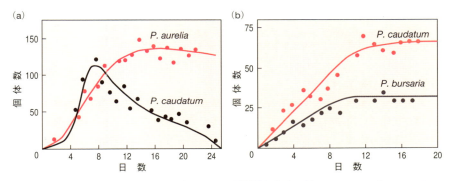

図12・7 ゾウリムシ（Paramecium）を使った種間競争実験 (a) P. caudatum と P. aurelia を一緒に飼育すると P. caudatum が消滅する．(b) P. caudatum と P. bursaria を一緒に飼育すると共存が続く．[M. Begon, J.L. Harper, C.R. Townsend, "Ecology: Indivisuals, Populations, Communities", 2nd Ed., p.243, Blackwell (1990) より]

しかし，ニッチがある程度異なる種同士であれば共存可能となる．培養液の底の方を好むゾウリムシ P. bursaria と P. caudatum を，細菌と酵母を混ぜた培地で飼育すると，前者は底の方にいる酵母を好み，後者は浮遊している細菌を捕えて安定した共存が続く（図12・7b）．このように競争する種同士が，生活場所や餌を微妙に分け合って共存することを**棲み分け**や**食い分け**といい，それらを総称して**ニッチの分化**とよぶ．

野外でのニッチの分化による競争種の共存例は，多くの近縁種間にみられる．北米の近縁のザリガニ Orconectes virilis と O. immunis は，前者が川の下流，後者が上流に多く分布する．両種とも単独のときには小石の底の場所を好むが，中流域で2種が一緒に分布する地域では，闘争に弱い O. immunis が本来の好みの小石の底から泥地に生活場所を変えて共存している（図12・8）．

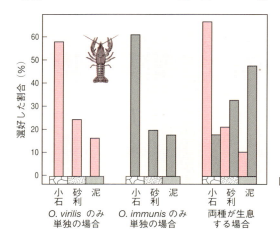

図12・8 北米の近縁のザリガニ2種 O. virilis（■）と O. immunis（■）の川底の選好性の割合

12・5・2 捕食作用

　動物が他の動物を餌とする場合，これを**捕食**という．天敵と餌動物の個体数の関係は，興味深い周期的振動をもたらすのでよく研究されてきた．餌動物が増えるとやがて天敵も増加し，天敵の増加は餌動物の減少をもたらす．餌動物の不足により天敵も減少するので，これは再び餌動物の増加を導き，両者の個体数は周期的に振動する．自然界での事例としては，カナダのカンジキウサギとオオヤマネコの個体数の10年周期の振動があげられる（図12・9）．もっとも，この場合はカンジキウサギが冬季の食物（ポプラやヤナギの萌芽）を食べ尽くして個体数が激減し，その後に植物が回復するのでまたウサギが増加するという，植物とウサギとの食う-食われるの作用もこの10年周期にはからんでいる．このように，自然界では食

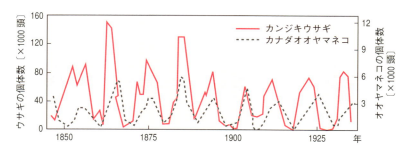

図12・9 毛皮の数から推定したカナダのカンジキウサギとそれを捕食するカナダオオヤマネコの個体数変動　［D.A. MacLulich, *Univ. Toronto Stud. Biol. Ser.*, **43**, 1-136(1937) と C.S. Elton, M. Nicholson, *J. Anim. Ecol.*, **11**, 215-244(1942)のデータに基づく］

う-食われるの作用は植物-植食性動物-肉食性動物の三者間に階層的にかかり，さらに気候の変動も個体群を変動させるので，自然界での個体数振動は複数の要因がからむことが多い．

12・5・3 寄生と共生

個体同士が密接に結びついて一方が相手の種を利用する関係には，一方が害を受け他方が利益を受ける**寄生**，片方の種のみが利益を受け他方は害も利益も受けない**片利共生**，および互いに相手の種から利益を受ける**相利共生**がある．

寄生は，ヒル，ノミ，カ，ダニや植物のヤドリギ，ナンバンギセルなどのように宿主の体表面から養分を取る**外部寄生**と，カイチュウ，サナダムシ，多くの細菌のように宿主の体内に寄生する**内部寄生**とに分けられる．一般に，宿主は寄生者よりもはるかに大きいので，捕食と違って寄生されても直ちには死なないが，寄生が病害をもたらすときには宿主も死ぬことがある．

相利共生はいくつかのタイプに区分けできる．たとえば，ミツバチやマルハナバチ，チョウなど長い口吻をもつ昆虫は送粉者としてラッパ状の壺深い花を訪れ受粉に貢献するので，**送粉共生**とよばれる．マメ科植物に根粒をつくる根粒菌の関係では，植物は光合成産物（スクロースやグルコース）を根粒菌に与え，根粒菌は空気中の窒素からアンモニア塩を合成して植物に与えるので，マメ科植物はやせた土地でも生育できる．これらを**栄養共生**という．また，シロアリの腸内に棲む微生物（図12・10）やウシのルーメン（第一胃）に棲む微生物は，いずれも宿主が食べた草や木のセルロース分解を担うので，これらを**消化共生**とよぶ．さらに，熱帯に生息するマメ科アカシアの一種はとげ（葉柄の変形）が大きく空洞に膨らんで，その内部にナガフシアリが棲んでいる．アカシアは葉の先端から蜜を出し，アリがこれをな

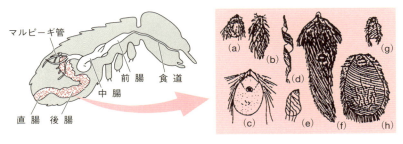

図12・10　下等シロアリの後腸内にみられるさまざまな原生生物　a〜eはヤマトシロアリ，f〜hはイエシロアリにみられるもの．［松本忠夫，"社会性昆虫の進化生態学"，松本忠夫，東 正剛 編，p.253，海游舎(1993)より］

める．草食獣がアカシアに触れるとこのアリは巣から出てきてかむが，これがとても痛いので草食獣は近寄らなくなる．この関係を**防衛共生**という．

また，サンゴ礁は死んだサンゴの石灰質が蓄積したものだが，構造物は残っているので，多様な藻類，無脊椎動物，魚類の安全な生息場所となっている．棲み場所をつくるサンゴを**生態エンジニア**とよぶ．多様な動物や藻類がサンゴに利益を与えることはないので，これらは片利共生の関係である．

12・6　生物群集と多様な種の共存

12・6・1　生物群集の成り立ち

自然界においては多様な種が一つの生息場所に共存しており，種間相互作用で結ばれた各種の関係の総体を**群集**（または**生物群集**）とよぶ．群集では，植物が光合成によって有機化合物を合成し，その植物は一部の動物に餌として食べられる．植物を食べる動物は**植食性動物**とよばれ，さらにそれを食べる**肉食性動物**がいる．このような食う-食われるの関係がある一方で，同じような餌や生息場所を必要とする生物種の間には種間競争が生じる（§12・5・1参照）．よって群集内の相互作用は複雑な網目状の構造を示す．

群集を研究する際には，同じ地域に生息するすべての生物種を対象とすることは不可能である．そこで，似たような餌や生活場所（ニッチ）を利用する一群の生物種（**ギルド**という）と，それらと密接に関係し合う被食者や捕食者に対象を絞って群集を扱うこともある（図12・11）．

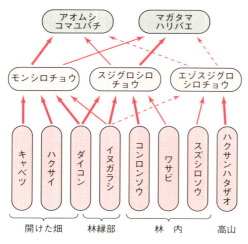

図12・11　アブラナ科植物上のシロチョウ属3種とそれを捕食する寄生者2種からなる群集　矢印は利用する程度を表す．アブラナ科植物は左から，開けた畑，林縁部，林内，高山の順に並べてある．［大崎直太，佐藤芳文，"動物と植物の利用しあう関係"，川那部浩哉監修，p.68-84，平凡社（1993）を参考に作成］

12・6・2 群集を構成する多様な種の共存

多様な種が群集内に共存している原理については,大きく分けて二つの考え方がある.一方はニッチの分化を基礎におく**群集理論**とよばれるもので,これは自然界の群集を形づくっている主たる要因は種間競争であると考える.自然界は資源の需要と供給がほぼつり合った平衡状態にあり,余剰分はない.よって,餌や生息場所の利用の仕方,つまりニッチを微妙に分け合い,その結果,競争的排除が避けられて多様な種の共存が可能になっていると主張する.

もう一方の見方は,自然界においては気象の変動や天敵の捕食作用によって,多くの種は,種間競争が強く効果を発揮するよりもずっと低い個体群密度に抑えられていると考える**非平衡共存説**である.資源の需要/供給の比は1よりもずっと低い非平衡状態にあり,競争的排除が起こる高密度レベルに達することはまれで,資源には余剰があるので,そのためにニッチを分け合わなくても多種が共存可能であるというものである.

a. 群集理論を支持する例 種間競争が強く働き,近縁種がニッチを分け合って共存している実例としては,p. 239であげたゾウリムシ例のほかに次のようなも

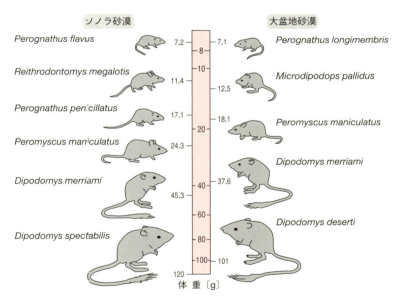

図12・12 米国ソノラ砂漠と大盆地砂漠の双方にみられる種子食性のトビネズミ群集の体の大きさの分布 砂漠が異なっても同じようなパターンがみられる.体重は対数表示になっていることに注意.[J. Brown, "Community Ecology", ed. by J. Diamond, Harvard University Press (1975) より]

のがある．米国の砂漠に棲む種子食性のトビネズミは，体の大きさに比例して食べる種子の大きさが明瞭に異なっている．二つの砂漠において，それぞれ，小さなものは10g以下の体重から大きなものは100g以上まで体重の比がおよそ等しく分化して，一つの砂漠に5〜6種ものトビネズミが種子サイズのニッチを分け合って生息している（図12・12）．

b. 非平衡共存説を支持する例　捕食者が競争的排除を妨げて多種の共存をもたらしているとする考えは，岩礁潮間帯の固着生物群集でのR.T. ペインの研究によって主張された．この場所では，ヒトデを最上位捕食者とする多様な種からなる生物群集がみられた（図12・13）．調査区画から実験的にヒトデを除去し続けたと

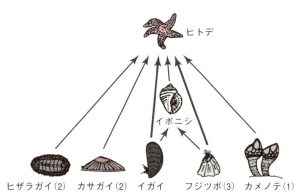

図12・13　ヒトデに捕食される生物　カッコ内の数字は各生物グループの種数．矢印の太さは捕食する個体数とエネルギー量を示す．ヒトデは北米太平洋沿岸の岩礁潮間帯群集におけるキーストーン捕食者である．［R.T. Paine, *Am. Nat.*, **100**, 65 (1966) より］

ころ，3カ月目でフジツボが岩場の大半を占め，1年後には今度はムラサキイガイが急速に岩表面を独占して，ところどころに捕食者のイボニシが散在するだけの単純な状態になった．岩表面を利用できなくなった藻類は激減し，それを餌としていたヒザラガイやカサガイは消失した．潮間帯では岩表面の場所をめぐる競争がとても厳しく，ヒトデは競争力の高いムラサキイガイやフジツボを多く捕食することにより，それらの種が岩場を独占するのを妨げていたのである．ヒトデは個体数は多くはないが，生物群集の多種共存に影響を与える要なので，**キーストーン種**とよばれる．このように，最上位捕食者が競争力の高い種を多く捕食して個体群密度を下げることにより，競争に弱い種も共存できるとする考えを**捕食説**という．

　天候の変化による撹乱も，その程度によっては多種共存を促進することがある．J.H. コネルは，オーストラリアのサンゴ礁で，台風の波浪でサンゴが被害を受けや

すい外海に面した北側斜面と，被害を受けにくい内海の南側斜面とで，サンゴの種数を比べた（図12・14）．サンゴは波浪によって骨格が壊れると死ぬので，生きているサンゴが岩場表面を被う割合（被度）は，波風による被害の程度と逆の関係にある．この図では生きているサンゴの被度が30％くらいの場所が最も種数が多く，それより波風の影響を受けすぎてもあるいは受けなさすぎても，共存する種数は減少してしまう傾向が現れている．中規模の撹乱は個体群密度が高い状態に達して競争的排除が生じるのを妨げる作用があり，これにより多種共存がもたらされる（**中規模撹乱説**）．

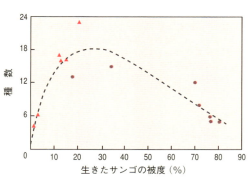

図12・14　グレートバリアリーフ，ヘロン島のサンゴ礁外側斜面の調査（20 m の調査線上の種を記録）によるサンゴの種数と生きたサンゴの被度　台風の被害を受けやすい北側斜面（▲）では生きたサンゴの被度が低く，被害を受けない南側斜面（●）では生きたサンゴの被度が高い．[J.H. Connell, *Science*, **199**, 1302(1978) より]

現在のところ，陸上植物群集や植食性昆虫などは非平衡共存説に合致する傾向が多くみられ，上位捕食者同士になるほど種間競争が強くなって群集理論に合う例がみられる傾向がある．

12・6・3　生物群集の遷移

§12・1で述べたように，生物は環境から作用を受けるだけでなく，環境を変化させる環境形成作用を発揮する．このため，生物群集内の環境は構成種の存在によってどんどん変化し，これが新たな種の侵入に適した条件を生み出していく．そのようにして種構成が移り変わることを**群集の遷移**という．ここでは，植物群集を中心に遷移を説明する．

陸上植物群集の遷移には，火山後の溶岩台地のように基質中に植物の種子や茎がまったくなく，植物の生育できる土壌すらまったくない状態から始まる**一次遷移**と，森林の伐採地や放置された耕作地などから遷移が進む**二次遷移**とがある．一次遷移の場合（図12・15），溶岩のくぼみなどのわずかに水のたまる場所に，まず地衣類やコケ植物，貧栄養でも生育できるイタドリなどの多年生植物やオオバヤシャブシ

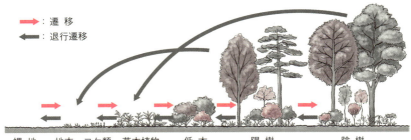

裸地　地衣・コケ類　草本植物　低木　陽樹　陰樹
(土壌が未形成)

図 12・15　一次遷移の概念図　あくまでもモデルケースであり，必ずしもこのとおりに遷移が起こるわけではない．環境条件や基質の違いなどによって地衣類・コケ類など，いくつかの遷移系列の過程がみられない場合も多い．また遷移の速度が著しく遅い環境もあれば速い環境もある．環境変異や撹乱などにより遷移系列が逆方向に進むことを退行遷移という．また陰樹といえども，暗い親木の下では十分に育つことができず，更新にはギャップが必要である．[八木橋勉，"生態学入門(第 2 版)"，日本生態学会編，p.196，東京化学同人(2012)より]

などの樹木が侵入し(これらを**パイオニア植物**という)，それらの落葉の分解物と混ざって土壌がくぼみにわずかに積もる．その場所を利用してススキや他の多年草が侵入すると，枯草が分解されて土壌に有機物が増え，栄養塩も増加して栄養分に富んだ土壌が形成されていく．この頃になると周囲から成長の早いアカマツやアカメガシワなどの**陽樹**(明るい光条件で十分な光合成を発揮する葉をもつ樹木)が侵入を始め，やがて陽樹の林になっていく．

しかしその林床はしだいに暗くなるので，そのような条件下でも十分に光合成して成長できるスダジイなどの**陰樹**(薄暗い光条件でも光合成できる葉をもつ樹木)が侵入を始め，しだいに陽樹に代わるようになる．最終的には理論のうえでは陰樹からなる森林が成立し，これを**極相**とよぶ．しかし，自然界では台風などで老木が倒れた後の空き地(ギャップ)が森林のあちこちに生じ，ここでは特有の陽樹が育つ(アカメガシワなどのギャップ種で，生育が速く埋土種子をもつ)．さらには地震の地滑りや噴火による火山礫・火山灰の降下により大規模に遷移系列が元に戻されること(**退行遷移**)もあるので，すべて陰樹からなる極相林は現実には存在しえず，ギャップが混じったモザイク状態の森林が定常状態となる．

その地域の気候条件(気温，雨量など)によって定常状態の森林のタイプは異なり，南関東から西日本一帯にかけての太平洋側ではスダジイ，タブノキ，ヤブツバキなどの**常緑広葉樹林**(**照葉樹林**)，中部地方から東北地方にかけてはブナ，ミズナラ，ニレなど**落葉広葉樹林**(**夏緑樹林**)，北海道ではトドマツ，シラビソなどの

亜寒帯針葉樹林が典型となる．このような広域の植生（ある地域にまとまって生育している植物の集団）のタイプを**バイオーム**（**生物群系**）とよぶ．図12・16に世界のバイオームを示す．また，海岸線や高山など風の強い場所には高木の森林は成立せず，灌木や草原が定常状態となる．

■ 葉の光合成

太陽光はさまざまな波長の光から構成されるが，光合成に使われるのは波長400〜700 nmの可視光だけである．葉はこのうち80〜90％を吸収し，残りは反射したり，透過したりする．クロロフィルは青と赤の波長を特に強く吸収するため，反射・透過する光は緑が多く，よって葉は緑色に見える．

光は植物にとって重要な資源であり，葉の光合成特性は**光-光合成曲線**（§4・4・8参照）から多くの情報を得ることができる．植物は弱い光環境でも生活できる**陰性植物**と，強い光環境を好む**陽性植物**に分けられるが，陰性植物は陽性植物に比べて光補償点が一般的に低い（図c）．陰性植物では呼吸速度を低くして，弱い光環境でも光合成による生産が呼吸を上回る．一方，陰性植物は陽性植物に比べて弱い光強度で光合成速度は飽和に達し，その光合成速度の値も低い．

また同じ植物の葉でも，異なる光環境に応じてその光合成特性を変化させることが知られている．強い光環境で育った葉は**陽葉**として発達する．陽葉の葉は厚く，飽和光強度における光合成速度が高く，呼吸速度や光補償点が高い．一方，弱い光環境で育った葉は**陰葉**となる．陰葉の葉は薄く，光合成能力や光補償点が低い．しかし，呼吸速度も低いため，弱い光環境でも光合成による生産が呼吸を上回る．このような違いは同一個体内でもみられる．たとえば，茎の上部に付いて日当たりのよい葉は陽葉となり，下部で日陰となる葉は陰葉となる．このように，光環境の違いに応じて，それぞれの光環境に適した光合成速度を実現するように，葉の光合成特性を変化させているのである．

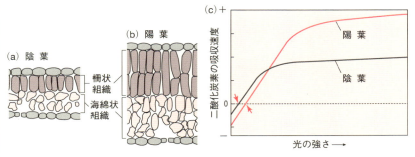

図　陰葉と陽葉　(a, b) 陰葉と陽葉の断面の模式図．(c) 陰葉と陽葉の光-光合成曲線．赤色矢印は陰葉と陽葉の光補償点を表す．

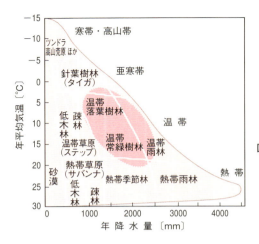

図 12・16 温度と水分条件から区分された世界のおもなバイオーム型 中央の赤色の部分は，わが国の気温と降水量のおよその範囲を示す．[R.H. Whittaker, "Communities and Ecosystems", 2nd Ed., The Macmillan Company(1975)を改変]

12・7 食物網と生態系

12・7・1 陸上の栄養段階と食物網

生物群集は各種の個体群を構成要素とし，互いに相互作用によって結ばれた関係の総体として捉えられた．それに対し，**生態系**は群集とそれを取巻く無機的環境をひとまとめにして，物質循環とエネルギー流の面から捉えたものである．生態系の構成要素である生物種は，おのおのの**栄養段階**に配置される（図 12・17）．栄養段

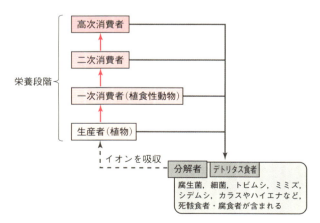

図 12・17 栄養段階と食物連鎖 すべての栄養段階の生物の遺体や排泄物は分解者によって分解され，それを再び生産者が利用する．赤色矢印は生食食物連鎖，灰色の矢印は腐食食物連鎖を示す．

階は,太陽からの光を受けて光合成によって無機物から有機物を合成する**生産者**(陸上植物や水草,光合成する原生生物の藻類),それを食べる植食性動物(**一次消費者**),一次消費者を食べる肉食性動物(**二次消費者**),さらにそれを食べる**高次消費者**に分けられ,そのつながりを**食物連鎖**という(図 12・17).一般に,捕食者は複数の栄養段階にわたるさまざまな生物種を食べることが多い.よって,栄養段階間のつながりは1本の線で表されるようなものではなく,複雑な網目状になるため,これを**食物網**という.

また,生物の遺体や排泄物,落葉は死骸食者や土壌動物,腐生菌によって**デトリタス**(細屑)になる.それを食べるデトリタス食者の動物がふんをすることで,最終的に菌類や細菌などが無機塩にまで分解し,生産者はこれを利用して物質生産をする(図 12・18).このように,**分解者**は生態系の物質循環に大きな役割を果たしている.

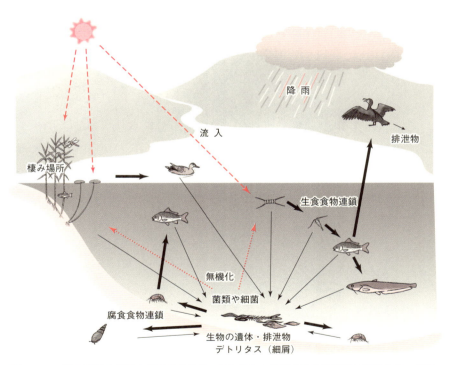

図 12・18　湖の沿岸生態系を構成する生物　餌とそれを消費する食物連鎖の関係を太い矢印(➡)で示す.細い矢印(——)は生物の死亡・排泄を示す.赤色点線矢印(┈┈▶)は分解者によって無機化された窒素やリンの生産者への移動を,赤色破線矢印(╌╌▶)は太陽の光エネルギーを示す.[川口英之,"生態学入門(第2版)",日本生態学会編,p.211,東京化学同人(2012)より]

12・7・2 海洋の栄養段階は複雑

海洋の栄養段階は，陸と比べて階層数がずっと多い．陸上は，植物から大型肉食獣まで，せいぜいで5段階程度である．しかし，南アフリカ南西沖ベンゲラ湾の事

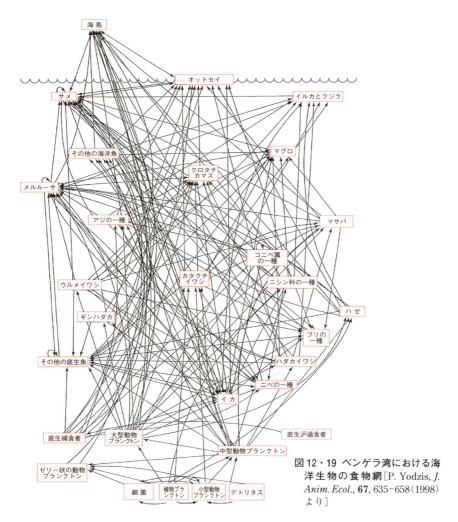

図12・19 ベンゲラ湾における海洋生物の食物網［P. Yodzis, *J. Anim. Ecol.*, **67**, 635-658(1998)より］

例（図12・19）が示すように海洋ではとても複雑な栄養段階となる．その理由は二つある．第一は最下位のプランクトン（浮遊生物）のサイズに大きな差異があり，光合成する植物プランクトン（原生生物）とそれを捕食する動物プランクトンには，

小さいものから大きなものまでが生息し栄養段階が複雑となる．その上位には大型動物プランクトン（オキアミなど）を捕食するイワシやアジなどの小型魚，サバやメルルーサ（タラ目の魚）などの中型魚，そしてマグロやサメなどの大型魚に至る．さらには，大型哺乳類であるオットセイ，イルカやクジラなども栄養段階の上位に位置し，また陸から長距離飛行してくる海鳥なども海洋表面で栄養段階に介在してくる．複雑になる第二の理由は，海洋では雑食が多い点である．魚類はサイズに依存して自分よりも小さいものは何でも摂食対象とする傾向があるので，陸上のように植物−植食性動物−肉食性動物−高次肉食性動物のような栄養段階にははっきりと区分けができない．合計すると最下位から最上位までは9～10段階もの多階層となる．

12・7・3 生態系の物質循環

生態系内の生物群集はさまざまな物質を取込んで利用し，かつ排出している．これらの物質は食物連鎖によって生態系内を循環する．ここでは，代表的な物質循環について説明する．

a. 炭素の循環 生物体を構成している主要な物質の一つである炭素の源は，大気中や水中の二酸化炭素（CO_2）であり，生産者はこれを取込んで光合成によってグルコースを合成し，デンプンとして蓄える（§4・4参照）．これを植食性動物が摂食し，さらに肉食性動物が植食性動物を摂食することによって，炭素は順

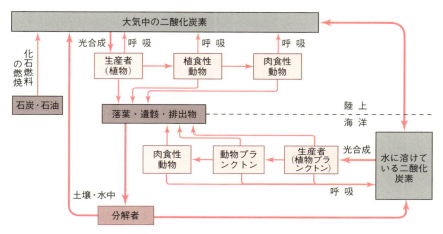

図12・20 地球上の炭素の循環の模式図 矢印の太さは転移する量を大まかに示している．炭素の最も大きなプールは大気中と水に溶けている二酸化炭素の二つである．近年，化石燃料の燃焼により大気中の二酸化炭素濃度の増加が問題になっている．

に高次の栄養段階へと移動し，またそのつど呼吸や遺骸の分解によってCO_2となり，再び大気中や水中に戻される（図12・20）．近年，石炭・石油など化石燃料を燃やすことによって生じる大気中のCO_2濃度増加が問題になっている．これは大気中のCO_2濃度が増えると，地球から大気圏外へ放射されるはずの熱が大気中にこもるという**温室効果**が生じて，大気温度の上昇（地球温暖化）をもたらすからである．

生態系がCO_2を炭水化物として固定する速度を，生態系の**生産速度**という（一般的な単位は kJ/ 面積 / 時間）．これには**総生産速度**と**純生産速度**があり，前者は

■ バイオエネルギー

地球温暖化は，化石燃料の使用によるCO_2などの**温室効果ガス**の濃度上昇がその一因と考えられている．さらに化石燃料が近い将来に枯渇することが認識され，また東北大震災において原子力発電の危険性も明らかになったことから，太陽光，風力，地熱など，安全性が高く再生可能資源のエネルギー利用が検討されている．また同時に温室効果ガスの排出規制を世界全体で進めようとする動きも活発化している．2015 年には国連総会において，"我々の世界を変革する：持続可能な開発のための 2030 アジェンダ"が採択され，17 のグローバル目標と 169 の達成基準からなる**持続可能な開発目標**（Sustainable Development Goals：**SDGs**）が具体的行動指針として示された．

このようななかで，エネルギー問題の解決においては，光合成による生産が注目されている．光合成生物は太陽エネルギーを利用して，大気中のCO_2を有機化合物に変換し（§4・3 参照），生態系における**生産者**として地球上のほぼすべての生物の生存を支えている．光合成により固定された有機化合物を燃料として燃焼させても，固定された分のCO_2しか放出しないため，このサイクルを繰返

すことで**カーボンニュートラル**な燃料として利用することができる．このような燃料は**バイオエネルギー**（バイオマスエネルギー）とよばれている．バイオエネルギーとしては，トウモロコシやサトウキビなど穀物を主原料として発酵でつくられる**バイオエタノール**が多く利用されている．しかし，干ばつや天候不順により食糧事情が悪化した際に，これらバイオエネルギー用作物の需要との競合が起こり，穀物価格の値上げをひき起こすなど問題も起こっている．そこで，近年では食糧と競合しないユーグレナやクロレラなど，微細藻類から抽出される油脂をもとにつくられる**バイオディーゼル**の生産が注目を浴びている．藻類のなかには，成長速度が早く，また油脂含量の多い種も発見されており，遺伝子組換え技術と組合わせることで生産性の高い藻類の研究開発が行われている．将来，化石燃料の価格なみにバイオディーゼルを生産することが可能になれば，有望なエネルギーの一つして利用することができる．国土面積は小さいが四方を海で囲まれた日本では特に有望な技術となりうることから，活発に研究が行われている分野である．

12・7 食物網と生態系

表12・3 地球の純一次生産速度と植物の現存量[a] 有機物の乾燥重量で表す.

生態系の種類	地球上の面積〔×10⁶ km²〕	純一次生産速度〔g/m²/年〕 範囲	純一次生産速度〔g/m²/年〕 平均	地球全体の合計〔×10⁹ t/年〕	植物現存量〔kg/m²〕 範囲	植物現存量〔kg/m²〕 平均	地球全体の現存量〔×10⁹ t〕
熱帯雨林	17.0	1000〜3500	2200	37.4	6〜80	45	765
熱帯季節林	7.5	1000〜2500	1600	12.0	6〜80	35	260
温帯常緑樹林	5.0	600〜2500	1300	6.5	6〜200	35	175
温帯落葉樹林	7.0	600〜2500	1200	8.4	6〜60	30	210
北方針葉樹林	12.0	400〜2000	800	9.6	6〜40	20	240
疎林と低木林	8.5	250〜1200	700	6.0	2〜20	6	50
サバンナ	15.0	200〜2000	900	13.5	0.2〜15	4	60
温帯イネ科草原	9.0	200〜1500	600	5.4	0.2〜5	1.6	14
ツンドラ, 高山荒原	8.0	10〜400	140	1.1	0.1〜3	0.6	5
砂漠, 半砂漠	18.0	10〜250	90	1.6	0.1〜4	0.7	13
岩質と砂質砂漠, 氷原	24.0	0〜10	3	0.07	0〜0.2	0.02	0.5
耕 地	14.0	100〜3500	650	9.1	0.4〜12	1	14
沼沢と湿地	2.0	800〜3500	2000	4.0	3〜50	15	30
湖沼と河川	2.0	100〜1500	250	0.5	0〜0.1	0.02	0.05
陸地合計	149		773	115		12.3	1837
外 洋	332.5	2〜400	125	41.5	0〜0.005	0.003	1.0
湧昇流海域	0.4	400〜1000	500	0.2	0.005〜0.1	0.02	0.008
大陸棚	26.6	200〜600	360	9.6	0.001〜0.04	0.01	0.27
藻場とサンゴ礁	0.6	500〜4000	2500	1.6	0.04〜4	2	1.2
入 江	1.4	200・3500	1500	2.1	0.01〜6	1	1.4
海洋合計	362		152	55.0		0.01	3.9
地球合計	511		333	170		3.6	1841

a) R.H. Whittaker, "Communities and Ecosystems", 2nd Ed., The Macmillan Company (1975) より.

生産者によってエネルギーが固定される速度, 後者は総生産速度から呼吸量をひいた残りの生産速度で, この分が新たな成長, 物質の貯蔵, 種子生産にまわる. 表12・3にさまざまな生態系の純生産速度を示す. 外洋は単位面積当たりの純生産速度は小さいものの, 面積が莫大であるため, 地球全体の純生産量は大きい. 陸上では熱帯林が単位面積当たりの純生産速度が高く, 地球全体での純生産量は大きい.

b. 窒素の循環 窒素は生体物質を構成するタンパク質や核酸, ATP, クロロフィルに含まれる重要な元素である. 大気中には窒素 (N_2) が78%も含まれているが, ほとんどの生物はこの気体窒素を直接利用することができず, わずかに窒素固定細菌や根粒菌などによって固定されるだけである. 窒素は植物に取込まれるときに硝酸塩からアンモニア塩に変わり, 植物体内の窒素同化によってアミノ酸が合成され, これからタンパク質がつくられる (§4・5参照). これが食物連鎖により高次の栄養段階へ移動したり, あるいは遺骸や排出物となって分解され, 再び生

産者に利用される硝酸塩類となる（図12・21a）．このような内部サイクルと，大気中の窒素プールと**窒素固定**（土壌中の**窒素固定細菌**アゾトバクターや**根粒菌**リゾビウムなどによる）や**脱窒作用**（脱窒細菌が硝酸塩を N_2 に変える働き）で直接結ばれる外部サイクルがつながっている．

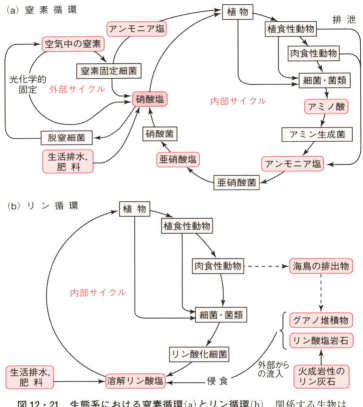

図 12・21　生態系における窒素循環(a)とリン循環(b)　関係する生物は □ で囲み，またそれぞれの化合物は □ で囲んで表してある．[E.P. Odum, "Fundamentals of Ecology", 3rd Ed., p.88, W.B. Saunders(1971) より]

c. リンの循環　リンも生物の核酸などを構成する重要な元素である．窒素と同様に，溶解性のリン酸塩から食物網を通じて循環するサイクルと，火成岩性のリン灰石や，化石骨，グアノ（鳥類などの排出物を主成分とする堆積物）など過去の生物の遺骸や排出物由来のリン酸塩を含んだ岩石から，リン酸塩が侵食してまた

12・7 食物網と生態系　255

堆積するサイクルがつながっている（図 12・20b）.

　湖沼のアオコや内海での赤潮の発生がたびたび問題となる. これは生活排水などの窒素塩やリン酸塩が流入し, シアノバクテリアや渦鞭毛藻類の大量発生をもたらすことによってひき起こされる.

■ 遺伝子組換え作物とカルタヘナ法

　遺伝子組換え作物は, 遺伝子組換え技術によって遺伝的な性質が改変された作物のことであり, 英語の genetically modified organism の頭文字をとって, GM 作物や GMO ともよばれる. 基本的には, 他の生物種由来の有用な性質をもつ遺伝子を作物に導入して, 新たな性質をもたせる場合が多い. 従来の自然交配による品種改良に比べて, 迅速かつ効率的に, また交配不可能な種の遺伝子も導入できるなど, 技術的な優位面が大きい.

　現在, 世界で流通しているおもな遺伝子組換え作物は, 除草剤耐性や害虫抵抗性のダイズ, トウモロコシ, ナタネ, ワタなどである. また生産者だけでなく消費者にも恩恵をもたらす第二世代の遺伝子組換え作物も開発されている. その代表例としては, 開発途上国でのビタミン A 欠乏を解消するために, ビタミン A 前駆体を多量に含むように作られたゴールデンライス, 国内では花粉症予防のため花粉形成を抑制したスギなどがあげられる.

　遺伝子組換え作物については, 組換え遺伝子の在来種への遺伝子浸透, 抵抗性を獲得したスーパー雑草やスーパー害虫の出現, 非標的野生昆虫への影響など, 生態系に与える影響が懸念されている.

　現在日本では, 遺伝子組換え生物の作出は "遺伝子組換え生物等の使用等の規制による生物の多様性の確保に関する法律", 通称 "**カルタヘナ法**" により規制されている. このなかで, 遺伝子組換え作物については拡散防止措置をとらない "第一種使用"（隔離圃場を含む屋外での栽培利用）と, 拡散防止措置をとる "第二種使用" に分けられている. 研究を目的とする遺伝子組換え作物については, すべて文部科学省の管轄下での "第二種使用" となり, 閉鎖温室など管理された屋内での栽培のみが認められている. 農林水産省と環境省が管轄している "第一種使用" については, 2015 年時点で, すでに約 200 の組換え遺伝子種数の遺伝子組換え作物の栽培が認可されている. しかし実際に国内で栽培されているのは, 食品ではないバラ 1 種のみである. 最近では, ゲノム編集技術（CRISPR-Cas9, p.108 参照）により新しい遺伝子組換え生物を迅速に作出することが可能になったが, その認可については各省庁で慎重に検討している段階である.

　今後, 世界における人口爆発, そしてそれに伴う食糧問題の解決のために遺伝子組換え作物の重要性は増加すると考えられ, その安全性と有効性を実証する研究がますます重要になってくる.

d. 生物濃縮　生態系では自然の有機化合物や無機化合物は化学反応によってうまく分解され，化学平衡が成り立っている．しかし，人類がつくった人工化合物は分解されず，生物体内で蓄積されるものが多い．殺虫剤のDDT（ジクロロジフェニルトリクロエタン）がその一例である．ユスリカを防除するためヒトには害のない低濃度でDDTが湖沼に散布され，ユスリカは激減したとしよう．しかし，それを食べる小型の魚類，さらにそれを食べる大型の魚，さらにそれを餌とする水鳥へとDDTの体内濃度は高まっていく．食物連鎖によって上位の栄養段階になるほど体内に蓄積し，DDTの濃度は自然界に散布したときの濃度から水鳥の体内では数万倍にまで濃縮される．これを**生物濃縮**という．1950～60年代は日本でも水俣病や第二水俣病などのメチル水銀による公害がしばしば起こり，生物濃縮が問題となった．開発途上国では，21世紀になった現在でも公害と生物濃縮に苦しめられている．人類は生態系に人工化合物の農薬などを安易に撒くことには慎重であるべきだ．

12・7・4　生態系のエネルギー流と生態ピラミッド

　生態系のエネルギー源は地表に降り注ぐ太陽光のエネルギーであり，光エネルギーは光合成により化学エネルギーに変換されて有機化合物中に蓄えられる．生態系のすべての生物は，この有機化合物中の化学エネルギーを利用して生活している．化学エネルギーは物質と違って生態系内を循環するのではなく，食物連鎖によって上位の栄養段階へ移行する過程において，おのおのの段階で一部が代謝や運動などの生命活動に利用され，最終的に熱となって生態系外へ発散される（図12・22）．つまり，各栄養段階を経るごとに，10～15%程度のエネルギーだけが上の栄養段階に移行するにすぎない（これを**約10%の法則**とよぶ）．そのため，ある期間に利用するエネルギー量を尺度に各栄養段階をまとめるとピラミッド構造になり，これを**生態ピラミッド**とよぶ．約10%の法則により，栄養段階を数段階経ただけで，植物が固定した化学エネルギーは相当に減少する（10%とすれば，4段階で1/10,000）．さらに，上位の栄養段階にあるものは下位の者を捕食するので，体が大型になる傾向がある．そうすると，一つの地域で維持される大型肉食者の個体数はかなり少数にならざるをえない．あまりに少数すぎると，**近交弱勢**（近親交配が原因で，劣性有害対立遺伝子がホモ接合体となり，繁殖力や生存率が低下する現象）が生じたり，性比の偏りなどで適正な社会性を維持できない悪影響（**アリー効果**）により，局所個体群がその地域から消失してしまう．そのため，栄養段階数には限りがあり，陸上ではたかだか5栄養段階程度までしかみられない．

　このように，自然界にはさまざまな生物が生息しているが，物質循環とエネルギー

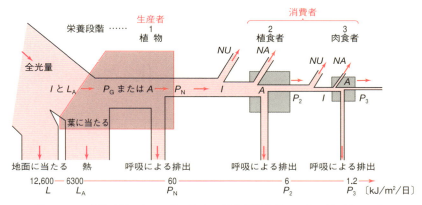

図 12・22 食物連鎖によって結ばれた 3 栄養段階を通るエネルギー流 I: その栄養段階への全エネルギー流入量, L_A: 植物に吸収されたエネルギー量, P_G: 一次総生産, A: 同化量, P_N: 一次純生産, P_2: 二次生産, P_3: 三次純生産 (消費者による純生産), NU: 未利用エネルギー量 (蓄積または移出), NA: 消費者に取込まれたが同化されなかったエネルギー量. 下段の赤い矢印で結ばれた数値は, $L=12,600$ 〔kJ/m²/日〕の太陽光線から出発し, どれだけの値として転移されていくかを示している. [E.P. Odum, "Fundamentals of Ecology", 3rd Ed., p.64, W.B. Saunders(1971)より (cal を J に変換してある)]

流という生態系の大きなダイナミズムに従って生活しているのである. 化石燃料の大量消費による大気中の CO_2 濃度の増加や, 田畑からの肥料の流出や生活排水などによる生態系の**富栄養化**, さらに過度の環境開発は, 生態系のバランスを崩してさまざまな問題をひき起こすので, 今後はますます注意を必要とする.

13 進化と系統

13・1 生物の適応

第1章の冒頭でも述べたように，生物はその環境のなかで生活していくうえで，形態的・生理的・生態的にうまく機能する性質を備えており，これを**適応**という．適応は，乾燥状態，高温，低温など特殊な環境で生活する動植物に特にはっきりとみることができるが，もちろん温暖な環境においてもすべての生物にみられる．以下に，代表的な適応の例をいくつかあげる．

13・1・1 乾燥や寒気への適応

a. 乾燥への適応　砂漠や乾燥地帯に生きる生物は，水分の余分な蒸発を防いだり，少ない水分を効率良く利用して生活するなど，さまざまに適応している．植物の例では，リュウゼツランなどのように表面にクチクラ層を発達させた硬い葉をもって表皮組織との間に水を貯めるもの，ベゴニアのように葉に貯水組織を発達させているもの，またサボテンのように葉を針状にして蒸散が起こりにくくし，茎に水分を保持するものなどがある（図13・1）．

b. 寒気への適応　温帯や冷帯の生物にとって，厳しい冬をやりすごすことはそこで生活していくうえで重要であり，さまざまな適応がみられる．植物は冬な

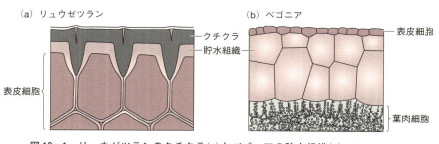

図13・1　リュウゼツランのクチクラ(a)とベゴニアの貯水組織(b)　リュウゼツランの貯水組織はクチクラ層と表皮細胞との間の間隙にある．一方，ベゴニアの貯水組織は表皮細胞のすぐ内側の水膨れした細胞である．

ど温度環境の不利な低温の時期には，休眠芽（冬芽）をつくったり，体内の生理的反応を調節したりする．たとえば，クワでは気温が低下する10月頃から，枝や幹の中で貯蔵デンプンが分解されて水溶性のスクロースに変わり，細胞内の浸透圧を高め，細胞内の結氷と乾燥に対する抵抗性を高めており，春になると再びスクロースからデンプンに戻している．

c. 季節変化への適応　温帯や冷帯の昆虫は，日長（昼の長さ）が短くなると冬の訪れを察知し，体内のホルモン濃度が変化して，まだ十分気温が高い夏の終わりでも休眠に入る準備をする種が多い．鳥類など移動力の大きいものは，晩秋には南方に移動しそこで冬を過ごし，春になるとまた元の生息地に戻るという渡りを示す．彼らは星座や太陽の位置をコンパス代わりにして方位を知る能力があり，これが正確な長距離移動（§9・2参照）を可能にしている．

▌13・2　適応をもたらす自然選択

13・2・1　自然選択の作用

　生物の適応は**自然選択**によって生じる．この作用を最初に解明したのはC.R. ダーウィンで，"種の起原"（1859年）の第4章に詳細に説明されている．さらに，20世紀に入り1930〜1950年にかけて進化の総合説を唱えた研究者たちにより，洗練された学説となった．自然選択とは，次のような条件が満たされる場合，それだけで自律的に（これら以外の要因が何も加わらなくても）生じる過程である．

　1）形質には個体間で変異があること．
　2）その変異は遺伝する性質であること．
　3）その変異に応じて，繁殖や生存を介して**適応度（次世代に残す子の数）の差**が生じること．

　たとえば，ある遺伝する形質について対立遺伝子Aをもった個体の方が対立遺伝子Bをもつ個体よりも平均的に適応度が高いとする．初めの集団では，対立遺伝子AとBをもった個体が半数ずついたとしても，Aをもった個体の方が次世代に残す子の数が平均的に多いので（適応度の関係は$W_A > W_B$），世代を経るに従ってAの頻度が集団中に増加していくと考えられる．

　集団中の各個体がもつ形質に遺伝的変異が起こるのは，さまざまな変異原（§5・6・1参照）によりゲノム上の遺伝子に突然変異が発生するからである．

13・2・2　自然選択による進化の事例

　自然選択による急速な適応進化の過程が最もよく示された例は，**工業暗化**とよば

れるオオシモフリエダシャクというガの一種の体色の変化である（図13・2a）．英国では昔から林の幹には地衣類が生えて幹が白くなっており，白地にまだら模様のガ（野生型）がとまると，背景の地衣類が保護色の役目を果たして天敵の鳥に見つかりにくい．ところが，都市部で工業化が進むにつれ近郊の林では幹に生える地衣類が大気汚染の影響で生育しなくなり，黒っぽい幹の地肌がむき出しになった．このような地域では，工業化の進行とともに黒色型の個体がだんだん多くなった．こ

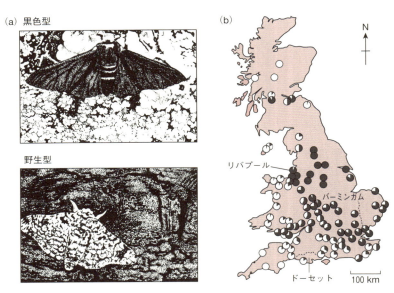

図13・2　オオシモフリエダシャクの工業暗化　(a) 地衣類がついた幹の上の黒色型（上）と地衣類がとれて地肌がむき出しになった幹の上の野生型（下）．(b) 英国のさまざまな地域での黒色型と野生型の割合．円グラフの黒い部分が黒色型の割合を示す．工業地帯や都市部（リバプールやバーミンガム）ほど黒色型の多いことがわかる．[D.R. Lees, "Ecological Genetics and Evolution", ed. by E.R. Creed, p.152, Blackwell Sci. Pub.(1971)を改変]

の黒色型は，体色の突然変異として1遺伝子座に生じた優性な対立遺伝子（C）により生じる．黒色型の遺伝子型は CC または Cc であり，白にまだらの野生型は劣性ホモの遺伝子型 cc である．黒色型が増えた理由として，工業化が進んだ地域ではむき出しになった黒っぽい幹の地肌の上では野生型は目立ってしまい，黒色型の方が天敵に見つかりにくく有利であるということが考えられる．

　二番目の事例としてインドガンを取上げる．インドガンはヒマラヤ山脈を越えて渡りをし，夏はチベット高原で繁殖して冬は子世代とともにインド平原に戻ってく

る（図13・3）．インドガンのヘモグロビンはアミノ酸が1個置換したことにより酸素結合力が上がり，薄い空気中でも十分な酸素を結合できる（具体的にはα鎖119番目のアミノ酸プロリンがアラニンに置換し，β鎖55番目のロイシンと間隙が大きくなっている）．このため，高度8000メートルものヒマラヤ山脈を越えられるようになった．祖先のガン類集団でヘモグロビンに遺伝的変異が生じ，その変異をもつグループだけが8000メートルの高度を渡ってチベット高原で繁殖したため，生殖隔離が進み種分化したと考えられる（§13・3・1参照）．

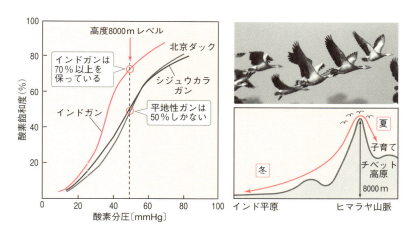

図13・3 ヒマラヤを越えて渡るインドガン 高度8000 m では酸素分圧が平地（≒50 mmHg）の1/3程度（50 mmHg）まで下がる．インドガンのヘモグロビンは酸素結合力が強く，この低い酸素分圧でも70%以上の酸素飽和度を保つ．［写真: © tahir abbas/iStock.com］

他の事例としては，殺虫剤抵抗性の進化があげられる．元の害虫集団にはまれに殺虫剤耐性の突然変異遺伝子をもった個体が混じっているが，この集団に殺虫剤を散布すると耐性をもたない大部分の個体は死に絶える．しかし，生き残ったわずかの個体は数世代で増え，この変異集団にはもう以前の殺虫剤は効かない．有機リン剤への抵抗性はカルボキシルエステラーゼ遺伝子の転写増幅（調節領域の変異）でもたらされ，また，カルバメート剤への抵抗性はアセチルコリンエステラーゼ遺伝子の変異でもたらされる．

13・2・3 異種間の相互作用がもたらす適応: 共進化

生物が適応を示すのは，温度や乾燥などの物理的環境に対してだけではない．生物間の相互作用（生物的環境）によっても適応は双方にもたらされる．種特異的な

ペアの間には，足並みをそろえて相手とともに適応進化する現象（**共進化**）がみられる．これには，相手と協力する共進化と，**軍拡競争**とよばれる敵対する共進化の二つがある．

a. 協力の共進化 イチジク属の花序内部には，各種固有のイチジクコバチ類が花粉媒介者として生息している．イチジク属の花序は袋状に閉じた花嚢（果実の部分）の内側に，雌花，虫癭（虫こぶ）花（子房の中にハチの幼虫が入って育っている花），雄花の3型の花がある．アコウやガジュマルなど雌雄同株では一つの花嚢に三つの型の花がみられ（図13・4a），イヌビワなど雌雄異株では，雌株の花嚢

(a) イチジクとイチジクコバチ類

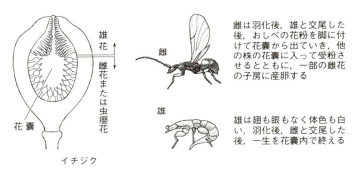

(b) イヌビワ類とイヌビワコバチ類の系統樹マッチング

図13・4 イチジクの花嚢とイチジクコバチ類(a)，および日本産クワ科イヌビワ類（イチジクの仲間）とイヌビワコバチ類の分子系統樹の共種分化の対応関係（系統樹マッチング）(b) [J. Yokoyama, "Biodiversity and Evolution", ed. by R. Arai *et al.*, p.113, National Science Museum(1995)より]

は雌花だけ，雄株には虫癭花と雄花がみられる．虫癭花は雌花の変形したもので花柱は短くコバチは産卵できるが，雌花は花柱が長くコバチは産卵できない．イチジク属の花期は長く，林内では受粉期と送粉期の株が重複してみられる．花粉を脚に

つけた雌バチが受粉期の緑色の花嚢に入ると，雌雄同株の場合は雌花と虫癭花に受粉し，虫癭花の子房内部に産卵する．受粉された雌花は種子をつけ，虫癭花の子房はやがて膨らみハチの幼虫が中身を食べて育つ．その後，花嚢内でハチが羽化する．その頃の花嚢は送粉期に移行して雄花が花粉をつけている．交尾を終えた雌バチは花粉を脚に付けて花嚢の外へ飛び立つ．雌バチは同一種の受粉期の花嚢に入り，雌雄異株の雌花，あるいは雌雄同株の虫癭花に受粉する．もし別種の花嚢に入ると受粉不可となり種子は実らず，コバチの次世代も育たない．強い自然選択のために，両者には**共種分化**の系統樹マッチングが生じる（図 13・4b）．

協力のほかの例は，サンゴと褐虫藻があげられる．刺胞動物のサンゴは体内に褐虫藻を住まわせ，褐虫藻に栄養分を提供し，褐虫藻は光合成産物をサンゴに渡す．温暖化で海水温が上がると褐虫藻はサンゴの細胞内から出て自由生活に戻る．褐虫藻の出た後，サンゴは白化現象が起こり死に絶えるので，サンゴの危機が懸念される．

b. 軍拡競争　軍拡競争の例としては，植物の毒と植食性昆虫の解毒機構がある．マメ科植物の各種は特定の毒性物質を種子にためる（毒の種類はマメ科全体で 100 種類以上）．おのおののマメゾウムシが解毒できるマメ科植物の毒の種類は限られるため，両者の間には種特異的な食う–食われるの関係がみられる．カナバニンのような非常に強い毒をもつ豆ですら，特定の種のマメゾウムシがそれを食害する．

13・3　種　分　化

13・3・1　異所的種分化と同所的種分化

元の集団から地理的に隔離された集団が，その地域の環境に適応するうちに，以前とは異なる種に進化するという考え方を**異所的種分化**とよび，生物集団が多様化する種分化の中心的メカニズムと考えられている（図 13・5）．広い地域に単一の植物が生息しているとする．海面の上昇など地理的な要因で集団が隔離され（**地理的隔離**），遺伝子プール（交配可能な集団がもつ遺伝子の全体）が分断される．離れた地域 A と地域 B には異なる突然変異が起こり，突然変異によって生じた形態的な変異を介した自然選択や小集団に作用する遺伝的浮動（§13・4・1 参照）により，それらの遺伝的変異は各地域の遺伝子プールに広がる．二つの集団で遺伝的変異が蓄積し，元の種と新たな遺伝子プールをもつ別の種が生じ，互いに交配できなくなる．海面が元に戻り地理的隔離がなくなっても，二つの集団は交配できず遺伝子プールが混じり合うことはない（**生殖隔離**）ので，両者は**種分化**したことになる．

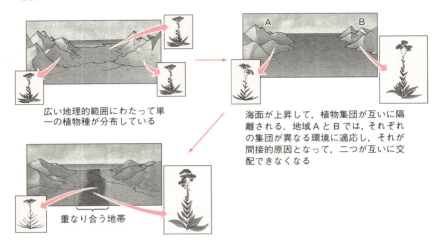

図 13・5　地理的隔離による異所的種分化

　分かれていた二つの集団が再び出会ったとき，異なる種としてそれぞれ交配せずに独自の遺伝子プールが成立するか，それとも同種のように交配が進んで混じり合うかは，二つの遺伝的プール間でどのくらい大きな差が蓄積しているかによって決まる．たとえば，形態や配偶行動，季節性が互いの出会いを妨げるほどに異なっていれば，二つの集団間では交配は起こらない（**交配前隔離**）．また，生存に重要な役割を果たす遺伝子に決定的な差異が生じていれば，たとえ交配しても健全な子孫をつくれない場合がある（**交配後隔離**）．一方，二つの集団の生殖隔離が不完全で，子孫ができる場合もある．しかしこの場合でも，親が適応していたどちらの環境にも適応できない中間型の子孫になってしまうと生存率は低下する．このように，集団間で交配がたまたま起こっても子孫を残すうえで不利になると，交雑を避ける方向に自然選択が働き，いずれは交配前隔離が進化すると考えられる．

　生物のなかには，地理的隔離を経ずに同じ地域で生息しながら種分化が進行する場合があり，これを**同所的種分化**という．たとえば，熱帯のミバエなどでは交配場所の地上高が異なることや夕方の交配時間が異なることで生殖隔離が成立している．また，東アフリカのビクトリア湖では 300 種もの多様なカワスズメ科の魚が生息しており，餌の種類を食い分けたり，交配し受精する湖の深度さで眼の視物質（オプシン）の変異が生じて雄雌の体色の選好性が異なることで生殖隔離が成立している．1980 年頃までは異所的種分化の考え方が主流だったが，最近では繁殖生態による同所的種分化（生態的種分化）の理論も確立しつつある．

13・3・2 適応放散

　大陸から海洋島に一群の生物種がたまたま飛来したり流れ着いたとき，そこには大陸では他種との競争で利用できなかったニッチが空くことになる．そのため，新たな餌や棲み場所を利用することで，その環境で受ける自然選択によって形態や行動にさまざまな適応が進み，多様な種分化が急速に成し遂げられる．これを**適応放散**とよぶ．典型的な例として，ガラパゴス諸島のダーウィンフィンチ類がある．

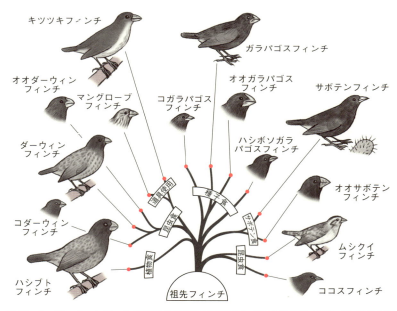

図 13・6　ダーウィンフィンチ類の仲間の適応放散図　［日本生態学会編，"生態学入門（第 2 版）"，p.27，東京化学同人 (2012) より］

　ダーウィンがビーグル号の航海でガラパゴス諸島に立ち寄ったときに，島々でくちばしの形態が少しずつ異なる小鳥を発見した．ダーウィンフィンチ類はガラパゴス諸島の島々で餌の食い分け（ハマビシの硬い大きな種子，小ぶりの種子，クロトンなどの軟らかい種子，サボテン，昆虫など）や棲み分け（地上，樹上）により 14 種に種分化している（図 13・6）．群島は島々が適度に離れているため異所的種分化が進み，さらに島内では競争する他種がいないために空きニッチに進出することで同所的種分化も進み，急速に多様な種分化へと適応放散が進行する．他の例としては，ハワイ諸島の花の蜜を吸う小鳥ミツスイ類や，オーストラリア大陸に広く進出した多様な有袋類があげられる．

13・4 中立説と分子進化

13・4・1 遺伝的浮動

個体数の少ない小さな集団には，遺伝的浮動が強く働く．**遺伝的浮動**とは，次のような例で説明される**遺伝子頻度**の確率的なゆらぎである．いま図13・7のように，4個体に制限された小さな集団中に赤い対立遺伝子と灰色の対立遺伝子を想定する．簡単にするため対立遺伝子は優性，劣性がないとする．二倍体の生物の場合，4個体で計8個の赤と灰色の対立遺伝子は半々，つまり4：4だと仮定する．雄雌の性比は1：1とし，各個体は精子と卵を産する．精子も卵も多数産まれるが，受精して胚発生が進行し，親になるときには集団サイズ4個体に制限されるものとする．受精はランダムに赤と灰色の組合わせで生じるが，次世代の4個体がもつ対立遺伝子の合計8個は，必ずしも4：4にはならない．ときには3：5になったり，6：2になるだろう．ちょうど，コイントスで2回だけトスすると必ずしも表裏が1：1の期待値どおりにはならずに，表だけや裏だけになることも多いのと同じ現象である．このような処理を毎世代繰返していくと，4個体の親集団における赤と灰色の比率はランダムな変動（**浮動**という）を繰返しながら，やがてどちらかの対立遺伝子が偶発的に集団中100％を占めるようになる．注意してほしいのは，赤と灰色の対立遺伝子には適応度（産子数や生存率）の差は何も与えていない．ランダムな変動だけで遺伝子頻度は変化し，有限時間内にどちらかが集団中に固定する．固定す

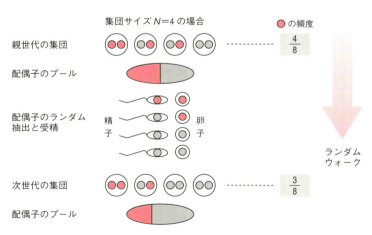

図13・7　小集団にかかる遺伝的浮動の模式図　$N=4$個体の例をあげている．対立遺伝子は●と○のみを考え，親になった個体の対立遺伝子の合計8個中の割合を示している．

るのに要する時間は，集団が小さいほど速くなる．つまり小集団ほど遺伝的浮動は強い効果を示す．

　実際の集団には突然変異によって絶えず新しい対立遺伝子が供給されているので，突然変異による供給と遺伝的浮動による消失とが反対の効果をもつことになる．この両者の作用によって DNA 配列やタンパク質のアミノ酸配列の置換速度（分子進化の速度）が決定されているという考え方が，次に述べる"分子進化の中立説"である．

13・4・2　分子進化の中立説

　すでに遺伝的浮動が強く働く小さな集団では対立遺伝子をどれか一つに固定させる効果をもつことを述べた．木村資生による**分子進化の中立説**（1968 年）は，突然変異とこの遺伝的浮動の作用を基礎においた進化理論である．DNA 配列やそれが発現したアミノ酸配列に生じる突然変異には，形態や生態上の変異と違って，適応度の点で有利でも不利でもない中立な変異や中立に近い変異が多い．その場合には自然選択は効果を示さないので，突然変異による新たな対立遺伝子の供給と，遺伝的浮動による対立遺伝子の消失の両方の作用によって，遺伝子の進化，すなわち DNA 配列における塩基対の置換や，それに伴うアミノ酸配列の変化（§5・6・2 参照）が起こるという考え方である．

　ある中立な遺伝子座において，いま中立な対立遺伝子 1 個が突然変異によって個体数 N の集団（一つの遺伝子座の対立遺伝子は $2N$ 個ある）に新たに出現したとすると，その運命は遺伝的浮動によって，$1/(2N)$ の確率で集団中に固定するか，または $1-1/(2N)$ の確率で集団から消えるかのいずれかである．突然変異は単位時間当たり μ の確率で生じ，そのうち中立なものを f とすると，出現した $2Nf\mu$ 個の突然変異遺伝子が単位時間当たりに集団中に固定する確率＝$2Nf\mu \times 1/(2N)=f\mu$ となって，この中立な突然変異の生起率に等しい．すなわち，中立な遺伝子の進化速度（単位時間当たりの遺伝子が置換する確率）は，中立な突然変異の生起率に等しいことになる．現生生物の分類群間での DNA 配列の比較と化石による分岐年代から，一つの塩基対に突然変異が起こる頻度は，1 年間でおよそ 10^{-9} という値が知られている．このように中立説の予測に従えば，DNA 配列は時々刻々と一定の率で塩基が置換することになる．この一定速度での置換を**分子時計**という（p.104 参照）．

　中立説は自然選択（適応度の低い変異個体を排除する負の自然選択）が作用する場合にも成立し，元の DNA 配列から塩基置換が起こったとき，どの程度強い負の自然選択が作用するかに応じて，進化速度が変わってくる．すなわち，機能的に重要で，塩基置換による負の自然選択が強いほど，進化速度は遅くなる．

13・4・3 分子進化のパターン

いろいろな生物間で，特定の遺伝子ごとに DNA 配列の塩基対の置換速度を比較してみると，中立説の予測に従ういくつかの傾向がみられる．

1) 重要な機能をもたないタンパク質の遺伝子の置換速度は，重要な機能を果たしている遺伝子に比べて，きわめて速い．たとえば，ヘモグロビン分子の鉄原子を囲んでいる中心部分のアミノ酸の置換速度はきわめて遅いが，外殻部分はそれに比べると置換速度がずっと速い．

2) アミノ酸置換をもたらす，コドン 1 番目，2 番目の塩基置換（**非同義置換**）よりも，それが生じない塩基置換（**同義置換**：コドン 3 番目の塩基置換でよく生じる．表 5・1 参照）の方が，一塩基置換の速度がずっと高い．

3) まったく発現しない DNA 配列領域であるイントロンや**偽遺伝子***において，塩基対の置換速度がきわめて速い．

中立説の予測するところをまとめると，特定の遺伝子ごとにその機能の重要性に応じて DNA 配列の置換速度が決まっている，ということである．重要な機能を果たすタンパク質ほど置換速度が遅いのは，機能を低下させる突然変異にはそれだけ自然選択による負の淘汰が強く働くため，DNA 置換が許容されにくいからである．この場合，配列の**保存性が高い**という．それに対して，重要な機能をもたないタンパク質ではこの淘汰が弱く，置き換わっても適応度にさほど影響しない中立に近い変異が多くなる．さらには，発現しない DNA 領域での突然変異は完全に中立となるので，置換速度は非常に速くなる．

13・4・4 分 子 系 統 樹

ある特定の DNA 領域の塩基配列やタンパク質のアミノ酸配列について，この分子進化の法則を使って系統樹（**分子系統樹**）を構築するのが，分子系統学とよばれる研究分野である．分子系統樹の例として，図 13・8a に葉緑体のさまざまな DNA 領域をアミノ酸情報に転換して作成した陸上植物の系統樹を示す．コケ−シダ−裸子植物−被子植物の系統群の分岐順序がよく現れている．図 13・8b は tRNA の DNA 情報を基に作成した脊椎動物の系統樹である．鳥類はワニとの共通祖先（恐竜）から出現したこと，クジラは偶蹄目から派生したこと（カバがいちばん近い），また有袋類と単孔類（カモノハシ）は真獣類とは離れた系統であることなどが，きちんと示されている．

---

* 同一遺伝子が遺伝子重複されて多数のコピーができたとき，有害な突然変異が生じて遺伝子の機能を失なったコピー．

13・4 中立説と分子進化

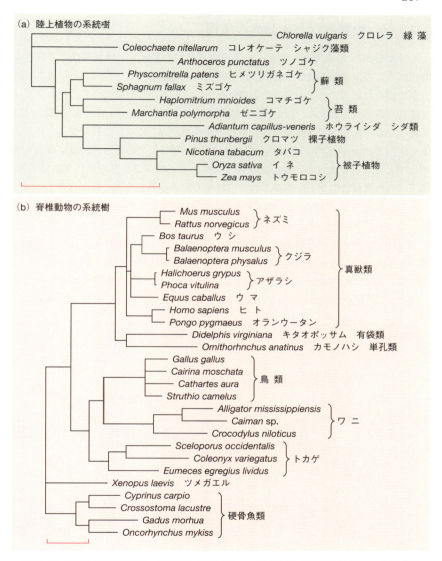

図13・8 分子系統樹の実例 系統樹の左下に置いた目盛りは10座位当たり一つの塩基置換に対応した長さを示す．(a) 葉緑体のさまざまな遺伝子のDNA配列をアミノ酸に翻訳して作成した陸上植物の系統樹．クロレラを外群（解析対象とする系統群の外側に置く近縁の系統）として，最尤法で描いたもの．[T. Nishiyama, M. Kato, *Mol. Biol. Evol.*, **16**, 1027(1999)を改変] (b) tRNAのDNA配列を基に，最尤法で作成した脊椎動物の系統樹．[長谷川政美，岸野洋久，"分子系統学"，岩波書店(1996)を改変]

13・5 地質時代と生物界の変遷

地球が今から46億年前に誕生してから現在までの期間を，**地質時代**とよばれる時代区分で表すのが一般的である．地質時代は，発見される生物の化石に著しい区分が認められる（これらの化石を**示準化石**という）ところを境にして，先カンブリア時代，古生代，中生代，新生代に大別され，さらにその中がいくつかの紀に分けられている．ちなみに，化石を含む地層の年代推定は ^{40}K などの放射性同位体元素を用い，これが13億年の半減期で ^{40}Ar に変化することを利用して，現在の生物体の比率と化石に含まれる比率の比較によって，岩石に固定された年代を推定する．以下に各地質時代の化石からみられる生物相の変遷の歴史をまとめた（表13・1）．

a. 先カンブリア時代　地球が誕生した46億年前から冥王代，太古代（始生代）を経る約40億年間の長い時代を先カンブリア時代とよぶ．DNAやRNAの生体高分子がいつ頃できたのかなど不明な点が多いが，それでも地球が誕生してから約10億年たった35〜37億年前の地層から原始的な細菌の化石が見つかっており，この頃にはすでに生物が出現していた（図13・9）．25〜27億年前にはシアノバクテリアが出現し，20億年〜10億年前になると水中のシアノバクテリアがおおいに

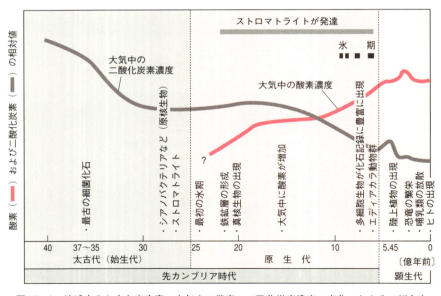

図13・9　地球史のおもな出来事　大気中の酸素，二酸化炭素濃度の変化のおよその傾向を曲線で示した．古生代以降を顕生累代ともよぶ．［日本生態学会編，"生態学入門(第2版)"，p.23，東京化学同人(2012)より］

表 13·1　地 質 年 代 表[a]

代	紀	生物の消長	環境の変化
新生代	第四紀 （260万年前～）	マンモスなど大型哺乳類の絶滅 ヒト属の進化（文明の興隆）	氷期の繰返し
	第三紀 （6600万年前～）	哺乳類，鳥類，被子植物，花粉媒介昆虫の放散	大陸が現在の位置に近づく
中生代	白亜紀 （1億4500万年前～）	恐竜の多様化が続く 被子植物と哺乳類の多様化が始まる この紀の末の**大量絶滅**により恐竜が消滅	末期には5大陸への分散が始まる
	ジュラ紀 （2億100万年前～）	多様な恐竜，被子植物の出現 最初の鳥類，原始的哺乳類，裸子植物の優勢 アンモナイトの放散	
	三畳紀 （2億5200万年前～）	初期の恐竜，最初の哺乳類 裸子植物が優勢となる 海産無脊椎動物の多様化	大陸が移動を開始
古生代	ペルム紀（二畳紀） （2億9900万年前～）	は虫類の多様化，哺乳類的は虫類の出現 両生類の衰退，昆虫の多様化 この紀の末に海生生物の**大量絶滅**	大陸はパンゲアとして合体 氷　期
	石炭紀 （3億5900万年前～）	初期の維管束植物，特にシダ類からなる大森林の出現 両生類の多様化，最初のは虫類の出現	
	デボン紀 （4億1900万年前～）	硬骨魚類と軟骨魚類の誕生 三葉虫の多様化 アンモナイト，両生類，昆虫類の誕生 この紀の後期に**大量絶滅**	
	シルル紀 （4億4400万年前～）	無顎類の多様化，甲冑魚類が多様化 維管束植物と節足動物が陸上に進出	
	オルドビス紀 （4億8500万年前～）	無脊椎動物および脊椎動物の無顎類（甲冑魚類の一部）が多様化 この紀の終わりに**大量絶滅**	
	カンブリア紀 （5億4100万年前～）	動物のほとんどの門が出現（カンブリア爆発） 多様な藻類の出現	
先カンブリア時代 （5億4100万以前）		38億年前における生命の起原 原核生物，のちには真核生物が誕生 この代の終わり近くに，動物のいくつかの門が出現	39億年前に海が出現 10億年前頃から大気中の酸素の増加

a) D. J. Futuyma, "Evolution", 3rd Ed., p.80, Table 4.1, Sinauer Associates（2013）を改変.
　年代は International Commission on Stratigraphy, "International Chronostratigraphic Chart"（v 2018/07）より.

栄え，それらの光合成により水中や大気中の酸素が増加した．また，浅い水辺でシアノバクテリアと泥が何層にも堆積してできたストロマトライトが発達した．そして8億年前の先カンブリア時代の終わり頃には多細胞動物のエディアカラ動物群（クラゲやカイメン）が出現した．

b. 古 生 代（約5億4100万～2億5200万年前）　　古生代に入ると，気候が温暖になったため，**カンブリア紀**には急激に生物の体制の多様化が進み，一挙にさまざまな形態ができあがった（**カンブリア爆発**）．この時代には多くの動物の門が生じており，現生のおもな門のほとんどはこの時期に現れている．**オルドビス紀**には海産の藻類が多くみられ，最初の脊椎動物である原始的な魚類（無顎類）も現れた．この紀の終わりに**大量絶滅**が起こった．**シルル紀**には初めての陸上生物であるシダの仲間の植物が出現し，また水中には三葉虫などの節足動物，サンゴ類，甲冑魚が栄えた．**デボン紀**には生物の陸上進出が始まり，陸上に昆虫類，両生類などが出現し，シダ植物が栄え，また最初の裸子植物も現れた．この紀の終わりにも大量絶滅が起こった．**石炭紀**にはリンボクやフウインボクなど巨大な木性シダの森林が出現し，動物では両生類が多様に分化し，また最初のは虫類が現れた．**ペルム紀**（二畳紀ともいう）にはは虫類が多様に分化し始め，昆虫類は多様に分化し栄えた．ペルム紀の終わりには海生生物を中心に大規模な大量絶滅があり，三葉虫などが消滅した．

c. 中 生 代（2億5200万年～6600万年前）　　中生代最初の**三畳紀**は高温で乾燥した時期であったらしい．そのため，植物ではシダ植物が衰退して，ソテツやメタセコイアなど裸子植物が森林を形成し，動物でははは虫類が徐々に大型化し始め，この頃，最初の哺乳類が現れた．陸地は南のゴンドワナ大陸と北側のローラシア大陸が合わさり**パンゲア**とよばれる一つの大きな大陸にまとまっていた．**ジュラ紀**になると裸子植物の森林が発達し，被子植物が現れた．動物でははは虫類が巨大化し，恐竜と鳥類の中間型である始祖鳥が現れた．**白亜紀**には，カシなどの被子植物が多様に分化して森林を形成し，動物でははは虫類の大型化が頂点に達し，また，哺乳類が多様に分化した．白亜紀の初期には大陸は再び南北に二分され，さらに，末期には現在の5大陸への分散が生じ始めた．そして，白亜紀末期には気候の変化（隕石の衝突に起因するといわれる）によってまたしても大規模な大量絶滅が生じ，陸上では大型はは虫類，海中ではアンモナイトが絶滅し，針葉樹が衰退した．

d. 新 生 代（6600万年前～現在）　　新生代では，**第三紀**に入ると被子植物がますます栄え，それにつれて花粉を媒介する昆虫も多様化し，裸子植物は衰退した．幾度かの氷河期を経て動物では寒冷に適した哺乳類や鳥類など恒温動物が栄え，この傾向は**第四紀**にも続いて，現在のような生物相ができあがり，第四紀末期に現在の人類が出現した．

参　考　書

1) "キャンベル　生物学（原書 11 版）", L.A. Urry ほか 著，池内昌彦ほか 監訳，丸善出版（2018）.
本書は国際生物学オリンピックの標準図書でもあり，生命の化学，細胞，遺伝学，生物進化の仕組み，生物多様性の進化的歴史，植物・動物の形態と機能（神経・内分泌・免疫などの恒常性を含む），生態学まで幅広く生命現象を解説している．大学生はもちろん高校生や理科教員にとっても最適な教科書の一つである．

2) "細胞の分子生物学（第 6 版）", B. Alberts ほか 著，中村桂子，松原謙一 監訳，ニュートンプレス（2017）.
生物の基本となる細胞生物学の最も定評のある専門書である．発生，神経，免疫，行動などの動物特有の生命現象にとどまらず，植物や原生生物学の分野でも共通する重要で基本的な知識を網羅している図書である．

3) "ストライヤー　生化学（第 8 版）", J.M. Berg ほか 著，入村達郎ほか 監訳，東京化学同人（2018）.
生命現象は，多くの化学反応のうえに成り立っている．生命体の部品となる物質の特性，種々の代謝や合成の経路を詳細に記述した非常に定評のある教科書である．

4) "ワトソン　遺伝子の分子生物学（第 7 版）", J.D. Watson ほか 著，中村桂子 監訳，東京電機大学出版局（2017）.
生命の設計図となる DNA 構造や遺伝子発現機構の解明から始まり，ゲノム情報の詳細，遺伝子発現調節機構・遺伝子編集技術・エピジェネティックスなど，日々の進展や新発見の話題を欠かすことがなく，発展を続ける分子生物学を網羅した良書である．

5) "ウォルパート　発生生物学", L. Wolpert, C. Tickle 著，武田洋幸，田村宏治 監訳，メディカル・サイエンス・インターナショナル（2012）
大学後期課程向けで若干難しい部分もあるが，カラーの図がとても多く見応えのある内容になっている．動物発生に興味がある読者はぜひ目を通してほしい．

6) "カンデル　神経科学", E.R. Kandel ほか 著，金澤一郎，宮下保司 監修，メディカル・サイエンス・インターナショナル（2014）.
神経細胞の構造や機能を詳細に記述した優良書で，神経生理学の分野に進む人には学部学生から研究者まで，お薦めの 1 冊である．

7) **"テイツ/ザイガー 植物生理学・発生学** (原著第6版)", L. Taiz ほか 著, 西谷
和彦, 島崎研一郎 監訳, 講談社 (2017).
本書を読み終えた次の段階として, 植物の生理と発生に興味のある読者に勧める.
大学学部レベルの教科書.

8) **"生態学入門** (第2版)", 日本生態学会 編, 東京化学同人 (2012).
生態学全般の入門書. "第3章 進化からみた生態", "第7章 個体間の相互作用と
同種・異種の個体群", 付録 "生物の分類と系統" は本書の第12章, 第13章と
も関連するので, 一読を進める.

9) **"生物学辞典"**, 石川 統ほか 編, 東京化学同人 (2010).
見出し語 20,000 語の生物学総合辞典. 生態や環境, 進化, 生物統計に関する用
語も豊富.

索　引

あ，い

IgE　192
IgG　188
iPS 細胞　139
IPSP（抑制性シナプス後電位）
　　156
亜寒帯針葉樹林　247
アーキア　5, 6, 34
アクアポリン　170, 180
アクチビン　128
アクチン　163
アクチンフィラメント　48, 54
亜社会性　237
アセチルコリン　156, 161, 163
アゾトバクター　254
アデニン　16
アデノシン一リン酸 → AMP
アデノシン三リン酸 → ATP
アデノシン二リン酸 → ADP
アドレナリン　182, 183
アナフィラキシーショック　192
アブシシン酸　224, 225, 227
アポトーシス　187
アミノアシル tRNA　96
アミノアシル tRNA 合成酵素
　　96
アミノ酸　10, 11
D-アミノ酸　11
α-アミノ酸　10
アミノ酸残基　13
アミノ酸配列　13
アミロース　22
アミロプラスト　46, 223
アミロペクチン　22
アメーバ　5
アメフラシ　201
アリー効果　256
rRNA　19, 97
RNA　15, 19, 93
RNA ポリメラーゼ　93
RNA ワールド　98
アルコール発酵　64, 69
r 選択　234
アルドース　20
アルドステロン　180

αヘリックス　13
アルブミン　168
RuBP　74
アレルギー反応　192
アレルゲン　192
アロステリック調節　59
暗視野顕微鏡　30
暗順応　146
暗　帯　162
アンチコドン　96
暗反応　73

ES 細胞　138
イオンチャネル　152, 156
異　化　56, 60
鋳型 DNA　91
維管束形成層　214
維管束鞘細胞　77
維管束植物　211
維管束組織系　215
閾刺激　142, 143
閾　値　142
異所的種分化　263
位相差顕微鏡　30
一次応答　191
一次消費者　248, 249
一次成長　214
一次遷移　245
遺伝暗号表　95
遺伝子　83, 85
　　——の発現調節　98
遺伝子型　85
遺伝子組換え作物　255
遺伝子座　85, 267
遺伝子重複　104
遺伝子操作　105
遺伝子頻度　266
遺伝的にプログラムされた行動
　　193
遺伝的浮動　266, 267
遺伝物質　2
イトヨ　194
EPSP（興奮性シナプス後電位）
　　156, 202
陰　樹　246
インスリン　181

陰性植物　247
隕石の衝突　272
イントロン　98
インプリンティング　204
陰　葉　247

う～お

歌学習　202
裏打ち構造　38
ウラシル　16
運動学習期　202
運動神経　163
運動ニューロン　202

AIDS　192
鋭敏化　202
栄養段階　248, 251
栄養繁殖　234
AMP　17
液晶状態　27
エキソサイトーシス　42
エキソン　98
液　胞　44
SEM（走査型電子顕微鏡）　32
S-S 結合　13
S 期　50, 53
SDGs（持続可能な開発目標）
　　252
エストラジオール　28
エチレン　224, 225, 227
HIV　192
エディアカラ動物群　272
ADP　17
ATP　17, 60
　　——の加水分解　61
NAD　17
NADH　61
NADPH　61
NK（ナチュラルキラー）細胞
　　187
N 末端　13
エピジェネティクス　101
ABC モデル　216, 217
エピトープ　189

276　　　　　　索　　　引

エピボリー　130
Fアクチン　48
FAD　17
FADH$_2$　63
F型ATPアーゼ　66
FTタンパク質　229
miRNA　19
mRNA　19, 93
MHC（主要組織適合遺伝子複
　　合体）　190

M期　50, 53
えら引っ込め反射　201
襟細胞　112
襟鞭毛虫類　117
L字形　233
塩基　15
塩基対　17
円形ダンス　199
炎症作用　186
延髄　157
エンドサイトーシス　44
エンハンサー　99

オイルボディ　26
黄斑　144
横紋筋　163
岡崎フラグメント　92
オーガナイザー　129
オキシダーゼ　44
オーキシン　224, 225
オーキシン排出輸送タンパク質
　　　　　　　　　　　225
おしべ　216
オートファゴソーム　45
オートファジー　45
オペラント条件づけ　205
オペレーター　101
オリゴ糖　22
オルドビス紀　271, 272
音源定位　196
温室効果　252
温度傾性　223

か

外呼吸　61
介在ニューロン　143, 144, 158,
　　　　　　　　　　　202
外耳　147
開始コドン　95
解糖系　63, 64

外胚葉　127, 136
解発　193
解発因　194
外部環境　141, 167
外部寄生　241
海綿状組織　214
海綿動物　5, 112
花芽　216
化学合成　82
化学合成細菌　82
化学コミュニケーション　198
化学受容感覚　149
化学受容器　149
鍵刺激　194
可逆的阻害　59
蝸牛管　147
核　39
核酸　17
学習　200
核小体　40
核相　52
がく片　216
核膜　40
核膜孔　40
確率的なゆらぎ　266
下垂体後葉　176
下垂体前葉　176
加水分解酵素　42
カースト分化　237
花成　216
花成ホルモン　229
化石燃料　252
　——の大量消費　257
カタラーゼ　44
割球　125
褐色脂肪細胞　184
活性化エネルギー　57, 62
活性部位　56
褐藻類　210
甲冑魚　272
活動電位　153
滑面小胞体　41
仮道管　215
花粉　217
花粉管　219
花粉管核　217
花粉四分子　217
花粉母細胞　217
花弁　216
可変的な学習行動　193, 200
カーボンニュートラル　252
鎌状赤血球貧血　103

CAM植物　77
ガラクトース　21
K$^+$チャネル　152, 153
夏緑樹林　246
カルス　227
カルタヘナ法　255
カルビン回路　73
カルビン・ベンソン回路　73, 75
カロテノイド　28
β-カロテン　28
感覚　142
感覚学習期　202
感覚器　141
感覚受容器　141, 142
感覚受容細胞　143
感覚神経　142
感覚ニューロン　142
感覚野　141
間期　50, 53
環境　230
環境応答　220
環境形成作用　230
環境収容力　231
環境順応型　177
環境調節型　177
環形動物　5, 114
還元的ペントースリン酸回路
　　　　　　　　　　　　73
幹細胞　138
間質液　168
桿体細胞　145
陥入　130
間脳　157, 176
カンブリア紀　271, 272
カンブリア爆発　272
冠輪動物　114

き

キアズマ　86
偽遺伝子　268
記憶細胞　191
機械受容器　147
器官形成　137
気孔　214
基質　56
基質特異性　56
基質レベルのリン酸化　63
キーストーン種　244
キーストーン捕食者　244
寄生　238, 241

索　引　277

擬体腔　114
拮抗的制御　161
キネシン　43
忌避反射　201
ギブスの自由エネルギー　62
基本組織系　216
基本転写因子　98
逆　位　103
逆 L 字形　233
ギャップ　246
ギャップ遺伝子　135
キャップ構造　99
求愛行動　194, 195, 202
球　果　211
嗅　覚　149
旧口動物　5, 112
吸熱反応　62
9＋2 構造　49
休　眠　219, 259
休眠芽　259
強　化　205
強化学習モデル　205
競合的阻害　59
共種分化　263
共焦点蛍光顕微鏡　30, 31
共進化　262
共　生　238
競　争　238
鏡像異性体　10
競争的排除　239, 244
共役輸送　170
共輸送　170
極　性　225
極性移動　225
極性脂質　26
極性輸送　225, 226
極　相　246
極　体　121
棘皮動物　5, 114
キラー T 細胞　190
筋原繊維　162
近交弱勢　256
筋収縮　164
筋小胞体　163
筋　節　162
筋繊維　162
菌　類　5

く〜こ

グアニン　16

食い分け　239
クエン酸回路　63, 65
茎　212, 213
クチクラ層　215, 258
屈　性　222
クライオ電子顕微鏡　33
グラナ　70
グリオキシソーム　44
グリコーゲン　22
グリコシド結合　22
クリステ　45
CRISPR−Cas9　108
グリセルアルデヒド　20
グリセロ脂質　26
グリセロ糖脂質　27
グリセロリン脂質　27
クリプトクロム　222
クリプト藻類　210
グルカゴン　182
グルココルチコイド　182, 183
グルコース　21
クローニング　105
クロマチン　40, 84
クロロフィル　28, 47, 70
クローン　139
軍拡競争　262, 263
群　集　242
　　——の遷移　245
群集理論　243

蛍光顕微鏡　30
蛍光物質　30
形　質　85
傾　性　222
形成体　129
形態形成　124
茎頂分裂組織　213, 214
系統樹
　　動物の——　113
　　緑色植物の——　210
警報フェロモン　198
K 選択　234
K 選択的種　236
血液凝固反応　186
血　縁　199
血縁関係　238
欠　失　103
血しょう　168
血糖値調節　181
ケトース　20
ゲノム　2, 83
ゲノム編集　108

ケラチン　50
限界暗期　228
原核細胞　34
原核生物　5, 34
嫌気呼吸　63, 69
原形質　39
原索動物　5
原腎管　177
減数分裂　52, 53, 86, 87
原生生物　5
原　腸　129
原腸形成
　　ウニの——　131
　　両生類の——　129
原　尿　179
顕微鏡　29

高エネルギーリン酸結合　61
光化学系　70
光化学系 I　72
光化学系 II　72
光化学反応　72
効果器　141, 162
光学異性体　11
光学顕微鏡　29
交感神経系　160
後　期　50, 54
好気呼吸　63
工業暗化　259, 260
抗　原　188
抗原決定基　189
抗原提示　190
光合成　56, 69
光合成細菌　80
光合成色素　70
後口動物　5, 112
高次消費者　248, 249
光周性　228
恒常性　167
甲状腺ホルモン　176
校正機能　92
抗生物質　107
酵　素　56, 58
　　——の反応速度　58
紅藻類　210
酵素−基質複合体　57
抗　体　188
好中球　186
後天性免疫不全症候群　192
行動の発達　204
行動要素　193, 195
交配後隔離　264

索　引

交配前隔離　264
興奮　153
興奮収縮連関　164
興奮性シナプス　156
興奮性シナプス後電位　156,
　　　　　　　　　　202
孔辺細胞　214
光リン酸化　73
五界説　6
呼吸　56, 60, 63, 67
呼吸基質　68
コケ植物　211
古細菌　6, 34
古生代　271, 272
個体群　230
　——の調節　232
　——の特性　230
個体群密度　231
5大陸への分散　272
5′末端　17
五炭糖　20
固着生物群集　244
骨格筋　162
古典的条件づけ　203
コドン　95
鼓膜　147
コミュニケーション　198
ゴルジ体　41
コルチ器　148
コレステロール　28
コロニー　198, 237
根冠　213
根端　212
根端分裂組織　213, 214
ゴンドワナ大陸　272
根毛　213
根粒菌　81, 253

さ

再吸収　179
サイクリック AMP → cAMP
サイクリン依存性キナーゼ　51
サイクリン-Cdk 複合体　51
細精管　119
最適温度　57
最適 pH　57
サイトカイニン　224, 225, 227
サイトカイン　187
細尿管　179
細胞　2, 29

細胞呼吸　61
細胞骨格　47
細胞質　39
細胞質基質　39, 63
細胞周期　50
細胞小器官　39
細胞性胞胚　133
細胞性免疫　188, 190, 191
細胞体　151
細胞内液　169
細胞内共生　2, 210
細胞内共生説　47
細胞板　55
細胞分化　125, 137
細胞分画法　40
細胞分裂　50
細胞壁　55
細胞膜　2, 37, 38
サイレンサー　100
サイレント変異　102
さえずり　202
酢酸発酵　64, 69
柵状組織　214
作動体　141
サトリ遺伝子　195
サブソング　202
サブユニット　15
サーマルベント　4
左右相称　114
サルコメア　163
酸化的リン酸化　63, 65
サンゴ類　272
三畳紀　271, 272
酸素呼吸　63
酸素発生型光合成　70
3′末端　17
三炭糖　20
三胚葉　127
三葉虫　272

し

G アクチン　48
シアノバクテリア　5, 34, 47,
　　　　　　　　　　　270
CAM 植物 → CAM（カム）植物
cAMP　151, 173
GFP（緑色蛍光タンパク質）　31
視覚　144
自家蛍光　30
師管　215

師管要素　216
色素体　46
糸球体　180
軸索　151
シグナル伝達　151, 173
シーケンス解析　108
始原生殖細胞　117, 118, 120
自己維持性　1
試行錯誤　206, 207
自己境界性　1
自己・非自己の認識機構　188
自己複製性　1
自己複製能　138
自己免疫疾患　192
視細胞　144
C_3 植物　76
脂質　23
脂質二重層　24, 27
示準化石　270
視床下部　176
耳小骨　147
自食作用　45
雌ずい　216
シス形　24
ジスルフィド結合　13
雌性前核　123
耳石　148, 197
次世代シーケンサー　111
G_0 期　51
自然選択　259, 267
自然免疫　184
自然免疫機構　184
持続可能な開発目標　252
シダ植物　211
G タンパク質　151
G タンパク質共役型受容体　151
膝蓋腱反射　160
G_2 期　50
シトクロム　66
シトシン　16
シナプス　155, 156
シナプス可塑性　156
シナプス間隙　155
シナプス後膜　155
シナプス前膜　155
シナプス遅延　156
師板　216
ジヒドロキシアセトン　20
師部　216
視物質　145
ジベレリン　224, 225, 227
脂肪酸　24

脂肪滴　26
刺胞動物　5, 112
C 末端　13
社会学習　207
社会性　236
社会的な学習　207, 209
シャジクモ類　210
ジャスモン酸　224, 225
シャルガフの法則　17
雌雄異株　262
自由エネルギー　62
終　期　50, 55
集合管　179
集光性複合体　72
終止コドン　95
収縮環　54
収縮胞　177
従属栄養生物　56
収束伸長　130
雌雄同株　262
重複受精　218
重力屈性　223
種間競争　238
種間相互作用　238
主　溝　18
種　子　211, 219
種子植物　211
種子繁殖　234
樹状細胞　186, 188, 190
樹状突起　151
受　精
　　植物の──　218
　　動物の──　121
受精膜　123
受精卵
　　植物の──　218
　　動物の──　116
種多様性　3
出　芽　115
シュート　212
受動輸送　37
種の起原　259
種　皮　211, 218
種分化　263
受容器電位　142
主要組織適合遺伝子複合体
　　　　　　　　　　　　190
受容体　156, 173
受容体タンパク質　35, 38
ジュラ紀　271
シュワン細胞　152
春　化　229

順　化　220
純生産速度　252
順　応　142
子　葉　219
消化共生　241
条件刺激　203
硝酸還元　80
ショウジョウバエ
　　──の発生　133
常染色体　88
小　脳　157
小胞体　41
情報伝達　198
小胞輸送　43
照葉樹林　246
小卵多産型　233
常緑広葉樹林　246
初期化　139
食作用　186
植食性動物　242, 248, 251
植物極　125
植物細胞　36
植物成長調節物質　224
植物ホルモン　223
食物網　249, 250
食物連鎖　248, 249
助細胞　218
鋤鼻器　150
C₄植物　76
自律神経系　160
シルル紀　271, 272
シロアリ釣り　207
G₁ 期　50
深海熱水噴出孔　4
真核細胞　34, 35
真核生物　6, 34
進化速度　267
腎機能　179
心　筋　163
神経管　132
神経筋接合部　156
神経系　157
神経細胞　151, 152
神経褶　132
神経繊維　151
神経単位　152
神経堤　132
神経伝達物質　156, 202
神経発生　132
神経板　132
神経誘導　129
信号刺激　194

人工多能性幹細胞　139
新口動物　5, 112
真社会性　237
腎小体　180
真正細菌　5, 6, 34
新生代　271, 272
真体腔　114
腎単位　179
浸透圧調節　177, 178
心　皮　217
新皮質　159
深部感覚　149

す〜そ

随意筋　163
髄　鞘　152
水素結合　8
錐体細胞　145
スクロース　22
ステロイド　27
ステロイドホルモン　28
ステロール　27
ストリゴラクトン　224
ストレス応答　220
ストレスファイバー　49
ストロマ　47, 70
ストロマトライト　272
スフィンゴ脂質　27
スフィンゴ糖脂質　27
スフィンゴリン脂質　27
スプライシング　98
棲み分け　239
刷込み　204
3ドメイン説　6

生活史特性　234
性決定遺伝子タンパク質　117
制限酵素　106
精原細胞　118
性行動　195
精細胞　118
生産者　248, 249
生産速度　252
精　子　117, 118
静止期　51
精子形成　118
静止電位　153
精子変態　118
静止膜電位　153
星状体　53

索　引

生　殖　114
生殖隔離　263
生食食物連鎖　248
生殖腺刺激ホルモン放出ホルモン　194
生成物　56
性染色体　88
精巣決定因子　117
生存曲線　233
生態エンジニア　242
生態系　248
生体磁石　198
生態的地位　239
生態ピラミッド　256
生体物質　2
生体防御機構　184
生体膜　35
成長運動　222
生得的行動　193
生物界
　——の多様性　3
　——の分類　5
生物群系　247
生物群集　242
生物的環境　261
生物濃縮　256
性分化　89
精母細胞　118
セカンドメッセンジャー　146, 150, 151, 173
脊索動物　114
脊　髄　157, 159
脊髄神経　159
石炭紀　271, 272
脊椎動物　5
赤道面　54
セグメントポラリティ遺伝子　135
セクレチン　172
接　合　115, 116
接合子　116
接触屈性　223
接触傾性　223
節足動物　5, 114
Z　線　162
cell　29
セルトリ細胞　119
セルラーゼ　23
セルロース　23
全か無かの法則　153
先カンブリア時代　270, 271
前　期　50, 53

線形動物　5, 114
前口動物　5, 112
前社会性　236
染色質　40, 84
染色体　85
染色体地図　88
腺組織　166
先体反応　122
先体胞　118
選択的遺伝子発現　138
選択的スプライシング　100
前中期　54
前庭器官　147, 149
セントラルドグマ　3, 93
セントロメア　54
繊　毛　165
繊毛運動　165
繊毛逆転　140
前葉体　211

造血幹細胞　185
走査型電子顕微鏡　32
双子葉植物　211
走　性　195
総生産速度　252
相同染色体　52
送粉共生　241
相補性　19
相利共生　241
ゾウリムシ　5
藻　類　210
側　芽　213
側　鎖　10
促通性調節ニューロン　202
側部分裂組織　214
組織液　168
組織系　215
疎水結合　9
疎水性相互作用　9
ソテツ　272
粗面小胞体　41

た

帯　域　127
体　液　167
体液性免疫　188, 190, 191
体温調節　182
体外環境　167
大気中の CO_2 濃度増加　252, 257

体　腔　112
退行遷移　246
対向輸送　170
体細胞分裂　52
第三紀　271, 272
体　軸　124
代　謝　56
体　制
　植物の——　211
　動物の——　112
体性感覚　149
体　節　135
大腸菌　34, 107
体内環境　167
ダイニン　43, 49
大　脳　157
体表成分　199
第四紀　271, 272
大卵少産型　234, 236
対立遺伝子　85
対立形質　85
大量絶滅　272
C.R. ダーウィン　259
ダーウィンフィンチ　265
多細胞生物　33
多　精　123
多精防止機構　123
Taq DNA ポリメラーゼ　110
脱窒作用　254
脱馴れ　202
多　糖　22
多分化能　138
単為生殖　116
単一輸送　170
単為発生　116
単細胞生物　33
炭酸同化　69
短日植物　228
単子葉植物　211
ダンス言語　199
α 炭素　10
単　相　52
炭素固定　73
炭素固定反応　74
炭素同化　69
単　糖　20
単独性　236
タンパク質　13
　——の一次構造　13
　——の高次構造　15
　——の構造　13
　——の三次構造　14

索　引　　　281

――の二次構造　13
――の四次構造　14

ち

地域個体群　230, 231
チェックポイント　51
置換速度　267, 268
地球温暖化　252
地球史　270
地磁気　198
地質時代　268
地質年代表　271
窒素固定　80, 254
窒素固定細菌　81, 253
窒素同化　80
チミン　16
チャネルタンパク質　37
中央細胞　218
中間径フィラメント　50
中　期　50, 54
中規模撹乱説　245
中　耳　147
中心窩　144
中心小体　118
中心体　53
中枢神経系　141, 157
中性脂質　25
中性植物　228
中生代　271, 272
中　脳　157
中胚葉　127, 136
中胚葉誘導　127
中立説　226
中立な変異　267
中立に近い変異　267
チューブリン　49
頂　芽　212
聴　覚　147
聴覚細胞　149
頂芽優勢　226
長期記憶　202
長距離ナビゲーション　196
長日植物　228
頂端分裂組織　214
跳躍伝導　155
貯水組織　258
チラコイド　47, 70
チラコイド膜　71
地理的隔離　263
チロキシン　183

つ～と

壺　嚢　198

tRNA　19, 96
TEM（透過型電子顕微鏡）　32
定位行動　195
TATA 配列　98
DNA　15, 17
――の二重らせん構造　17
――の複製　89
DNA ヘリガーゼ　91
DNA ポリメラーゼ　90, 92
DNA リガーゼ　92, 106
T 細胞　188, 189
ディシェベルド　127
デオキシリボ核酸 → DNA
デオキシリボース　16
適　応　1, 258
適応度　259
適応放散　265
適応免疫　187
適応免疫機構　188
適刺激　142
テストステロン　28
デスモソーム　36
デトリタス　249
デトリタス食者　248
テトロース　20
デボン紀　271, 272
転移 RNA → tRNA
転　座　103
電子顕微鏡　29
電子伝達系　66, 73
転　写　93
転写開始点　98
転写終結点　98
転写調節機構　99
転写調節領域　98
伝書バト　197
伝　導　154
デンプン　22

糖　15
同　化　56, 69
透過型電子顕微鏡　32
道　管　215
道管要素　215
同義置換　102, 268
動機づけ　193

動原体　54
洞察学習　206, 207
糖　質　19
同所的種分化　264
糖新生　63
糖タンパク質　38
糖尿病　179, 181, 182
動物極　125
動物細胞　36
透明帯　119
独立栄養生物　56
トランス形　24
トランスポゾン　102
トリアシルグリセロール　25
トリオース　20
トリグリセリド　25
トリプレット　95
トル様受容体　186

な　行

内　耳　147
内胚葉　127, 137
内部環境　141, 167
内部寄生　241
内部サイクル　254
内部細胞塊　138
内分泌撹乱物質　176
内分泌器官　174
内分泌系　172
ナチュラルキラー細胞　187
Na^+, K^+-ATP アーゼ　38
Na^+ チャネル　153
ナトリウムポンプ　38, 153
七炭糖　20
ナノス　134
馴　れ　202
縄張り　235
縄張り所有者　235
ナンセンス変異　103
軟体動物　5, 114

二価染色体　86
肉食性動物　242, 251
ニコチンアデニンジヌクレオチ
　　　　ド　17, 61
ニコチンアデニンジヌクレオチ
　　　　ドリン酸　17, 61
二次応答　191
二次共生　210
二次消費者　248, 249

二次成長　214
二次遷移　245
二重らせんモデル　17
二畳紀　271, 272
日周リズム　147
ニッチ　3, 239, 243
ニッチの分化　239, 243
二分裂　115
乳酸発酵　64, 69
ニューロン　152

ヌクレオシド　16
ヌクレオソーム　84
ヌクレオチド　15

根　212, 213
ネフロン　179

脳神経　159
脳‐神経系　193
能動輸送　37
ノーダル　128
乗換え　86, 87
ノルアドレナリン　161

は

葉　212, 213
胚
　植物の――　218
灰色藻類　210
バイオエネルギー　252
バイオディーゼル　252
バイオニア植物　246
バイオフィルム　4
バイオマス　4
バイオマスエネルギー　252
バイオーム　247
胚球　219
配偶子
　植物の――　217
　動物の――　116
配偶体　211
胚軸　219
胚珠　211, 217
胚性幹細胞　138
胚乳　211, 218
胚嚢　217, 218
胚嚢細胞　218
胚嚢母細胞　217
灰白質　158

背腹軸　127
胚柄　219
白亜紀　271, 272
白質　159
白色体　46
バクテリオクロロフィル　80
バソプレッシン　177, 180
パターニング　124
8の字ダンス　199
白血球　186
発酵　60, 69
発光器　165
発電器官　165
発熱　183
発熱反応　62
花器官　216
ハプト藻類　210
半規管　147, 149
パンゲア　272
伴細胞　216
反射　159
反射弓　160
反射中枢　160
繁殖　238
繁殖期　193
伴性遺伝　88
反足細胞　218
反応速度論　58
反応中心複合体　72
反応特異性　56
半保存的複製　89, 90

ひ

尾芽胚　136
光エネルギー変換反応　71
光屈性　222
光傾性　223
光形態形成　220
光‐光合成曲線　78, 247
光呼吸　75
光受容器　144
光受容細胞　144
光受容体　221
光発芽種子　220
光補償点　79
非競合的阻害　59
ビコイド　134
B細胞　188, 189
PCR　109
PGA　74

微小管　49
被食者　240
ヒスタミン　192
ヒストン　84
非同義置換　268
ヒト免疫不全ウイルス　192
微分干渉顕微鏡　30
非平衡共存説　243, 244
非翻訳領域　99
表現型　85
表在性膜タンパク質　35, 38
標準自由エネルギー変化　62
表層回転　127
表層反応　123
表層粒　123
標的器官　173
標的細胞　173
表皮　132
表皮組織系　215
表面張力　9
ピラノース　21

ふ

フィトクロム　221
フィードバック調節　60
フウインボク　272
富栄養化　257
フェロモン　198
不応期　155
フォトトロピン　222
不可逆的阻害　59
副溝　18
副交感神経系　160
複製フォーク　91
複相　52
腐食食物連鎖　248
不随意筋　164
不斉合成　12
不斉炭素原子　10
物質循環
　炭素の――　251
　窒素の――　253
　リンの――　254
物理的環境　261
浮動　266
不等乗換え　104
負のフィードバック作用　176
不飽和脂肪酸　24
プライマー　90, 109
プライマーゼ　91

索　引　　　283

ブラシノステロイド　224, 225
プラスミド　107
プラナリア　178
フラノース　21
フラビンアデニンジヌクレオチ
　　　　　ド　17, 63
フルクトース　21
フルートレス遺伝子　195
フレームシフト変異　103
プログラムされた細胞死　187
プロゲステロン　28
プロタミン　117
プロビタミン　28
プロモーター　98
フロリゲン　229
分解者　248, 249
分　極　8
分子系統樹　268, 269
分子進化の速度　267
分子進化の中立説　267
分子時計　104, 267
分節遺伝子　135
分裂期　50
分裂組織　212, 214

へ，ほ

ペアルール遺伝子　135
平滑筋　163
平衡感覚　147
平衡石　148, 223
ペインレス遺伝子　195
ヘキソース　20
ベクター　107
β-カテニン　127
β シート　14
ヘテロクロマチン　101
ヘテロ接合型　85
ペプチドグリカン　34, 39
ペプチド結合　12
ヘプトース　20
ヘモグロビン　170
ペルオキシソーム　44
ヘルパー　236
ヘルパー T 細胞　190
ペルム紀　271, 272
変　異　102
変異原　102
扁形動物　5, 113
偏差成長　222
変　性　57

ペントース　20
鞭　毛　49, 165
鞭毛運動　165
片利共生　241, 242
ヘンレのループ　179

ボーア効果　171
補因子　58
膨　圧　44
膨圧運動　223
防衛共生　242
胞　子　211
胞子体　211
放射性同位体　270
放射相称　113
紡錘体　54
放　精　121
胞　胚　125
胞胚腔　125
放　卵　121
飽和脂肪酸　24
補欠分子族　58
補酵素　58
捕　食　238, 240
捕食者　240
捕食説　244
ホスホジエステル結合　17
母性遺伝子　134
母性 mRNA　126
母性タンパク質　126
保存性が高い　268
保存配列　104
補　体　187
ホックス（Hox）遺伝子　135
ボーマン嚢　180
ホメオスタシス　167
ホメオティック遺伝子　135
ホモ接合型　85
ポリ（A）　99
ポリソーム　41
ポリペプチド　12
ポリリボソーム　41
ホルモン　172, 174
ホルモン受容体　173
ボンビコール　150, 198
翻　訳　94, 97

ま　行

マイクロ RNA　19
膜貫通タンパク質　35, 38

膜電位　152, 153
マクロファージ　186, 188, 190
マスト細胞　186
末梢神経系　158
マトリックス　46
マルトース　22
マンノース　21

ミエリン鞘　152
ミオシン　48, 163
ミカエリス定数　59
ミカエリス・メンテンの式　59
味　覚　149
ミクロフィラメント　48
水　8
　　──の性質　9
ミスセンス変異　103
ミセル　24
道しるべフェロモン　198
密度依存性　232
密度効果　232
密度非依存性　232
見通し学習　206
ミトコンドリア　45, 63, 65
ミドリムシ　5
耳　148

無機的環境要因　230
無限成長　214
無条件刺激　203
娘細胞　55
娘染色体　54
無性生殖　115
無体腔動物　113
無胚乳種子　219
群　れ　198, 238
　　──の乗っ取り　238

眼
　　──の形成　133
　　──の構造　144
鳴　管　203
明視野顕微鏡　30
明順応　146
明　帯　162
めしべ　216
メタセコイア　272
メタン生成菌　5
メッセンジャー RNA → mRNA
免疫寛容　191
免疫記憶　191

免疫機構　184
免疫グロブリン G　188
免疫不全　192
メンフクロウ　196

盲　点　144
網　膜　145
木性シダ　272
木　部　215
モータータンパク質　43, 165
モルフォゲン　132

や　行

葯　217
約10%の法則　256
ヤコブソン器官　150

有機的環境要因　230
雄原細胞　217
雄ずい　216
優性形質　85
有性生殖　115
雄性前核　123
誘　導　128, 131
誘導の連鎖　132
有胚乳種子　219
有毛細胞　147
遊離アミノ酸　11
ユークロマチン　101
輸送機構　170
輸送小胞　41, 43

幼　芽　219
幼　根　219
陽　樹　246
葉　鞘　213
葉　身　213

陽性植物　247
葉肉細胞　76, 214
葉　柄　213
葉　脈　213
陽　葉　247
葉緑素　47
葉緑体　46, 70
抑制性シナプス　156
抑制性シナプス後電位　156
読み枠　95
四炭糖　20

ら～わ

ライディッヒ細胞　119
ラギング鎖　92
ラクトース　22
ラクトースオペロン　101
落葉広葉樹林　246
ラミン　50
卵
　動物の――　116, 118
卵黄膜　119
卵核胞　120
卵　割　125
卵割様式　126
卵形成　120
卵細胞
　植物の――　218
卵細胞膜　119
卵成熟　120
卵成熟促進物質　120
ランダムな変動　266
ランビエ絞輪　152, 155
卵母細胞　120
卵　膜　119

リガンド　59

リソソーム　42
リゾチーム　185
リゾビウム　254
リーディング鎖　91
リピドボディ　26
リプレッサー　101
リブロース　21
リボ核酸 → RNA
リボザイム　98
リボース　16, 21
リボソーム　40, 41, 96, 97
リボソーム RNA → rRNA
流動モザイクモデル　27
両親媒性分子　24
両性電解質　12
緑色蛍光タンパク質　31
緑藻類　210
リリーサー　194
リン酸　15
リンパ液　169
リンパ球　169
リンボク　272

ルビスコ　74, 75, 79

齢構成　232
劣性形質　86
レプチン　182
連合学習　203, 205
連合野　159
連　鎖　87

濾　過　179
六炭糖　20
ロジスティック曲線　231
ロドプシン　145
ローラシア大陸　272

ワックス　27

嶋田正和
しま　だ　まさ　かず

1953 年　福井県に生まれる
1978 年　京都大学理学部 卒
1985 年　筑波大学大学院生物科学研究科
　　　　　　　　　　博士課程 修了
現 産業技術総合研究所
　　深津 ERATO 研究推進主任
東京大学名誉教授
専門 進化生態学
理 学 博 士

上村慎治
かみ　むら　しん　じ

1955 年　鹿児島県に生まれる
1978 年　東京大学理学部 卒
1983 年　東京大学大学院理学系研究科
　　　　　　　　　　博士課程 修了
現 中央大学理工学部 教授
専門 生物物理学，細胞生理学，動物生理学
理 学 博 士

増田建
ます　だ　たつる

1965 年　滋賀県に生まれる
1988 年　神戸大学農学部 卒
1990 年　神戸大学大学院農学研究科
　　　　　　　　　　修士課程 修了
現 東京大学大学院総合文化研究科 教授
専門 植物生理学
博士(理学)

道上達男
みち　うえ　たつ　お

1967 年　和歌山県に生まれる
1990 年　東京大学理学部 卒
1995 年　東京大学大学院理学系研究科
　　　　　　　　　　博士課程 修了
現 東京大学大学院総合文化研究科 教授
専門 分子発生生物学
博士(理学)

第 1 版 第 1 刷 2001 年 9 月 14 日 発 行
第 2 版 第 1 刷 2013 年 2 月 4 日 発 行
第 3 版 第 1 刷 2019 年 8 月 5 日 発 行
　　　　　第 2 刷 2020 年 4 月 22 日 発 行

大学生のための基礎シリーズ 2
生 物 学 入 門（第 3 版）

© 2 0 1 9

編　者	嶋　田　正　和
	上　村　慎　治
	増　田　　建
	道　上　達　男
発 行 者	小 澤 美 奈 子
発　行	株式会社 東京化学同人

東京都文京区千石 3-36-7（〒112-0011）
電話 03-3946-5311・FAX 03-3946-5317
URL：http://www.tkd-pbl.com/

印刷・製本　株式会社 木元省美堂

ISBN978-4-8079-0952-0
Printed in Japan
無断転載および複製物（コピー，電子データ
など）の無断配布，配信を禁じます.

わかりやすく親しみやすい信頼できる本格的辞典

生物学辞典

編集　石川 統・黒岩常祥・塩見正衞・松本忠夫
守 隆夫・八杉貞雄・山本正幸

A5判特上製箱入　1634ページ　定価：本体12000円＋税

正確かつ平易な記述と多数の精密イラストにより，専門家から初学者まで役立つ信頼できる本格的辞典．生物学，関連諸領域を網羅した見出し語20000語を収録．欧文索引語数30000．生物分類表や生物学者歴史年表など便利な付録付．

行動生物学辞典

上田恵介・岡ノ谷一夫・菊水健史・坂上貴之・辻 和希
友永雅己・中島定彦・長谷川寿一・松島俊也 編

A5判上製箱入　650ページ　定価：本体9500円＋税

昆虫から哺乳類まで，動物の行動学，生態学，心理学，神経生理学など隣接する関連分野の基本用語を網羅した本研究分野初の本格的辞典．

ケイン 生 物 学 　第5版

M. L. Cain ほか 著／上村慎治 監訳
A4変型判　カラー　720ページ　定価：本体8600円＋税

美しく豊富な写真，わかりやすい図版を使い，また，実社会にかかわるテーマを多数取上げることで，生物学を身近に感じさせてくれる教科書の最新改訂版．細胞から遺伝，進化，形態と機能，環境まで，現代生物学を一望する．

ケイン 基礎生物学 　原著第4版

M. L. Cain ほか 著／上村慎治 監訳
A4変型判　カラー　504ページ　定価：本体6100円＋税

定評のある教科書「ケイン生物学」のショート版．特に生物多様性，進化，生態，環境を重視した構成で，現代社会における生態学の重要性が強調されている．

スター 生 物 学 　原著第4版

C. Starr ほか 著／八杉貞雄 監訳
B5変型判　カラー　360ページ　定価：本体2900円＋税

世界各国で好評の標準的入門教科書．分子細胞生物学，遺伝学，進化系統学，生態学，動物および植物生理学が過不足なく取り上げられている．